工业和信息化精品系列教材

数据结构

Java语言描述 | 微课版

孙琳 姚超 ◉ 主编

付宇 胡佳静 张采奕 ◉ 副主编

罗炜 ◉ 主审

DATA STRUCTURES

人民邮电出版社

北京

图书在版编目（CIP）数据

数据结构：Java语言描述：微课版 / 孙琳，姚超主编. -- 北京：人民邮电出版社，2023.6
工业和信息化精品系列教材
ISBN 978-7-115-61112-3

Ⅰ. ①数… Ⅱ. ①孙… ②姚… Ⅲ. ①数据结构－高等职业教育－教材②JAVA语言－程序设计－高等学校－教材 Ⅳ. ①TP311.12②TP312.8

中国国家版本馆CIP数据核字(2023)第022363号

内容提要

本书全面、系统地介绍了数据结构的基础理论和算法设计方法，以及数据结构的应用、算法性能评价等内容，使读者进一步理解数据抽象与编程实现的关系，提高用计算机解决实际问题的能力。

本书共10章，分为4个部分。第1部分（第1章）介绍数据结构和算法的基本概念等；第2部分（第2章～第7章）详细讲解不同类型的数据结构，包含线性结构（线性表、链表、栈、队列、串、数组、广义表）和非线性结构（树、图）；第3部分（第8章、第9章）介绍程序中经常用到的算法，即查找和排序；第4部分（第10章）是综合实训部分，通过商品管理系统等8个案例展示数据结构实现和应用的过程，并在最后提供综合项目实训与课程设计报告模板。

本书可作为高等职业院校、职业本科院校、应用型本科院校计算机专业和其他相关专业的教材和参考书，也可供从事计算机软件开发的科技工作者参考。

◆ 主　　编　孙　琳　姚　超
副 主 编　付　宇　胡佳静　张采奕
主　　审　罗　炜
责任编辑　鹿　征
责任印制　王　郁　焦志炜

◆ 人民邮电出版社出版发行　　北京市丰台区成寿寺路11号
邮编　100164　电子邮件　315@ptpress.com.cn
网址　https://www.ptpress.com.cn
三河市祥达印刷包装有限公司印刷

◆ 开本：787×1092　1/16
印张：16.5　　2023年6月第1版
字数：370千字　　2025年1月河北第3次印刷

定价：59.80元

读者服务热线：(010)81055256　印装质量热线：(010)81055316
反盗版热线：(010)81055315
广告经营许可证：京东市监广登字20170147号

前言 FOREWORD

数据结构是计算机专业及相关专业的一门必修课程，地位举足轻重，它是一门集技术性、理论性和实践性于一体的课程，在学习本课程时，需要灵活运用数据结构和算法知识去解决实际问题。作为应用最广泛的程序设计语言之一，Java 具有很好的封装性，易实现，本书选择 Java 作为开发语言，兼顾了面向对象程序设计（Object-Oriented Programming，OOP）的思想与 Java 语言的特性。通过学习本书内容，读者既能加深对数据结构基本概念的理解和认识，又能提高对各种数据结构进行运算分析、设计的能力。

本书共 10 章，分为 4 个部分。前三个部分（第 1 章～第 9 章）是数据结构基础部分，分别介绍了数据结构和算法的概念，详细讲解了常见的数据结构类型（包括线性结构和非线性结构）和经常用到的算法（包括查找和排序）；最后一部分（第 10 章）是综合实训部分，通过商品管理系统等 8 个案例展示数据结构实现和应用的过程，并在最后提供综合项目实训与课程设计报告模板。

本书全面贯彻落实党的“二十大”精神，以社会主义核心价值观为引领，在传授专业知识的同时，注重职业素养教育，强化读者的家国情怀和创新发展等意识。由第 2 章“线性表”，一环扣一环，引申出“扣好人生第一粒扣子很重要”的理念；由第 7 章“图”，引申出规划路线时使用严谨的科学精神进行科学探索、用工匠精神做到精益求精；由第 8 章“查找”中的“折半查找”分而治之的思想，引申出《孙子兵法》，有效激发读者的兴趣，使读者更加深刻地理解算法的基本原理，同时“润物细无声”地开展爱国主义教育。本书提供了丰富的教辅资源，内容包括 PPT、源代码、实训案例、习题解答等，读者可在人邮教育社区（https://www.ryjiaoyu.com）注册、登录后下载。此外，本书还配套了微课视频，全程语音讲解，非常适合作为数据结构的教学用书。

本书由孙琳、姚超担任主编，付宇、胡佳静、张采奕担任副主编，全书由罗炜主审。

由于编者水平有限，教材中难免会有不足或疏漏之处，敬请各界专家和读者朋友批评指正，我们将不胜感谢。

编者

2023 年 4 月

目录 CONTENTS

第5章

第6章

第7章

第8章

第9章

第10章

第1章 绪 论

学习目标

本章首先介绍 Java 的基本知识，其次讲解数据结构在计算机专业中的重要地位，以及学习数据结构的意义和作用，重点介绍与数据结构相关的概念和术语。读者学习本章后应当掌握数据、数据元素、逻辑结构、存储结构、算法设计等基本概念，并了解影响算法效率的因素，同时应明白如何评价一个算法的好坏。

数据结构实际上是人们对客观世界的抽象认识。通过学习本门课程，可提高透过现象看本质的能力。算法时间复杂度和空间复杂度描述了计算机世界的时间效率概念，这相当于要求我们设计的算法要“守时”。对于我们而言，也应养成守时的好习惯，注意培养自己的时间观念。

1.1 Java 简介

本书以纯面向对象的 Java 语言作为数据结构的描述语言，因此掌握 Java 语言程序设计的基本概念和基本方法是学习本课程的基础。为帮助读者学习，本节概述与数据结构课程教学内容相关的一些 Java 语言基础知识。

1.1.1 Java 语言

Java 语言是一种高级语言，它具有以下性质：面向对象、多线程、与体系结构无关、可解释以及可移植。大多数语言要么用于编译程序，要么用于解释程序，这些程序经翻译后才能在计算机上运行。Java 语言的特殊之处在于用 Java 语言编写的程序既能被编译又能被解释。首先，使用编译器将程序翻译为一种被称为 Java 字节码的中间代码，这是由 Java 平台上的解释器解释的与平台无关的代码。然后，解释器在计算机上分析并运行每条 Java 字节码。编译只发生一次，而解释在每次执行程序时都发生。

Java 字节码可被看作用于 Java 虚拟机的机器码指令。每个 Java 解释器，无论是开发工具还是可以运行 Applet 的 Web 浏览器，都由一种 Java 虚拟机实现。

Java 字节码有助于使“一次编写，处处运行”成为可能。用户可以在任何有 Java 编译器的平台上将程序编译为 Java 字节码。Java 字节码可以在任何 Java 虚拟机上运行。这意味着只要计算机上有一个 Java 虚拟机，那么用 Java 语言编写的同样的程序就能够在 Windows、Solaris 或 macOS 上运行。

1.1.2 Java 虚拟机

JVM（Java Virtual Machine）就是人们常说的 Java 虚拟机，它是整个 Java 实现跨平台的最核心的部分，所有的 Java 程序（.java 文件）会首先被编译为扩展名为.class 的类文件，这种类文件可以在虚拟机上执行，即它并不直接与计算机的操作系统相对应，而是经过虚拟机间接与操作系统交互，由虚拟机将程序解释给操作系统执行。JVM 是 Java 平台的基础，和实际的计算机一样，它也有自己的指令集，并且在运行时操作不同的主存储器（简称内存）区域。JVM 通过抽象操作系统和 CPU，提供一种与平台无关的代码执行方法，即与特殊的实现方法、主机硬件、主机操作系统无关的方法。但是在某些方面，在不同操作系统中可能有不同的 JVM 实现（例如垃圾回收算法、线程调度算法）。

JVM 的主要工作是解释自己的指令集到 CPU 的指令集或系统调用，保护用户免被恶意程序骚扰。JVM 对上层的 Java 源文件是不关心的，它关注的只是由源文件生成的类文件。类文件的组成包括 JVM 指令集、符号表以及一些辅助信息。

1.2 数据结构概述

1.2.1 学习数据结构的必要性

数据结构是计算机专业中的一门专业基础必修课，凡是设置计算机专业的院校几乎都开设了此课程。此外，一些常见的数据结构已经渗透到计算机专业的各门课程中，例如“操作系统”课程中涉及“队列”和“树”数据结构的使用，进程调度的原则是从就绪队列中按照某种原则选取一个进程执行；在文件管理中，文件一般按照“树”形结构进行存储和处理。

瑞士著名计算机科学家尼古拉斯 · 沃斯（N.Wirth）提出了著名公式“程序=算法+数据结构”，表明了数据结构在程序设计中的重要地位。在计算机发展的初期，人们使用计算机的目的主要是处理数值计算问题。由于当时所涉及的运算对象是简单的整型、浮点型或布尔型数据，所以程序设计者的主要精力都集中在程序设计技巧上，而无须重视数据结构。随着计算机应用领域的扩大以及软硬件的发展，非数值计算问题显得越来越重要。这类问题涉及的数据结构更为复杂，数据元素之间的相互关系一般无法用数学方程式直接描述。数学分析和计算方法在解决此类问题时常显得力不从心，而设计出合适的数据结构才能有效地解决问题。

因此，掌握好数据结构的知识，对于提高解决实际问题的能力将会有很大的帮助。实际上，一个“好”的程序无非是选择一个合理的数据结构和好的算法，而算法的好坏很大程度上又取决于描述实际问题所采用的数据结构是否合理。所以，要编写出好的程序，仅仅学习计算机语言是不够的，必须扎实地掌握数据结构的基本知识和基本技能。

1.2.2 什么是数据结构

一般而言，利用计算机解决一个具体问题时，大致需要经过如下 3 个步骤：

① 从具体问题抽象出一个合适的数学模型。

② 设计一个可解此数学模型的算法。

③ 编写程序，进行测试、调整，直到问题得以解决。

寻求数学模型的实质是分析问题，从中提取操作的对象，并找出这些操作对象之间的关系，然后用数学的语言加以描述。为了说明这个问题，此处首先举一个例子，然后给出明确的含义。

例 1-1 对于八皇后问题，不是根据某种确定的计算法则进行处理，而是利用试探和回溯的探索技术求解。为了求得合理布局，在计算机中要存储布局的当前状态。从最初的布局状态开始，一步步地进行试探，每试探一步产生一个新的状态，整个试探过程形成一棵隐含的状态树，如图 1-1 所示（此处为了描述方便，将八皇后问题简化为四皇后问题）。用回溯法求解的过程实质上就是一个遍历状态树的过程。在这个问题中所出现的树也是一种数据结构，它可以应用在许多非数值计算的问题中。

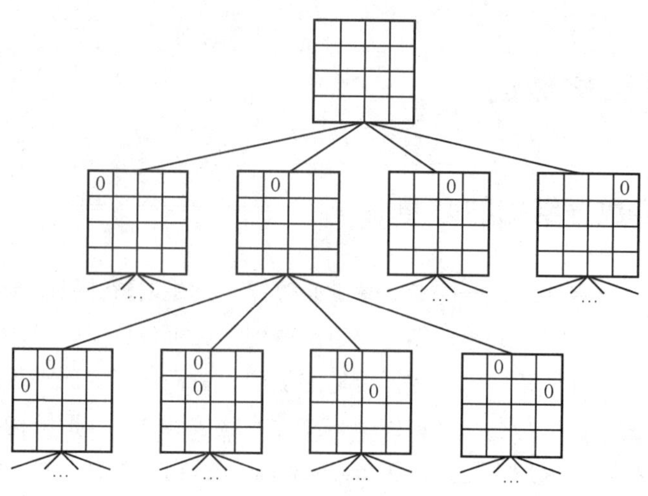

图 1-1　四皇后问题隐含状态树

由例 1-1 可以看出，描述这类非数值计算问题的数学模型不再是数学方程，而主要是线性表、树、图这类的数据结构。因此，可以说数据结构主要是研究非数值计算的程序设计问题中所出现的计算机操作对象以及它们之间的关系和操作的学科。

1.2.3　基本概念和术语

本小节将给出一些概念和术语的定义，这些概念和术语将多次出现在之后的章节中。

数据是人们利用文字符号、数字符号以及其他规定的符号对现实世界的事物及其活动所做的描述。在计算机中，它泛指所有能输入计算机中并被计算机程序处理的符号。它是计算机程序加工的原料，文字、表格、声音、图像等都称为数据。

数据元素是数据的基本单位，在程序中通常把数据元素作为一个整体进行考虑和处理。例如，表 1-1 所示的学生表中，如果把每行当作一个数据元素来处理，此表共包含 7 个数据元素。一个数据元素可由若干数据项组成，例如表 1-1 中每一个学生的信息作为数据元素，而学生信息的每一项（如学号、姓名等）都是数据项。数据的最小单位即数据项。

表 1-1　学生表

学号	姓名	性别	班号
201001	张三	男	1001
201013	刘四	女	1001
201016	李一	女	1002
201034	陈五	女	1003
201056	王六	男	1002
201021	董七	男	1003
201006	王五	男	1001

数据结构是指数据及其之间的相互关系，可以看成相互之间存在一种或多种特定关系的数据元素的集合。因此，可以把数据结构看成带结构的数据元素的集合。数据结构包括以下3个方面。

① 数据元素之间的逻辑关系，即数据的逻辑结构。

② 数据元素及其关系在计算机存储系统中的存储方式，即数据的存储结构，也称为数据的物理结构。

③ 施加在该数据上的操作，即数据的运算。

为了更准确地描述数据结构，通常采用二元组表示，表示方法为

$$B = (D, R)$$

其中，B 是一种数据结构，它由数据元素的集合 D 和 D 中二元关系的集合 R 组成，即

$$D = \{d_i \mid 1 \leqslant i \leqslant n, n \geqslant 0\}$$

$$R = \{r_j \mid 1 \leqslant j \leqslant m, m \geqslant 0\}$$

其中，d_i 表示集合 D 中的第 i 个结点或数据元素，n 为 D 中结点的个数，特别地，若 n=0，则 D 是一个空集，因而 B 也就无结构可言，有时把这种情况认为是具有任意结构。r_j 表示集合 R 中的第 j 个关系，m 为 R 中关系的个数，特别地，若 m=0，则 R 是一个空集，表明集合 D 中的结点间不存在任何关系，彼此是独立的。

R 中的一个关系 r 是序偶的集合，对于 r 中的任一序偶 $<x, y>(x, y \in D)$，把 x 叫作序偶的第一结点，把 y 叫作序偶的第二结点，称序偶的第一结点为第二结点的直接前驱，称第二结点为第一结点的直接后继。若某个结点没有直接前驱，则称该结点为开始结点；若某个结点没有直接后继，则称该结点为终端结点。

数据类型是一个值的集合和定义在这个集合上的一组操作的总称。例如，Java 语言中的整型变量，其值集为某个区间上的整数，定义在其上的操作为加、减、乘、除和模运算等。按“值”的不同特性，高级程序设计语言中的数据类型可分为两种：原子类型和结构类型。原子类型的值是不可分解的，例如 Java 语言中的基本类型（整型、布尔型等）；结构类型的值是若干成分按照某种结构组成的，因此是可以分解的，其组成成分既可以是结构的，也可以是非结构的。

抽象数据类型是指一个数学模型以及定义在该模型上的一组操作。抽象数据类型的定义仅取决于它的一组逻辑特性，而与其在计算机内的存储形式无关，即不论其内部结构如何变化，只要它的逻辑特性不变，都不影响外部使用。

抽象数据类型的范畴十分广，它不仅包括当前各处理器中已定义并实现的数据类型（固有类型），而且包括用户在设计软件时自定义的数据类型。本书定义抽象数据类型格式如下：

```
ADT 抽象数据类型名{
    数据对象：（数据对象定义）
    数据关系：（数据关系定义）
    数据操作：（数据操作定义）
}ADT 抽象数据类型名
```

1.2.4 数据的逻辑结构

微课 1-1 数据的逻辑结构

数据的逻辑结构是从逻辑关系（主要是指相邻关系）上描述数据的，它与数据的存储无关，是独立于计算机的。因此，数据的逻辑结构可以看作是从具体问题抽象出来的数学模型。在不会产生混淆的前提下，常将数据的逻辑结构简称为数据结构。数据的逻辑结构主要分为以下几类。

1. 集合

集合是指数据元素之间除了“同属于一个集合”的关系，别无其他关系。

2. 线性结构

线性结构是指该结构中的结点之间存在一对一的关系，其特点是开始结点和终端结点都是唯一的。除了开始结点和终端结点，其余结点都有且仅有一个直接前驱，有且仅有一个直接后继。顺序表就是一种典型的线性结构。

3. 树形结构

树形结构是指该结构中结点之间存在一对多的关系，其特点是每个结点最多只有一个直接前驱，但可以有多个直接后继，可以有多个终端结点。二叉树就是一种典型的树形结构。

4. 图形结构

图形结构或称为网状结构，是指该结构中的结点之间存在多对多的关系，其特点是每个结点的直接前驱和直接后继的个数都可以是任意的。因此，图形结构可能没有开始结点和终端结点，也可能有多个开始结点和多个终端结点。

树形结构和图形结构统称为非线性结构，该结构中的结点之间存在一对多或多对多的关系。由线性结构、树形结构和图形结构的定义可知，线性结构是树形结构的特殊情况，而树形结构又是图形结构的特殊情况，以上各类结构对应的示例如图 1-2 所示。

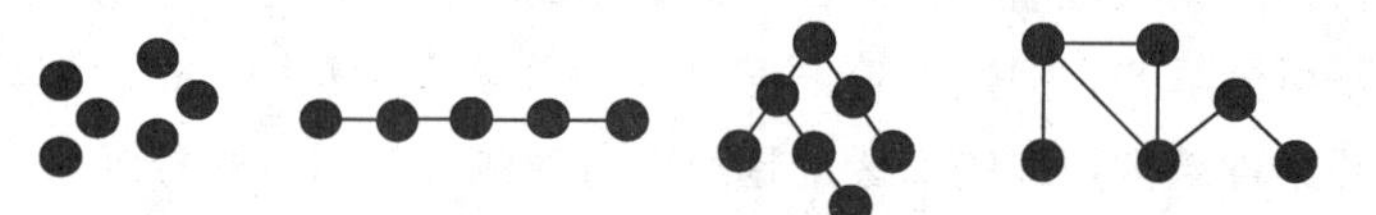

图 1-2 4 类基本数据结构

例 1-2 有数据结构 $B_1=(D, R)$，其中：

$$D = \{a, b, c, d, e, f, g, h, i, j\}$$

$$R = \{r\}$$

$$r = \{(a, b), (a, c), (a, d), (b, e), (c, f), (c, g), (d, h), (d, i), (d, j)\}$$

画出其逻辑结构。

解 对应 B_1 的逻辑结构如图 1-3 所示。从该例中可以看出，每个结点有且仅有一个直接前驱（除根结点外），但有多个直接后继（叶子结点可看作具有 0 个直接后继）。这种数据结构的特点是数据元素之间的关系为一对多关系，即层次关系，因此是一种树形结构。

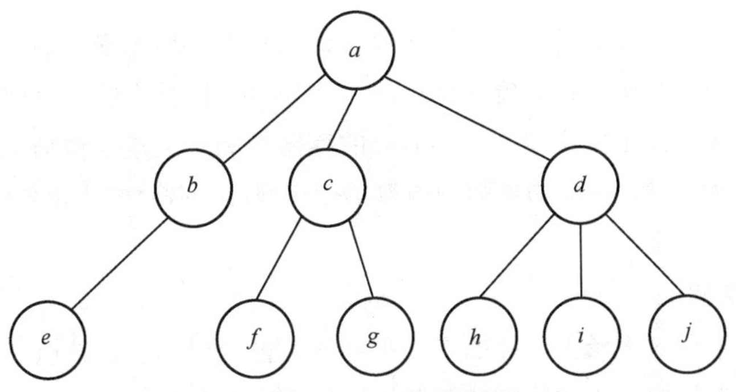

图 1-3 对应 B_1 的逻辑结构

例 1-3 有数据结构 $B_2=(D, R)$，其中：

$$D = \{a, b, c, d, e\}$$

$$R = \{r\}$$

$$r = \{(a, b), (a, c), (b, c), (c, d), (c, e), (d, e)\}$$

画出其逻辑结构。

解 对应 B_2 的逻辑结构如图 1-4 所示。从该例中看出，每个结点可以有多个直接前驱和多个直接后继。这种数据结构的特点是数据元素之间的关系为多对多关系，即图形关系，因此是一种图形结构。

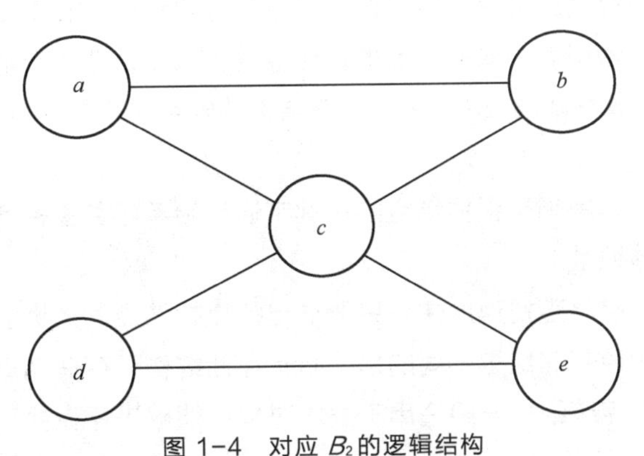

图 1-4 对应 B_2 的逻辑结构

1.2.5 数据的存储结构

数据的存储结构是逻辑结构用计算机语言的实现或在计算机中的表示（亦称为映象），也就是逻辑结构在计算机中的存储方式，它是依赖于计算机语言的。数据元素之间的关系在计算机中有两种表示方式：顺序映象和非顺序映象。归纳起来，数据的存储结构在计算机中有以下 4 种。

微课 1-2 数据的存储结构

1. 顺序存储结构

顺序存储结构是把逻辑上相邻的结点存储在物理位置相邻的存储单元里，结点之间的逻辑关系由存储单元的邻接关系来体现。由此得到的存储结构称为顺序存储结构，通常顺序存储结构是借助于计算机程序设计语言的数组来描述的。

顺序存储结构的主要优点是节省存储空间，因为分配给数据的存储单元全部用于存放结点的数据，结点之间的逻辑关系没有占用额外的存储空间。采用这种结构时，可实现对结点的随机存取。然而顺序存储结构的主要缺点是不便于修改，在对结点进行插入、删除运算时，可能要移动一系列的结点。

2．链式存储结构

链式存储结构不要求逻辑上相邻的结点在物理位置上也相邻，结点间的逻辑关系是由附加的“指针”字段表示的。由此得到的存储结构称为链式存储结构。

链式存储结构的优点是便于修改，在对结点进行插入、删除操作时，仅需要修改相应结点的“指针域”，不必移动结点。但与顺序存储结构相比，链式存储结构的存储空间利用率较低，因为分配给数据的存储单元有一部分被用来存储结点间的逻辑关系了。另外，由于逻辑上相邻的结点在物理位置上并不一定相邻，所以不能对结点进行随机访问操作。

3．索引存储结构

索引存储结构通常在存储结点信息的同时建立附加的索引表。索引表的每一项称为索引项，索引项的一般形式是(关键字，地址)，关键字唯一标识一个结点，地址作为指向结点的指针。这种带有索引表的存储结构可以大大提高数据查找的速度。

线性结构采用索引存储结构后，可以对结点进行随机访问。在对结点进行插入、删除运算时，只需移动存储在索引表中对应结点的存储地址，而不必移动存放在结点表中结点的数据，所以仍保持较高的数据修改效率。索引存储结构的缺点是增加了索引表及存储空间开销。

4．哈希存储结构

哈希存储结构的基本思想是根据结点的关键字通过哈希函数直接计算出一个值，并将这个值作为该结点的存储地址。

哈希存储结构的优点是查找速度快，只要给出待查找结点的关键字，就可以计算出该结点的存储地址。与前 3 种存储结构不同的是，哈希存储结构只存储结点的数据，不存储结点之间的逻辑关系。哈希存储结构一般适用于要求对数据能够进行查找和插入的场景。

1.3 算法的描述和算法分析

1.3.1 算法的描述

算法是对特定问题求解步骤的一种描述，它是指令的有限序列，其中每条指令表示一个或多个操作。一个算法具有以下 5 个重要的特性。

1．有穷性

一个算法必须总是在执行有穷步（对任何合法的输入值）之后，且每一步都可在有穷时间内完成。即一个算法对于任意一组合法输入值，在执行有穷步之后一定能够结束。

2. 确定性

算法中每一条指令都必须有确切的含义，使读者在理解时不会产生二义性。同时，在任何条件下，算法都只有一条执行路径，即对于相同的输入只能得出相同的结果。

3. 可行性

算法中所描述的操作必须足够基本，且都可以通过已经实现的基本操作执行有限次来实现。

4. 输入

作为算法加工对象的量值，一个算法有 0 个或多个输入。有的量值需要在算法执行过程中输入，而有的算法表面上没有输入，实际上已经被嵌入算法中。

5. 输出

输出是一组同“输入”有确定对应关系的量值，是算法进行信息加工后所得到的产物，一个算法可以有一个或多个输出。

设计一个算法时，它应该满足以下 4 个要求。

（1）正确性

要求算法能够正确地实现预先规定的功能和满足性能要求，这是最重要也是最基本的标准。目前大多数算法是用自然语言描述需求的，它至少应包括输入、输出和加工处理等的明确无歧义的描述。设计或选择算法应当能正确地反映这种需求。

（2）可读性

算法应当易于理解，可读性强。为了达到这个要求，算法必须做到逻辑清晰、简单并且结构化。晦涩难懂的程序容易隐藏较多错误，难以调试和修改。

（3）健壮性

算法要求具有良好的容错性，能够提供异常处理，能够对输入进行检查。不经常产生异常中断或死机现象。例如，一个求矩形面积的算法，当输入的坐标集合不能构成一个矩形时，不应继续计算，而应当报告输入错误。同时，处理错误的方法是返回一个表示错误的值，而不是输出错误信息或直接异常中断。

（4）效率与低存储量要求

通常算法的效率主要指算法的执行时间。对于同一个问题，如果能用多种算法进行求解，执行时间短的算法效率高。算法存储量指的是算法执行过程中所需的存储空间。效率与低存储量要求这两者都与问题的规模有关。例如，求 100 个学生的平均成绩和求 10000 个学生的平均成绩在时间和空间的成本上必然是存在差异的。

1.3.2 影响算法效率的因素

一个算法用高级语言实现以后，在计算机上运行时所消耗的时间与很多因素有关，主要因素列举如下。

① 依据算法所选择的具体策略。

② 问题的规模，如求 100 以内还是 1000 以内的素数。

③ 编写程序的语言，对于同一个算法，实现语言的级别越高，执行效率往往越低。

④ 编译程序所产生的计算机代码的质量。

⑤ 计算机执行指令的速度。

很显然，一个算法用不同的策略实现，或用不同的语言实现，或在不同的计算机上执行，它所耗费的时间是不一样的，因而效率均不相同。由此可知，使用一个绝对的时间单位去衡量一个算法的效率是不准确的。在上述 5 个因素当中，最后 3 个均与具体的计算机有关，抛开这些与计算机硬件、软件有关的因素，仅考虑算法本身的效率，可以认为一个特定算法的“执行工作量”只依赖于问题的规模，换而言之是问题的规模的函数。

1.3.3 算法效率的评价

一个算法是由控制结构（顺序、分支和循环）和原操作（指固有数据类型的操作）构成的，算法的执行时间取决于二者的综合结果。为了便于比较同一问题的不同算法，通常从算法中选取一种对于所研究的问题来说是基本运算的原操作，算法执行的时间大致为基本运算所需的时间与其运行次数（一条语句的运行次数称为语句频度）的乘积。

微课 1-3 算法效率的评价

显然，在一个算法中，执行的基本运算次数越少，其执行时间就相对越少；执行基本运算的次数越多，其运行时间也相对越多。换言之，一个算法的执行时间可以看成基本运算执行的次数。

算法基本运算次数 $T(n)$是问题规模 n 的某个函数 $f(n)$，记作

$$T(n) = O(f(n))$$

其中，记号“O”读作“大欧”（值数量级），它表示随问题规模 n 的增大，算法执行时间的增长和 $f(n)$的增长率相同，称为算法的时间复杂度。

“O”的形式定义为：若 $f(n)$是正整数 n 的一个函数，则 $T(n) = O(f(n))$表示存在一个正的常数 M，使得当 $n \geqslant n_0$ 时都满足$|T(n)| \leqslant M|f(n)|$，也就是只求出 $T(n)$的最高阶，忽略其低阶项和常数，这样既可以简化计算，又可以较为客观地反映当 n 很大时算法的效率。

一个没有循环的算法中基本运算次数与问题规模 n 无关，记为 $O(1)$，也称作常数阶。一个只有一重循环的算法中基本次数与问题规模 n 的增长呈线性增大关系，记为 $O(n)$，也称线性阶。例如，以下 3 个程序段：

```
(a) { ++ x;  s = 0; }
(b) for(i = 1; i <= n; i ++ ){ ++ x; s += x; }
(c) for(j = 1; j <= n; j ++ )
      for(k = 1; k <= n; k ++) { ++ x; s += x; }
```

含基本操作“++x”的语句频度分别为 1、n 和 n^2，则这 3 个程序段的时间复杂度分别为 $O(1)$、$O(n)$和 $O(n^2)$，分别称为常量阶、线性阶和平方阶。各种不同数量级对应的值存在如下关系：

$$O(1)< O(\log_2 n) < O(n) < O(n\log_2 n) < O(n^2) < O(n^3) < O(2^n) < O(n!)$$

例 1-4 分析以下算法的时间复杂度。

```
void fun(int a[],int n,int k)
{
    int i;
    i = 0;                          //语句（1）
    while(i < n && a[i] != k)       //语句（2）
        i ++;                       //语句（3）
    return (i);                     //语句（4）
}
```

解 该算法完成在一维数组 $a[n]$中查找给定值 k 的功能。语句（3）的频度不仅与问题规模 n 有关，还与输入实例中 a 的各个元素取值是否等于 k 的取值有关，即与输入实例的初始状态有关。若 a 中没有与 k 相等的元素，则语句（3）的频度为 n；若 a 中的第一个元素 $a[0]$等于 k，则语句（3）的频度是常数 0。在这种情况下，可用最坏情况下的时间复杂度作为算法的时间复杂度。这样做的原因是，最坏情况下的时间复杂度是在任何输入实例里运行时间的上界。

有时也可以选择以算法的平均时间复杂度作为讨论目标。所谓平均时间复杂度，是指所有可能的输入实例在以等概率出现的情况下算法的期望运行时间与问题规模 n 的数量级的关系。例 1-4 中，k 出现在任何位置的概率相同，都为 $1/n$，则语句（3）的平均时间复杂度为

$$(0+1+2+\cdots+(n-1))/n = (n-1)/2$$

它决定此程序的平均时间复杂度的数量级为 $O(n)$。

例 1-5 分析以下算法的时间复杂度。

```
float RSum(float list[],int n)
{
    count ++;
    if(n){
        count ++;
        return RSum(list,n-1) + list[n-1];
    }
    count ++;
    return 0;
}
```

解 例 1-5 是求数组元素之和的递归程序。为了确定这一递归程序的程序步，首先考虑当 n=0 时的情况。显然，当 n=0 时，程序只执行 if 条件判断语句和第二条 return 语句，所需程序步数为 2。当 n>0 时，程序在执行 if 条件判断语句后，将执行第一条 return 语句。此 return 语句不是简单返回，而是在调用函数 RSum(list, n−1)后，再执行一次加法运算后返回。

设 RSum(list, n)的程序步为 $T(n)$，则 RSum(list, n−1)为 $T(n-1)$，那么，当 $n>0$ 时，$T(n)=T(n-1)+2$。于是有

$$T(n)=\begin{cases}2 & n=0\\ T(n-1)+2 & n>0\end{cases}$$

这是一个递推关系式，它可以通过转换成如下公式来计算

$$
\begin{aligned}
T(n) &= 2+T(n-1) = 2+2+T(n-2) \\
&= 23+T(n-3) \\
&\quad \vdots \\
&= 2n+T(0) \\
&= 2n+2
\end{aligned}
$$

根据上述结果可知，该程序的时间复杂度为线性阶，即 $O(n)$。

1.3.4 算法的存储空间需求

一个算法的空间复杂度是指算法运行所需的存储空间。算法运行所需的存储空间包括如下两个部分。

1. 固定空间需求

这部分空间域所处理数据的规模大小和个数无关，换言之，与问题实例的特征无关，主要包括程序代码、常量、简单变量、定长成分的结构变量所占的空间。

2. 可变空间需求

这部分空间大小与算法在某次执行中处理的特定数据的规模有关。例如，分别包含 100 个元素的两个数组相加，与分别包含 10 个元素的两个数组相加，所需的存储空间显然是不同的。这部分存储空间包括数据元素所占的空间，以及算法执行所需的额外空间，例如，运行递归算法所需的系统栈空间。

在对算法进行存储空间分析时，只考察辅助变量所占空间，所以空间复杂度是对一个算法在运行过程中临时占用的存储空间大小的度量，一般也作为问题规模 n 的函数，以数量级的形式给出，记作

$$S(n) = O(g(n))$$

若所需额外空间相对于输入数据量来说是常数，则称此算法为原地工作或就地工作；若所需存储空间依赖特定的输入，则通常按最坏情况考虑。

例 1-6 分析例 1-4 算法的空间复杂度。

解 对于例 1-4 的算法，只定义了一个辅助变量 i，临时存储空间大小与问题规模 n 无关，所以空间复杂度为 $O(1)$。

例 1-7 有如下算法，求其空间复杂度。

```
void fun(int a[],int n,int k)
{
    int i;
    if(k == n - 1) {
        for(i = 0;i < n;i ++)
            System.out.println(a[i]);
    }
    else
    {
        for(i = k;i < n;i ++)
            a[i] = a[i] + i * i;
        fun(a,n,k+1);
    }
}
```

设 fun(a, n, k)的临时空间大小为 $S(k)$，其中定义了一个辅助变量 k，并有

$$S(k)=\begin{cases}1 & k=n-1\\ 1+S(k+1) & \text{其他}\end{cases}$$

计算 fun(a, n, 0)所需的空间为 $S(0)$，则

$$\begin{aligned}S(0)&=1+S(1)=1+1+S(2)\\&=1+1+\cdots+1+S(n-1)\\&=\underbrace{1+1+\cdots+1}_{n\text{个}1}=O(n)\end{aligned}$$

本章小结

本章主要介绍了数据结构的一些基本概念和算法的描述及分析方法。数据结构是指数据及其之间的相互关系，可以看作是相互之间存在一种或多种特定关系的数据元素的集合。因此，可以把数据结构看成带结构的数据元素的集合。数据结构包括：数据元素之间的逻辑关系，即数据的逻辑结构；数据元素及其关系在计算机存储中的存储方式，即数据的存储结构。数据的逻辑结构主要分为集合、线性结构、树形结构、图形结构。数据的存储结构包括顺序存储结构、链式存储结构、索引存储结构和哈希存储结构。

算法是对特定问题求解步骤的一种描述，它是指令的有限序列，其中每条指令表示一个或多个操作；一个算法具有以下 5 个重要的特性：有穷性、确定性、可行性、输入和输出。一个算法用高级语言实现以后，在计算机上运行时所消耗的时间与很多因素有关：依据算法所选择的具体策略、问题的规模、书写程序的语言、机器代码的质量、机器执行指令的速度。可以认为一个特定算法的“执行工作量”只依赖于问题的规模。从时间和空间两方面来衡量一个算法效率，一个算法的执行时间可以看成基本运算执行的次数，一个算法的空间复杂度是指算法运行所需的存储空间。

在掌握以上概念的同时，读者应当重点掌握从时间和空间两方面评价一个算法好坏的方法，以便在自己设计一个算法时，能够达到效率上的最优化。

习　　题

一、选择题

1．算法的计算量的大小称为计算的（　　）。

A．效率　　B．复杂性　　C．现实性　　D．难度

2．算法的时间复杂度取决于（　　）。

A．问题的规模　　B．待处理数据的初态

C．A 和 B

3．计算机算法指的是（　①　），它必须具备（　②　）这 3 个特性。

① A．计算方法　　B．排序方法

C．解决问题的步骤序列　　D．调度方法

② A．可执行性、可移植性、可扩充性　　B．可执行性、确定性、有穷性

C．确定性、有穷性、稳定性　　D．易读性、稳定性、安全性

4．下面说法错误的是（　　）。

① 算法原地工作的含义是指不需要任何额外的辅助空间

② 在相同的规模 n 下，复杂度 $O(n)$的算法在时间上总是优于复杂度 $O(2n)$的算法

③ 所谓时间复杂度是指在最坏情况下，估算算法执行时间的一个上界

④ 同一个算法，实现语言的级别越高，执行效率就越低

A．①　　B．①；②　　C．①；④　　D．③

5．从逻辑上可以把数据结构分为（　　）两大类。

A．动态结构、静态结构　　B．顺序结构、链式结构

C．线性结构、非线性结构　　D．初等结构、构造型结构

6．以下数据结构中，（　　）是线性结构。

A．广义表　　B．二叉树　　C．稀疏矩阵　　D．串

7．在下面的程序段中，对 x 的赋值语句的频度为（　　）

```
FOR i := 1  TO  n  DO
    FOR j: = 1  TO  n  DO
      x: = x + 1;
```

A．$O(2n)$　　B．$O(n)$　　C．$O(n^2)$　　D．$O(\log_2 n)$

8．以下数据结构中，（　　）是非线性数据结构。

A．树　　B．字符串　　C．队　　D．栈

9．下列数据中，（　　）是非线性数据结构。

A．栈　　B．队列　　C．完全二叉树　　D．堆

二、判断题

1．数据元素是数据的最小单位。（　　）

2．记录是数据处理的最小单位。（　　）

3．数据的逻辑结构是指数据的各数据项之间的逻辑关系。（　　）

4．算法的优劣与算法描述语言无关，但与所用计算机有关。（　　）

5．健壮的算法不会因非法的输入数据而出现莫名其妙的状态。（　　）

6．数据的物理结构是指数据在计算机内的实际存储形式。（　　）

7．数据结构的抽象操作的定义与具体实现有关。（　　）

8．在顺序存储结构中，有时也存储数据结构中元素之间的关系。（　　）

9．顺序存储方式的优点是存储密度大，且插入、删除运算效率高。（　　）

10．数据的逻辑结构表示数据元素之间的顺序关系，它依赖于计算机的存储结构。（　　）

三、填空题

1．对于给定的 n 个元素，可以构造出的逻辑结构有__________、__________、__________、__________4 种。

2．一个算法具有 5 个特性：__________、__________、__________、有 0 个或多个输入、有一个或多个输出。

3．下面程序段的时间复杂度为__________。(n>1)

```
sum=1;
for (i=0;sum<n;i++) sum+=1;
```

四、简答题

1．什么是数据？什么是数据元素？什么是数据项？

2．什么是数据的逻辑结构？什么是数据的存储结构？什么是数据的操作？

3．分别画出线性结构、树形结构和图形结构的逻辑结构。

4．什么是数据类型？什么是抽象数据类型？

5．基本的存储结构有几种？分别画出数据元素序列 $a_0,a_1,\cdots,a_{n-1}$ 的顺序存储结构示意图和链式存储结构示意图。

6．评判一个算法的优劣主要有哪几条准则？

7．什么是算法的时间复杂度？怎样表示算法的时间复杂度？

8．设求解同一个问题有 3 种算法，3 种算法的空间复杂度相同，各自的时间复杂度分别为 $O(n^2)$、$O(2^n)$、$O(n\lg n)$，哪种算法最可取？为什么？

9．按增长率从小到大的顺序排列下列各组函数。

① 2^{100}，$(3/2)^n$，$(2/3)^n$，$(4/3)^n$。

② n，$n^{3/2}$，$n^{2/3}$，$n!$，n^n。

③ $\log_2 n$，$n\log_2 n$，$n^{\log 2n}$，n。

五、计算题

1. 设 n 为在算法前面定义的整数类型已赋值的变量，分析下列各算法中加下画线语句的执行次数，并给出各算法的时间复杂度 $O(n)$。

（1）算法 1

```
int i = 1,k = 0;
while(i < n - 1){
    k = k + 10 * i;
    i = i + 1;
}
```

（2）算法 2

```
int i = 1,k = 0;
do {
    k = k + 10 * i;
    i = i + 1;
}while(i != n);
```

（3）算法 3

```
int i = 1,j = 1;
while(i <= n && j <= n){
    i = i + 1;
    j = j + 1;
}
```

（4）算法 4

```
    int x = n;
    int y = 0;
    while(x >= (y + 1) * (y + 1)){
        y ++;
}
```

（5）算法 5

```
    int i,j,k,x=0;
    for(i = 0;I < n;I ++)
        for(j = 0;j < i;j ++)
            for(k = 0;k < j;k ++)
                x = x + 2;
```

2. 如下算法实现了将数组 a 中的 n 个整数类型的数据元素从小到大进行排序，求该算法的时间复杂度。

```
void bubbleSort(int a[]){
    int n = a.length;
    int i,j,temp,flag = 1;
    for(i = 1;i < n&&flag == 1;I ++){
        flag = 0;
        for(j = 0;j < n - i;j ++){
            if(a[j] > a[j + 1]){
                flag = 1;
                temp = a[j];
                a[j] = a[j + 1];
                a[j + 1] = temp;
            }
        }
    }
}
```

3. 下面的算法是在一个有 n 个数据元素的数组 a 中删除第 pos 个位置的数组元素，求该算法的时间复杂度。

```
boolean delete(int a[],int pos){
    int n = a.length;
    if(pos < 0|| pos >= n)
        return false;          //删除失败返回
    for(int j=pos + 1;j < n;j ++){
        a[j - 1]=a[j];              //顺次移位填补
        return true;           //删除成功返回
    }
}
```

4. 分析以下算法的空间复杂度。

```
static void reverse1(int[] a,int[] b){
    int n = a.length;
    for(int i = 0;i < n;i ++){
        b[i] = a[n - 1 - i];
    }
}
```

第2章 线性表

学习目标

线性表中元素属于同一数据对象，元素之间存在一种序偶关系。它是最简单且最常用的一种数据结构。读者学习本章后应能掌握线性表的逻辑结构和两种不同的存储结构；掌握两类存储结构的表示方法，以及单链表、循环链表、双向链表的特点。掌握线性表在顺序存储结构及链式存储结构上实现基本操作（查找、插入、删除等）的算法及分析方法。

人生就像一条“单链表”，一环扣一环。党的二十大报告提出，全面建设社会主义现代化国家，必须坚持中国特色社会主义文化发展道路，增强文化自信，围绕举旗帜、聚民心、育新人、兴文化、展形象建设社会主义文化强国。作为当代大学生，首先要打好基础，走好现在的每一步，树立正确的价值观才能不负时代，不负韶华。“单链表”也像是穿衣服扣扣子，从而引申出“扣好人生第一粒扣子很重要”的理念。因此，我们应从当下做起，从自己做起，做一名勤学、修德、明辨、笃实的中国青年。

2.1 线性表的逻辑结构

2.1.1 线性表的概念

线性表是由 $n(n \geqslant 0)$个相同类型的数据元素组成的有限序列，其元素可以是一个数、一个符号，也可以是由多个数据项组成的复合形式。其中数据元素的个数 n 定义为线性表的长度。当 $n=0$ 时线性表为空表，记为（ ）或 Φ。

常常将非空的线性表（$n>0$）记作$(a_1,a_2,\cdots,a_n)$，这里的数据元素 a_i（$1 \leqslant i \leqslant n$）只是一个抽象的符号，其具体含义在不同的情况下可以不同。

例如，由 26 个英文字母组成的字母表

$$(A, B, C, \cdots, Z)$$

就是一个线性表，表中的每个数据元素均是一个大写字母。

再如，软件 2001 班、软件 2002 班、软件 2003 班、……、软件 2010 班的班级人数

$$(44, 45, 46,\cdots,45)$$

也是一个线性表，表中的每个数据元素均是正整数。这两个线性表都是包含简单数据元素的例子。

设序列中第 i（i 表示逻辑位序）个元素为 a_i（$1 \leqslant i \leqslant n$），则线性表的一般表示为

$$(a_1,a_2,\cdots,a_i,a_{i+1},\cdots,a_n)$$

其中，a_1 为第一个元素，又称作表头元素；a_2 为第二个元素；a_n 为最后一个元素，又称作表尾元素。

一个线性表可以用一个标识符来命名，如用 L 命名上面的线性表，则

$$L = (a_1,a_2,\cdots,a_i,a_{i+1},\cdots,a_n)$$

线性表中的元素在位置上是有序的，即第 i 个元素 a_i 处在第 $i-1$ 个元素 a_{i-1} 的后面和第 $i+1$ 个元素 a_{i+1} 的前面，这种位置上的有序性就是一种线性关系，所以线性表是一个线性结构，用二元组表示为

$$L = (D, R)$$

其中，

$D = \{a_i|1 \leqslant i \leqslant n,n \geqslant 0,a_i$ 为 ElemType 类型$\}$，ElemType 是自定义的类型标识符。

$R = \{r\}$，$r = \{<a_i,a_{i+1}>|1 \leqslant i \leqslant n-1\}$。

2.1.2 线性表的基本操作

线性表是一种相当灵活的数据结构，它的长度可根据需要增长或缩短，即对线性表的数据元素不仅可以进行访问，也可以进行插入和删除操作等。

抽象数据类型线性表的定义如下：

```
ADT List{
    数据对象: D={a_i|1≤i≤n,n≥0, a_i为ElemType类型}
    数据关系: R={<a_i, a_{i+1}>| a_i,a_{i+1}∈D,i=1,…,n-1}
    基本操作:
        //初始化线性表，构造一个空的线性表L
        InitList(&L)
        //销毁一个已存在的线性表，释放线性表L占用的内存空间
        DestroyList(&L)
        //判断线性表是否为空，若L为空表，则返回真值，否则返回false
        ListEmpty(L)
        //求线性表长度，返回线性表中元素的个数
        ListLength(L)
        //输出线性表，当线性表L不为空时，依次输出线性表中各元素
        DispList(L)
        //获取线性表中某位置元素，获取线性表L中位置i的元素，用e返回该元素
        GetElem(L,i,&e)
        //按元素查找，返回线性表中第一个等于e的元素的位置，不存在则返回0
        LocateElem(L,e)
        //插入元素，在线性表L位置i处插入一个元素，该元素值等于e
        ListInsert(&L,i,e)
        //删除元素，将线性表L位置i处的元素删除，并用e将该元素返回
        ListDelete(&L,i,&e)
}
```

对于上面定义的抽象数据类型线性表，还可以进行一些更复杂的操作，例如，将两个或两个以上的线性表合并成一个线性表，把一个线性表分拆成两个或两个以上的线性表等。

一个线性表 L=('a', 'f', 'e', 'd')，求 ListLength(L)、ListEmpty(L)、GetElem(L,2,e)、LocateElem(L,'a')、ListInsert(L,4,'e')和 ListDelete(L,3)等基本运算的执行结果。

各种基本运算结果如下：

```
ListLength(L) = 4;
ListEmpty(L);                        //返回false(0)
GetElem(L,2,e),e = 'f';
LocateElem(L,'a') = 1;
ListInsert(L,4,'e');                 //执行后线性表L = ('a', 'b', 'f', 'e', 'e', 'd')
ListDelete(L,3);                     //执行后线性表L = ('a', 'f', 'e', 'd')
```

2.2 线性表的顺序表示和实现

2.2.1 线性表的顺序表示

线性表的顺序表示指的是用一组地址连续的存储单元依次存储线性表的数据元素。线性表的这种机内表示称作线性表的顺序存储结构或顺序映象（sequential mapping），通常称这

种存储结构的线性表为顺序表。采用顺序表示的线性表，表中逻辑位置相邻的数据元素将存放到存储器中物理地址相邻的存储单元之中；换言之，以元素在计算机内“物理位置相邻”来表示线性表中数据元素之间的逻辑关系。

假定线性表中每个元素需占用 L 个存储单元，并以所占的第一个单元的存储地址作为数据元素的存储位置的起点，记为 $\mathrm{Loc}(a_1)$，则线性表中第 $i+1$ 个数据元素的存储位置 $\mathrm{Loc}(a_{i+1})$ 和第 i 个数据元素的存储位置 $\mathrm{Loc}(a_i)$之间满足下列关系：

$$\mathrm{Loc}(a_{i+1}) = \mathrm{Loc}(a_i) + L$$

一般地，线性表的第 i 个数据元素 a_i 的存储位置为：

$$\mathrm{Loc}(a_i) = \mathrm{Loc}(a_1) + (i-1)\,L$$

式中，$\mathrm{Loc}(a_1)$是线性表的第一个数据元素 a_1 的存储位置，通常称作线性表的起始位置或基地址。线性表的顺序存储结构示意如图 2-1 所示。

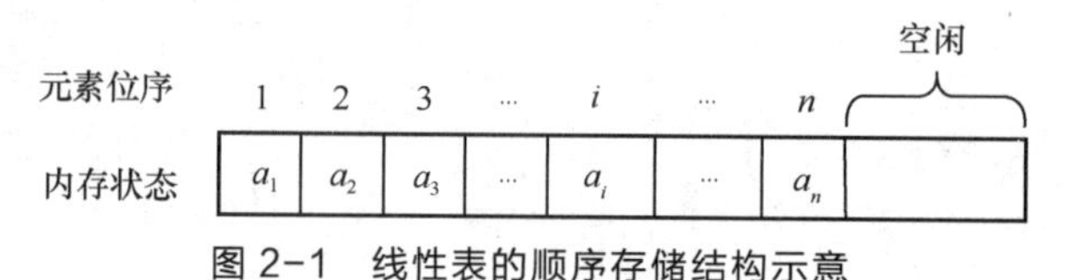

图 2-1　线性表的顺序存储结构示意

2.2.2　线性表在顺序存储结构下的运算

顺序表类包含成员变量和成员函数，成员变量用来表示抽象数据类型中定义的数据集合，成员函数用来表示抽象数据类型中定义的操作集合。顺序表类实现接口为 List。顺序表类的成员函数 public 主要是接口 List 中定义的成员函数。

顺序表的基本运算实现如算法 2.1 所示。

【算法 2.1　顺序表的基本运算实现】

```
package lib.algorithm.chapter2.n01;

import java.util.Collection;
import java.util.Iterator;
import java.util.List;
import java.util.ListIterator;

public class SeqList<T> implements List<T> {

    final int defaultSize = 10;
    int maxSize;
    int size;
    T[] listArray;

    public SeqList() {
        initiate(defaultSize);
    }

    // 初始化数组
```

```
    private void initiate(int sz) {
        maxSize = sz;
        size = 0;
        listArray = (T[])new Object[sz];
    }

    // 插入数据
    public void insert(int i,T obj) throws Exception {
        if(size == maxSize) {
            throw new Exception("顺序表已满无法插入！");
        }
        if(i < 0 || i > size) {
            throw new Exception("参数错误");
        }
        for(int j = size;j > i;j --) {
            listArray[j] = listArray[j - 1];
        }
        listArray[i] = obj;
        size ++;
    }

    // 删除数据
    public T delete(int i) throws Exception {
        if(size == 0) {
            throw new Exception("顺序表已空无法删除！");
        }
        if(i < 0 || i > size - 1) {
            throw new Exception("参数错误");
        }
        T it = listArray[i];
        for(int j = i;j < size - 1;j ++) {
            listArray[j] = listArray[j+1];
        }
        size --;
        return it;
    }

    // 获取数据
    public T getData(int i) throws Exception {
        if(i < 0 || i > size - 1) {
            throw new Exception("参数错误");
        }
        return listArray[i];
    }
    public static void main(String[] args) throws Exception {

        SeqList<Integer> sl = new SeqList<Integer>();
        System.out.println("向顺序表中插入 11,22,33,44 这 4 个数");
        sl.insert(0, 11);
        sl.insert(1, 22);
        sl.insert(2, 33);
```

```
        sl.insert(3, 44);
        System.out.println("输出插入 4 个数据后顺序表的长度：");
        System.out.println(sl.size);
        System.out.println("在顺序表中获取下标为 1 的数据：");
        System.out.println(sl.getData(1));

        System.out.println("在顺序表中删除下标为 0 的数据");
        sl.delete(0);
        System.out.println("输出删除后顺序表的长度：");
        System.out.println(sl.size);
    }
```

程序运行结果如下：

```
向顺序表中插入 11，22，33，44 这 4 个数
输出插入 4 个数据后顺序表的长度：
4
在顺序表中获取下标为 1 的数据：
22
在顺序表中删除下标为 0 的数据
输出删除后顺序表的长度：
3
```

（1）设计说明

① SeqList 是类名，List 是实现接口。该类中有 3 个成员变量，其中 listArray 表示存储元素的数组，maxSize 表示数组允许的最大数据元素个数，size 表示数组中当前存储的数据元素个数。要求必须满足 size≤maxSize。

② 要把顺序表类 SeqList 设计成可重复使用的通用软件模块，就要把顺序表中保存的数据元素的类型设计成适合任何情况的抽象数据类型。Object 类是 Java 中所有类的根类，Java 支持多态性，定义为 Object 类的虚参适用于各种派生类对象的实参。

③ 构造函数完成创建对象时的初始化复制和数组内存空间申请。顺序表构造函数完成 3 件事：确定 maxSize 的数值，初始化 size 的数值，为数组申请内存空间并使 listArray“等于”（即指向或表示）所分配的内存空间。

重载了两个构造函数：一个没有参数，用类中定义的常量 defaultSize（等于 10）来给 maxSize 赋值；另一个有一个参数 size，用该参数来给 maxSize 赋值。

```
public SeqList() {
        initiate(defaultSize);
    }

    public SeqList(int size) {
        initiate(size);
    }

    private void initiate(int sz) {
        maxSize = sz;
        size = 0;
        listArray = new Object[sz];
    }
```

④ 对于插入成员函数来说，插入步骤是：首先把下标 size−1 至下标 i 中的数组元素依次后移，然后把数据元素 x 插入 listArray[i]，最后把当前数据元素个数 size 加 1。

应用程序调用该成员函数时可能出错，应该判断异常的出现并抛出异常。可能出现两种异常：一种是 size==maxSize，表明顺序表已满无法插入；另一种是 $i<0$ 或 $i>size$，表明插入位置参数 i 错误。

```
public void insert(int i,Object obj) throws Exception {
        if(size == maxSize) {
            throw new Exception("顺序表已满无法插入! ");
        }
        if(i < 0 || i > size) {
            throw new Exception("参数错误");
        }
        for(int j = size;j > i;j --) {
            listArray[j] = listArray[j - 1];
        }
        listArray[i] = obj;
        size ++;
    }
```

顺序表插入过程的具体示例如图 2-2 所示。

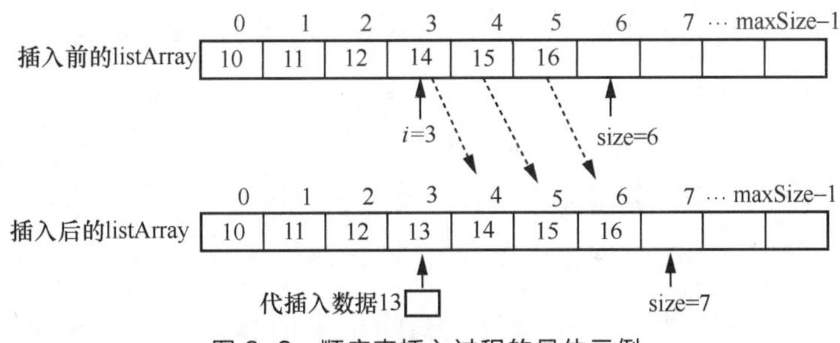

图 2-2　顺序表插入过程的具体示例

⑤ 对于删除成员函数来说，删除的步骤是：首先把 listArray[i]存放到临时变量 x 中，然后依次把下标 i 至下标 size−1 中的数组元素前移，最后把数据元素个数 size 减 1。

可能出现两种异常：一种是 size==0，表明顺序表已空无法删除；另一种是 i<0 或 i>size−1，表明删除位置参数 i 出错。

```
public Object delete(int i) throws Exception {
        if(size == 0) {
            throw new Exception("顺序表已空无法删除! ");
        }
        if(i < 0 || i > size - 1) {
            throw new Exception("参数错误");
        }
        Object it = listArray[i];
        for(int j = i;j < size - 1;j ++) {
            listArray[j] = listArray[j+1];
        }
```

```
        size --;
        return it;
    }
```

顺序表删除过程的具体示例如图 2-3 所示。

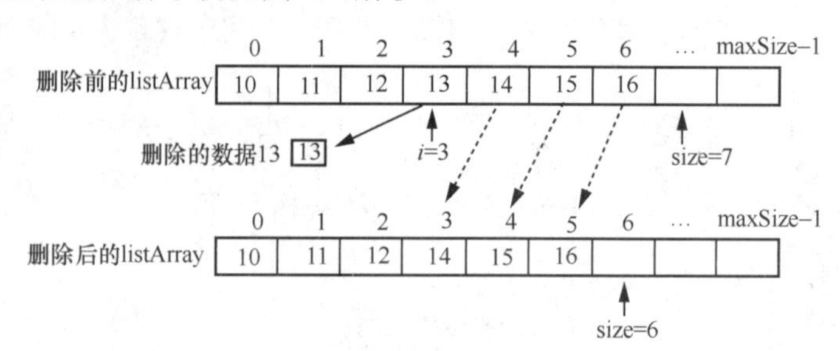

图 2-3　顺序表删除过程的具体示例

（2）顺序表的效率分析

在顺序表中插入一个数据元素时，主要耗时的是循环移动数据元素部分。循环移动数据元素的效率和插入数据元素的位置 i 有关。最坏情况是当 i=1 时（即在表头前插入），元素后移语句将执行 n 次，时间复杂度为 $O(n)$；最好情况是当 i=n+1 时（即在表尾后插入），元素后移语句将不执行，时间复杂度为 $O(1)$。

微课 2-1　顺序表插入运算的效率分析

设 p_i 是在第 i 个存储位置插入一个数据元素的概率，并设顺序表中的数据元素个数为 n，当在顺序表的任何位置插入数据元素的概率相等时，假设 $p_1=p_2=p_3=\cdots=p_{n+1}=p_i=1/(n+1)$，则向顺序表中第 i 个（$1\leqslant i\leqslant n+1$）位置上插入一个元素，后移语句的执行次数为 $n-i+1$，则移动数据元素的平均次数为

$$E_{in}=\sum_{i=1}^{n+1}p_i(n-i+1)=\frac{1}{n+1}\sum_{i=1}^{n+1}(n-i+1)=\frac{n}{2}$$

微课 2-2　顺序表删除运算的效率分析

在顺序表中删除一个数据元素时，主要耗时的部分也是循环移动数据元素。循环移动数据元素的效率和删除数据元素的位置 i 有关。设顺序表的表长为 n，最坏情况是当 i=1 时，需移动 n−1 个数据元素；最好情况是 i=n，需移动 0 个数据元素；删除第 i 个（$1\leqslant i\leqslant n$）元素需要移动 n−i 个元素。

设 q_i 是删除第 i 个存储位置数据元素的概率，当顺序表的任何位置上删除数据元素的概率相等时，假设 $q_1=q_2=\cdots=q_i=1/n$，当在顺序表中第 i 个（$1\leqslant i\leqslant n$）位置上删除一个元素时，前移语句的执行次数为 $n-i$，则所需移动的数据元素的平均次数为

$$E_{dl}=\sum_{i=1}^{n}q_i(n-i)=\frac{1}{n}\sum_{i=1}^{n}(n-i)=\frac{n-1}{2}$$

顺序表中的其余操作都和数据元素个数 n 无关，因此，在顺序表中插入和删除一个数据元素成员函数的时间复杂度为 $O(n)$。

顺序表支持随机读取，因此顺序表读取数据元素的时间复杂度为 $O(1)$。

顺序表的主要优点是：支持随机读取，以及内存空间利用效率高。

顺序表的主要缺点是：需要预先给出数据的最大数据元素个数，但数组的最大数据元素个数很难准确给出。另外，进行插入和删除操作时需要移动较多的数据元素。

2.3 线性表的链式表示和实现

2.3.1 线性表的链式表示

线性表的链式存储结构可用一组任意的存储单元来存放线性表的数据元素，这组存储单元可以是连续的，也可以是不连续的，甚至是零散分布在内存中任意位置上的。对于线性表中的每一个数据元素，都需要用两部分来存储：一部分用于存放数据元素值，称为数据域；另一部分用于存放直接前驱或者直接后继的地址，称为引用域，这种存储单元称为结点。链式存储结构既可用于表示线性结构，也可用于表示非线性结构。

结点类的泛型定义如下，数据域为 data，指针域为 next。构造器有两个，二者的区别是参数个数不同。有一个参数的构造器，用参数 n 来初始化 next 指针域，数据域不存储有效的用户数据。有两个参数的构造器，根据形参 obj 和 n 分别初始化数据域 data 和指针域 next。

```
public class Node<T>  {
    T data;
    Node<T> next;
    public Node (Node<T> n) {
            next = n;
    }
    public Node(T obj,Node <T> n) {
            data = obj;
            Next = n;
    }
    public T  getData( ) {
            return data;
    }
    public Node <T> getNext( ) {
    return next;
  }
  }
```

2.3.2 单链表

单链表是一种链式存取的数据结构，是用一组地址任意的存储单元存放线性表中的数据元素。链表中的数据是以结点来表示的，每个结点由元素（数据元素的映象）和指针（指示后继元素存储位置）构成，元素就是存储数据的存储单元，指针就是连接每个结点的地址数据。

微课 2-3　单链表的运算

1. 单链表的表示方法

单链表的结点结构如图 2-4 所示。

数据域	指针域	或	data	next

图 2-4　单链表的结点结构

单链表有带头结点结构和不带头结点结构两种。把指向单链表的指针称为单链表的头指针。头指针所指的不存放数据元素的第一个结点称为头结点。存放第一个数据元素的结点称作第一个数据元素结点，或称为首结点。一个带头结点的单链表如图 2-5 所示。

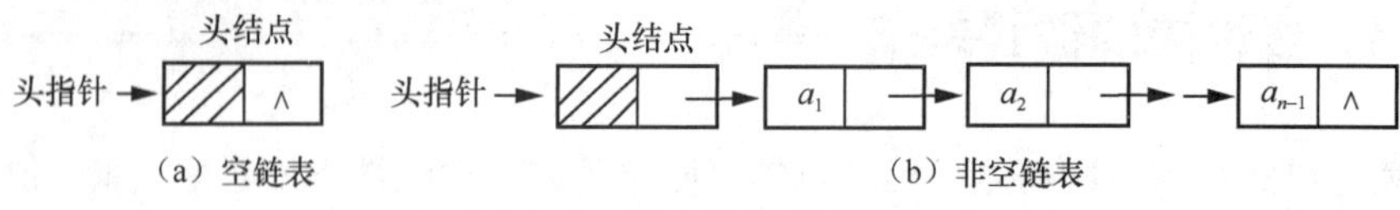

图 2-5　带头结点的单链表

在图 2-5 中，头指针指向单链表的头结点，头结点的数据域部分通常涂上阴影，以表示该结点为头结点。符号∧表示指针为空，用来标识链表的结束，符号∧在 Java 中用 null 表示。null 在 Java 语言中已有定义。对于带头结点的单链表，单链表中一个数据元素也没有的空链表结构如图 2-5（a）所示，有 n 个数据元素 $a_1, a_2, \cdots, a_{n-1}$ 的单链表（非空链表）结构如图 2-5（b）所示。

在顺序存储结构中，用户向系统申请一个地址连续的有限空间用于存储数据元素序列，这样任意两个逻辑结构上相邻的数据元素在物理存储位置上也必然相邻。但在链式存储结构中，由于链式存储结构初始时为空链表，每当有新的数据元素需要存储时，用户才将向系统动态申请的结点插入链表中，而这些在不同时刻向系统动态申请的结点，一般情况下其存储位置并不连续。因此，在链式存储结构中，任意两个在逻辑结构上相邻的数据元素在物理存储位置上不一定相邻，数据元素的逻辑关系是通过指针链接实现的。

2．带头结点和不带头结点的单链表比较

从线性表的定义可知，线性表允许在任意位置进行插入和删除操作。当选用带头结点的单链表时，插入和删除操作的实现方法比不带头结点的单链表的实现方法简单。

设头指针用 head 表示，在单链表中任意结点（但不是首结点）前插入一个新结点的过程如图 2-6 所示。算法实现时，首先把插入位置定位在要插入结点的前一个结点位置，然后把 s 表示的新结点插入单链表。

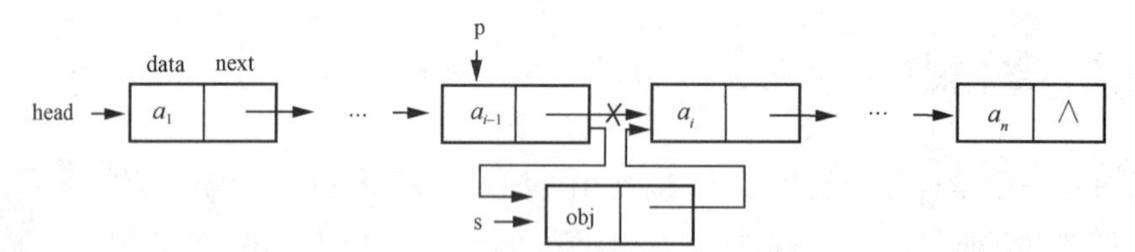

图 2-6　单链表非首结点前插入结点的过程

要在首结点前插入一个新结点，若不采用带头结点的单链表结构，则结点插入后，头指针 head 就要指向新插入结点 s，这和在非首结点前插入结点时的情况不同。另外，还有一些特殊情况需要考虑。因此，算法对这两种情况要分别设计实现方法。

而如果采用带头结点的单链表结构，算法实现时，p 指向头结点，改变的是 p 指针的 next 指针的值（改变头结点的指针域），而头指针 head 的值不变，因此算法实现比较简单。在带头结点单链表中首结点前插入一个新结点的过程如图 2-7 所示。

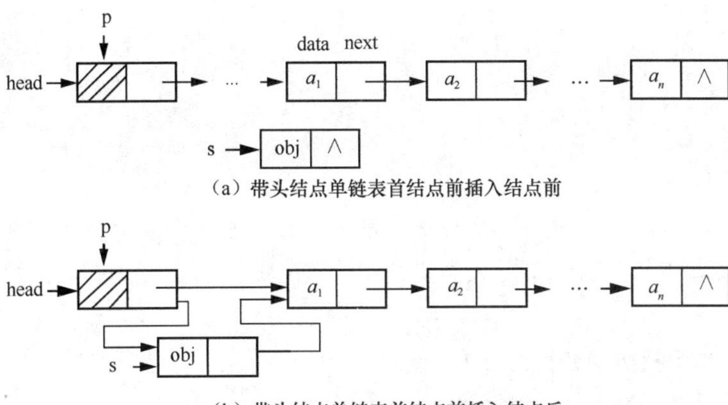

（a）带头结点单链表首结点前插入结点前

（b）带头结点单链表首结点前插入结点后

图 2-7　带头结点单链表首结点前插入结点的过程

类似地，实现删除操作时，带头结点的单链表和不带头结点的单链表也有类似情况。因此，对于单链表，带头结点的比不带头结点的设计方法简单。

3. 结点类

单链表是由一个个结点组成的，因此，必须先设计结点类才能设计出单链表。结点类的成员变量有两个：一个是数据元素，另一个是表示下一个结点的对象引用。

结点类设计代码如下：

```
public class Node {
   Object element;              //数据元素
   Node next;         //表示下一个结点的对象引用

   Node(Node nextval) {
      next = nextval;
   }

   Node(Object obj,Node nextval) {
      element = obj;
      next = nextval;
   }

   public Node getNext() {
      return next;
   }

   public void setNext(Node nextval) {
      next = nextval;
   }

   public Object getElement() {
      return element;
   }

   public void setElement(Object obj) {
      element = obj;
   }
```

```
    public String toString() {
        return element.toString();
    }
}
```

4. 单链表类

单链表类的成员变量至少有两个：一个是头指针，另一个是单链表中的数据元素的个数。但是，如果增加一个表示单链表当前结点位置的成员变量，则有些成员函数的设计将更加方便。

单链表的基本运算实现如算法 2.2 所示。

【算法 2.2　单链表的基本运算实现】

```
package lib.algorithm.chapter2.n02;

import java.util.Collection;
import java.util.Iterator;
import java.util.List;
import java.util.ListIterator;

@SuppressWarnings("rawtypes")
public class LinList<T> implements List<T> {

    private Node<T> head; // 头指针
    private Node<T> current; // 当前结点位置
    private int size; // 数据元素个数

    public LinList() {
        head = current = new Node<T>(null);
        this.size = 0;
    }

    public void index(int i) throws Exception {
        if(i < -1 || i > size - 1) {
            throw new Exception("参数错误");
        }

        if(i == -1)    return;
        this.current = head.getNext();
        int j = 0;
        while((current != null)&& j < i) {
            current = current.getNext();
            j ++;
        }
    }

    // 插入数据
    public void insert(int i,T obj) throws Exception {
        if(i < 0 || i > size) {
            throw new Exception("参数错误");
        }
```

```
        index(i - 1);
        current.setNext(new Node<T>(obj,current.getNext()));
        size++;
    }

    // 删除数据
    public T delete(int i) throws Exception {
        if(size == 0) {
            throw new Exception("链表已空无元素可删! ");
        }
        if(i < 0 || i > size - 1) {
            throw new Exception("参数错误");
        }

        index(i - 1);
        T obj = current.getNext().getElement();
        current.setNext(current.getNext().getNext());
        size --;
        return obj;
    }

    // 获取数据
    public T getData(int i) throws Exception {
        if(i < -1 || i > size - 1) {
            throw new Exception("参数错误");
        }
        index(i);
        return current.getElement();
    }

    public static void main(String[] args) throws Exception {
        LinList<Integer> ll = new LinList<Integer>();

        // 结点数据
        Node n = new Node<Integer>(1, null);

        // 头结点
        ll.head = new Node<Integer>(null, n);

        ll.insert(0, 0);
        ll.insert(1, 1);
        ll.insert(2, 2);
        ll.insert(3, 3);
        ll.insert(4, 4);
        System.out.println("链表数据长度" + ll.size);
        System.out.println("获取指定数据" + ll.getData(4));

        System.out.println("删除指定数据" + ll.delete(4));
        System.out.println("删除后链表长度: " + ll.size);
    }
```

程序运行结果如下：

```
链表数据长度 5
获取指定数据 4
删除指定数据 4
删除后链表长度：4
```

（1）设计说明

① 构造函数要完成 3 件事：创建头结点；使 head 和 current 均表示所创建的头结点；置 size 为 0。其中，前两件事由下面语句完成。

```
private Node<T> head;         // 头指针
private Node<T> current;      // 当前结点位置
private int size;             // 数据元素个数

public LinList() {
     head = current = new Node<T>(null);
     this.size = 0;
}
```

注意，new Node(null)表示采用结点类的构造函数创建结点对象，该构造函数创建的对象数据元素域没有赋值。

② 定位成员函数 index(int i)的实现。它按照参数 i 指定的位置，让当前结点位置成员变量 current 表示该结点。

其设计方法是：用一个循环过程从头开始计数寻找第 i 个结点。循环初始时，current=head.next，当计数到 current 表示第 i 个结点时，循环过程结束。若参数 i 不在 $i>-1$ 且 $i\leqslant size-1$ 范围内时，说明参数 i 错误，抛出异常。该成员函数主体部分如下：

```
current = head.getNext();
int j = 0;
while((current != null) && j < i) {
   current = current.getNext();
   j ++;
}
```

图 2-8（a）是循环开始时的状态，图 2-8（b）是循环到最后一次时的状态。

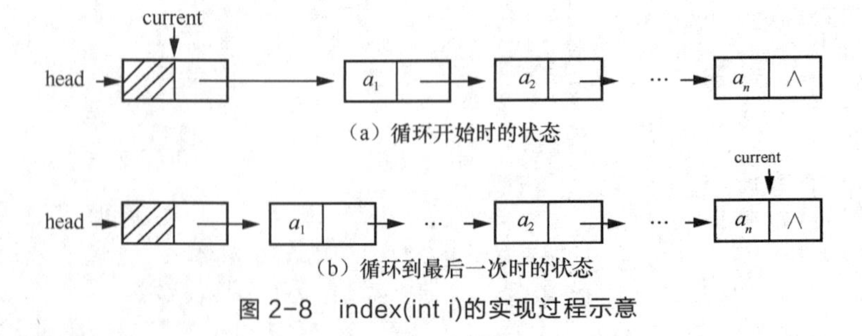

图 2-8　index(int i)的实现过程示意

③ 插入成员函数 insert(int i,Object obj)的实现。它用于把一个新结点插入到第 i 个结点前，新结点 element 域的值为 obj。

其设计方法是：a.调用 index()成员函数，让成员变量 current 表示第 i–1 个结点；b.创建一个新结点，新结点的 element 域为数据元素 obj，新结点的 next 域为 current.next；c.让第 i–1 个结点的 next 域为新创建的结点；d.使数据元素个数成员变量 size 加 1。其中 a 由下面的第一条语句实现，b 和 c 由第二条语句实现。

```
index(i - 1);
current.setNext(new Node(obj,current.getNext()));
```

插入一个结点过程示意如图 2-9 所示。

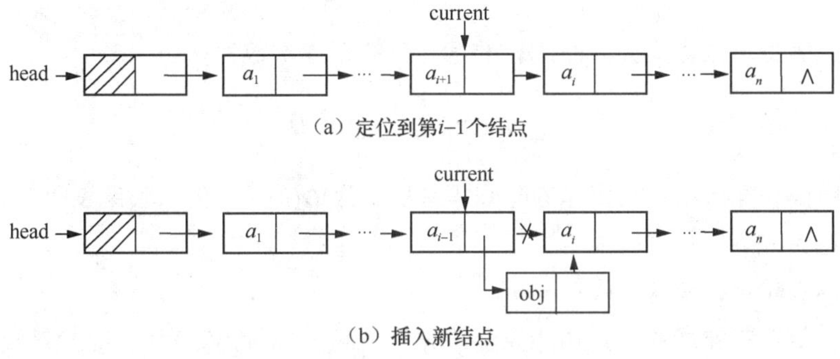

（a）定位到第i–1个结点

（b）插入新结点

图 2-9　插入一个结点过程示意

此算法的异常情况和顺序表插入算法的异常情况类似，只是单链表中不存在空间已满无法插入的情况。

④ 删除成员函数 delete(int i)的实现。它用于删除单链表中第 i 个结点。

其设计方法是：a.调用 index()成员函数，让成员变量 current 表示第 i–1 个结点；b.让第 i–1 个结点的 next 域等于第 i 个结点的 next 域，即把第 i 个结点脱链；c.使数据元素个数成员变量 size 减 1。其中 a 由下面的第一条语句实现，b 由第二条语句实现。

```
index(i - 1);
current.setNext(current.getNext().getNext());
```

删除结点过程示意如图 2-10 所示。

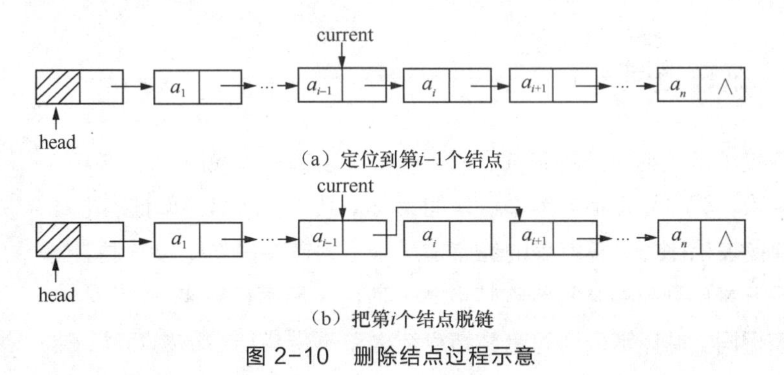

（a）定位到第i–1个结点

（b）把第i个结点脱链

图 2-10　删除结点过程示意

⑤ 取数据元素成员函数 getData(int i)的实现。它返回第 i 个结点的 element 域值。

其设计方法是：a.调用 index()成员函数，让成员变量 current 表示第 i 个结点；b.返回第 i 个结点的 element 域值。其实现语句如下：

```
    index(i);
    return current.getElement();
```

（2）单链表的效率分析

单链表的插入和删除操作的时间效率分析方法和顺序表的插入和删除操作的时间效率分析方法类似，因此，当在单链表的任何位置上插入数据元素的概率相等时，在单链表中插入一个数据元素时比较数据元素的平均次数为

$$E_{in}=\sum_{i=0}^{n+1}p_i(n-i+1)=\frac{1}{n+1}\sum_{i=0}^{n+1}(n-i+1)=\frac{n}{2}$$

删除单链表的一个数据元素时比较数据元素的平均次数为

$$E_{dl}=\sum_{i=0}^{n}q_i(n-i)=\frac{1}{n}\sum_{i=0}^{n}(n-i)=\frac{n-1}{2}$$

因此，单链表插入和删除操作的时间复杂度均为 $O(n)$。另外，单链表取数据元素操作的时间复杂度也为 $O(n)$。

（3）顺序表和单链表的比较

顺序表和单链表完成的逻辑功能完全一样，但两者的应用背景以及在不同情况下的使用效率略有不同。对于具体的应用，需要根据其应用背景来确定是使用顺序表还是单链表。

顺序表的主要优点是支持随机读取，以及内存空间利用效率高；顺序表的主要缺点是需要预先给出数组的最大数据元素个数，而这通常很难准确给出。当实际的数据元素个数超过了预先给出的个数时，会发生异常。另外，在进行顺序表的插入和删除操作时需要移动较多的数据元素。

和顺序表相比，单链表的主要优点是不需要预先给出数据元素的最大个数。另外，在进行单链表的插入和删除操作时不需要移动数据元素。单链表的主要缺点是每个单元要有一个指针，因此单链表的空间利用率略低于顺序表。另外，单链表不支持随机读取，单链表取数据元素操作的时间复杂度为 $O(n)$；而顺序表支持随机读取，顺序表取数据元素操作的时间复杂度为 $O(1)$。

2.3.3 循环链表

循环链表是单链表的另一种形式，其结构特点是链表中最后一个结点的指针不再是结束标记，而是指向整个链表的第一个结点，从而使单链表形成一个环。和单链表相比，循环链表的优点是从链尾到链头操作比较方便。当要处理的数据元素序列具有环形结构特点时，适合采用循环链表。

微课 2-4　循环链表的操作

和单链表相同，循环链表也有带头结点结构和不带头结点结构两种，带头结点的循环链表实现插入和删除操作时，算法实现比较方便。带头结点的循环链表结构如图 2-11 所示。

循环链表的结点类设计和 2.3.2 节中单链表的结点类类似，唯有链表类的操作有些差异。带头结点的循环单链表的操作实现方法和不带头结点的单链表的操作实现方法类似，差别仅在于：

在构造函数中，要加一条 head.next=head 语句，把初始时的带头结点的循环链表设计成图 2-11 所示的状态。具体实现如下：

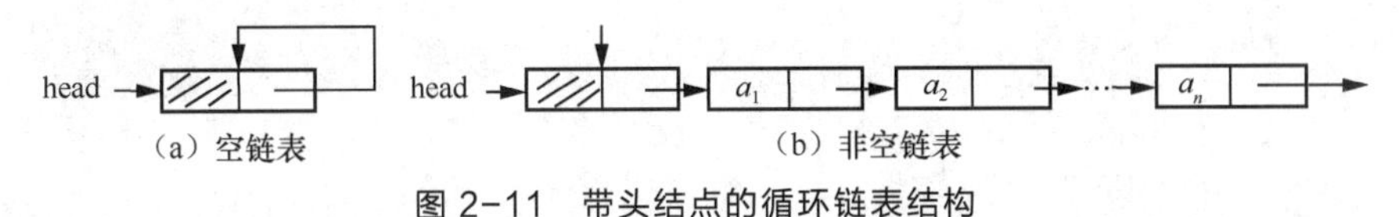

图 2-11 带头结点的循环链表结构

```
LinList(){
    head = current = new Node(null);
    head.setNext(head);
    size = 0;
}
```

在 index(i)成员函数中，把循环结束判断条件 current!=null 改成 current!=head。具体实现如下：

```
public void index(int i) throws Exception {
        if(i < - 1||i > size - 1) {
            throw new Exception("参数错误! ");
        }
        if(i == -1) return;
        current = head.getNext();
        int j = 0;
        while((current != head) && j < i) {
            current = current.getNext();
            j ++;
        }
    }
```

2.3.4 双向链表

双向链表的结构特点是每个结点除后继指针外还有一个前驱指针。和单链表类似，双向链表也有带头结点结构和不带头结点结构两种，带头结点的双向链表更为常用。另外，双向链表也可以有循环结构和非循环结构两种，循环结构的双向链表更为常用。

在单链表中查找当前结点的后继结点并不困难，可以通过当前结点的 next 域进行，但要查找当前结点的前驱结点就要从头指针 head 开始重新进行。对于一个要频繁查找当前结点的后继结点和前驱结点的应用来说，使用单链表的时间效率是非常低的，而双向链表是有效解决这类问题的必然选择。

在双向链表中，每个结点包括 3 个域，分别是 element 域、next 域和 prior 域，其中 element 域为数据元素域，next 域为指向后继结点的对象引用，prior 域为指向前驱结点的对象引用。图 2-12 为双向链表结点的图示结构。

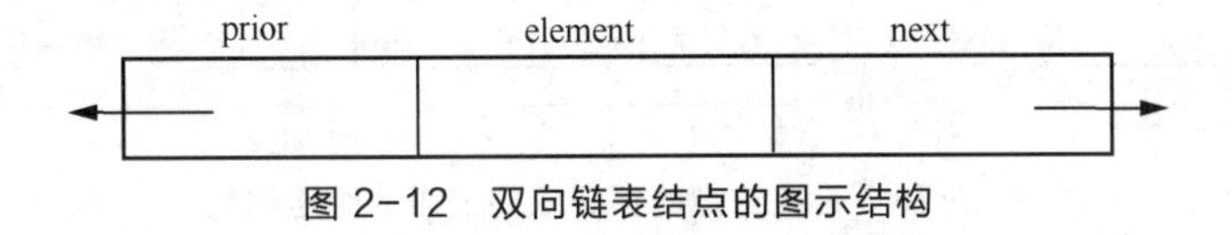

图 2-12 双向链表结点的图示结构

双向链表的结点类设计代码如下：

```
package lib.algorithm.chapter2.n03;

public class DNode<T> {
    private T element;
    private DNode<T> prior;
    private DNode<T> next;

    public DNode() {
        this.element = null;
        this.prior = null;
        this.next = null;
    }
    public DNode(T element) {
        this.element = element;
        this.prior = null;
        this.next = null;
    }
    public DNode(T element, DNode<T> prior, DNode<T> next) {
        super();
        this.element = element;
        this.prior = prior;
        this.next = next;
    }
    public T getElement() {
        return element;
    }
    public void setElement(T element) {
        this.element = element;
    }
    public DNode<T> getPrior() {
        return prior;
    }
    public void setPrior(DNode<T> prior) {
        this.prior = prior;
    }
    public DNode<T> getNext() {
        return next;
    }
    public void setNext(DNode<T> next) {
        this.next = next;
    }
}
```

图 2-13 是带头结点的循环双向链表的图示结构。从图中可以看出，循环双向链表的 next 和 prior 各自构成自己的循环单链表。

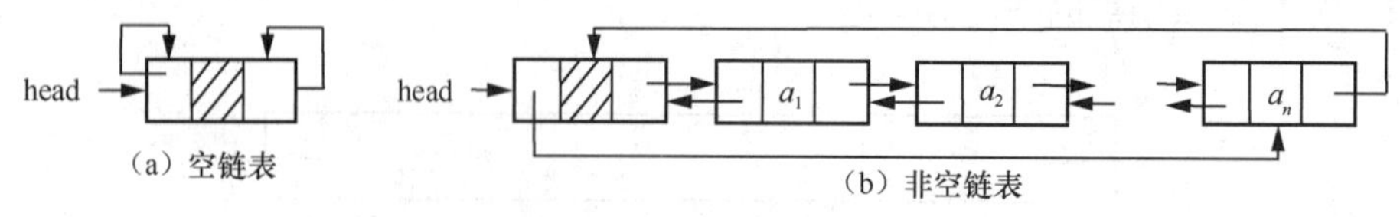

图 2-13　带头结点的循环双向链表的图示结构

循环双向链表的基本运算实现如算法 2.3 所示。

【算法 2.3　循环双向链表的基本运算实现】

```
package lib.algorithm.chapter2.n03;

import java.util.Collection;
import java.util.Iterator;
import java.util.List;
import java.util.ListIterator;

@SuppressWarnings("rawtypes")
public class DoubleLinList<T>  implements List<T> {
    private DNode<T> head; // 头指针
    private DNode<T> current;// 当前结点位置
    private int size;// 数据元素个数

    public DoubleLinList() {
        // 初始化链表时头结点和 current 指针都指向头结点
        head = current = new DNode<T>(null);
        head.setNext(head);
        size = 0;
    }

    public void index(int i) throws Exception {
        if(i < 0 || i > size - 1)
            throw new Exception("参数错误");

        if(i < (size  >> 2)) {
            current = head.getNext();
            for(int num=0; num < i; num ++)
                current = current.getNext();

        }else{
            for(int num = size - 1; num > i; num --)
                current = current.getPrior();

        }
    }
    /**
     * 新增数据
     * @param obj
     * @return
     */
    public boolean add(T obj) {
        DNode<T> node = new DNode<T>(obj);
        if(current.getPrior() == null)
        {
            head = current;
            node.setPrior(current);
            current.setNext(node);
            current = node;
            head.setPrior(node);
```

```
        }else
        {
            node.setPrior(current);
            current.setNext(node);
            current = node;
        }
        size ++;
        return true;
    }

    public void insert(int i, T obj) throws Exception {
        if(i < 0 || i > size - 1)
            throw new Exception("参数错误");

        // 添加一个变量记录 current 地址
        DNode<T> t = new DNode<T>();
        t.setElement(current.getElement());
        t.setNext(current.getNext());
        t.setPrior(current.getPrior());
        current.getPrior().setNext(t);

        index(i);

        DNode<T> node = new DNode<T>(obj);
        node.setPrior(current.getPrior());
        current.getPrior().setNext(node);
        node.setNext(current);
        current.setPrior(node);
        // 新增后把 current 地址还原
        current = t;
        size ++;
    }

    public T delete(int i) throws Exception {
        if(i < 0 || i > size - 1)
            throw new Exception("参数错误");

        index(i);
        T obj = current.getElement();
        current.getPrior().setNext(current.getNext());
        current.getNext().setPrior(current.getPrior());
        size --;
        return obj;
    }

    public T getData(int i) throws Exception {
        if(i < 0 || i > size - 1)
            throw new Exception("参数错误");
        // 修改,添加一个变量记录 current 地址
        DNode<T> t = new DNode<T>();
        t.setElement(current.getElement());
        t.setNext(current.getNext());
```

```
        t.setPrior(current.getPrior());
        current.getPrior().setNext(t);

        index(i);
        T obj = current.getElement();
        // 新增后把 current 地址还原
        current = t;
        return obj;
    }

    /**
     * 输出链表数据
     */
    public void output()
    {
        DNode<T> t = head.getNext();
        for( ; t != null; t = t.getNext()){
            System.out.print(t.getElement() + " ");
        }
        System.out.println();
    }

    public static void main(String[] args) throws Exception {
        DoubleLinList<Integer> dl = new DoubleLinList<Integer>();
        System.out.println("向双向链表中依次添加 11,22,33");
        // 下标从 0 开始
        // 向双向链表中新增第一个数据
        dl.add(11);
        // 向双向链表中新增第二个数据
        dl.add(22);
        // 向双向链表中新增第三个数据
        dl.add(33);
        dl.output();
        System.out.println("向双向链表中第二个位置插入 44");
        // 向双向链表中的第二个位置插入第四个数据
        dl.insert(1, 44);
        dl.output();
        // 输出链表的长度
        System.out.println("输出链表的长度: " + dl.size());
        // 获得下标为 2 的结点中的数据
        System.out.println("输出下标为 2 的数据: " + dl.getData(2));
        // 删除下标为 1 的结点
        dl.delete(1);
        // 输出删除节点后链表的长度
        System.out.println("删除下标为 1 的结点后链表长度: " + dl.size);
        dl.output();
    }
```

程序运行结果如下：

```
向双向链表中依次添加 11,22,33
11 22 33
向双向链表中第二个位置插入 44
11 44 22 33
输出链表的长度: 4
输出下标为 2 的数据: 22
删除下标为 1 的结点后链表长度: 3
11 22 33
```

在双向链表中，有如下关系：设对象引用 p 表示双向链表中的第 i 个结点，则 p.next 表示第 i+1 个结点，p.next.prior 表示第 i 个结点，即 p.next.prior=p；同样地，p.prior 表示第 i–1 个结点，p.prior.next 表示第 i 个结点，即 p.prior.next=p。图 2-14 是上述循环双向链表关系的图示。

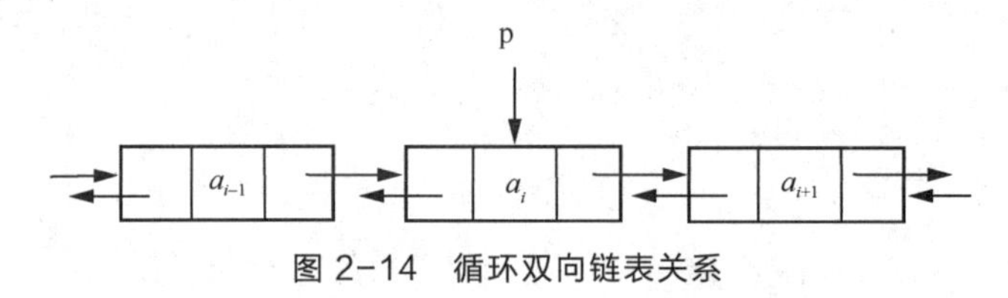

图 2-14　循环双向链表关系

循环双向链表的插入过程如图 2-15 所示。图中的指针 p 表示要插入结点的位置，s 表示要插入的结点，1、2、3、4 表示实现插入操作过程的步骤。

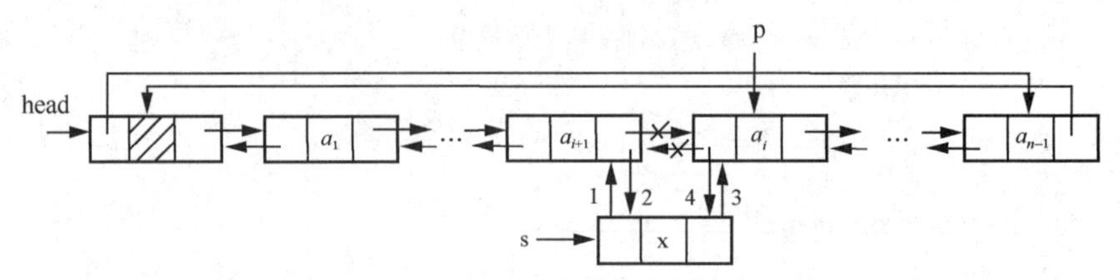

图 2-15　循环双向链表的插入过程

循环双向链表的插入操作由 insert(int i,Object obj)函数完成，其设计方法如下。

① 调用 index()成员函数，让成员变量 current 表示第 i 个结点。

② 创建一个新结点，新结点的 element 域为数据元素 obj，新结点的 prior 域和 next 域均为空。

③ 让新结点的 prior 域指向 current 前驱。

④ 让 current 前驱的 next 域指向当前结点。

⑤ 让当前结点的 next 域指向 current。

⑥ 使 current 的 prior 域指向当前结点。

⑦ 使数据元素个数成员变量加 1。

上述步骤分别依次由如下 7 条语句完成：

```
index(i);
Node node = new Node(obj);
node.setPrior(current.getPrior());
current.getPrior().setNext(node);
node.setNext(current);
current.setPrior(node);
size ++;
```

循环双向链表的删除过程如图 2-16 所示。图中的指针 p 表示要删除结点的位置，1、2 表示实现删除过程的步骤。

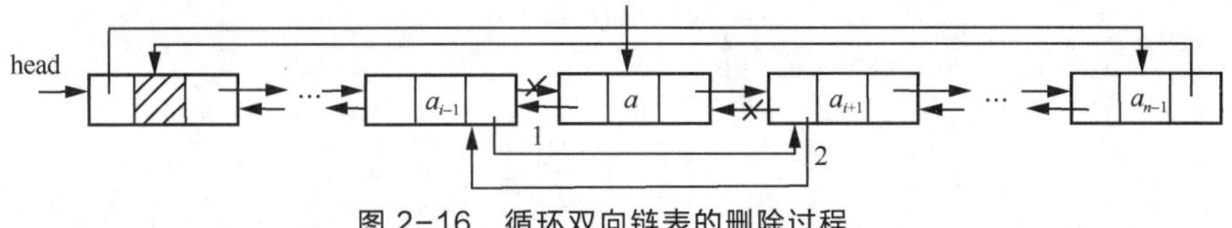

图 2-16 循环双向链表的删除过程

循环双向链表的删除操作由函数 delete(int i)完成，其设计方法如下。

① 利用 index()成员函数，让成员变量 current 表示第 i 个结点。

② 新建 Object 对象，对其赋值为 current 的 element 域值。

③ 将 current 的前驱的 next 域指向 current 的 next 域所指向的对象。

④ 将 current 的 next 域所指向的对象的 prior 域指向 current 的 prior 域所指向的对象。

⑤ 使数据元素个数成员变量减 1。

⑥ 返回删除结点的数据域值。

上述 6 个步骤分别由如下 6 条语句实现：

```
index(i);
Object obj = current.getElement();
current.getPrior().setNext(current.getNext());
current.getNext().setPrior(current.getPrior());
size --;
return obj;
```

2.3.5 链表的应用

设有一个一元多项式 $f(x)=\sum a_i x^i$，经过分析可以看出，多项式的每一项都由系数、指数以及未知数 x 构成，若已知系数和指数则可以知道该多项式。我们运用单链表来表示一元多项式，每个结点包含多项式中每一项的两个信息系数（带符号）和指数，则相应的结点结构为图 2-17 所示的形式。

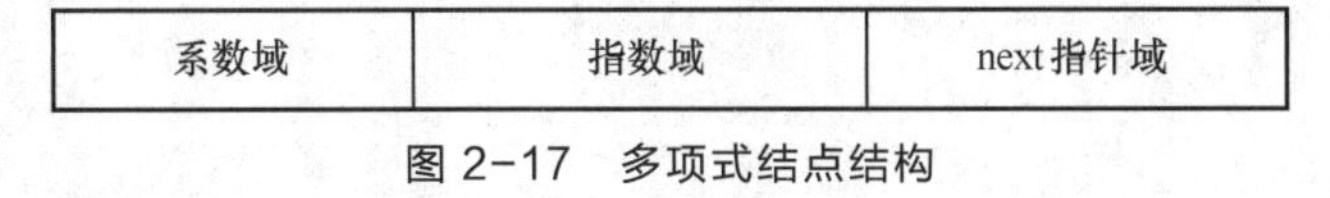

系数域	指数域	next 指针域

图 2-17 多项式结点结构

我们使用带头结点的单链表来表示一元多项式，那么对于某个多项式 $p=-2x^2+100x^3+45x^5+3x^{20}$，它的单链表结构如图 2-18 所示。

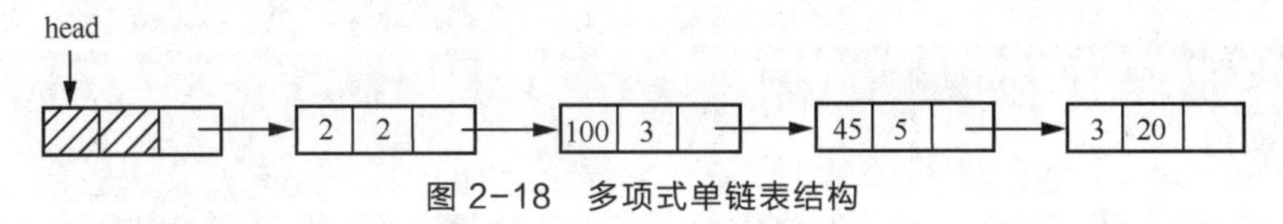

图 2-18 多项式单链表结构

假设有多项式 $p_1=2x^2+100x^3+45x^5+3x^{20}$，$p_2=8x^2+7x^3+4x^4+6x^{18}+7x^{20}$，$p_1$ 和 p_2 加法运算的示意图如图 2-19 所示。

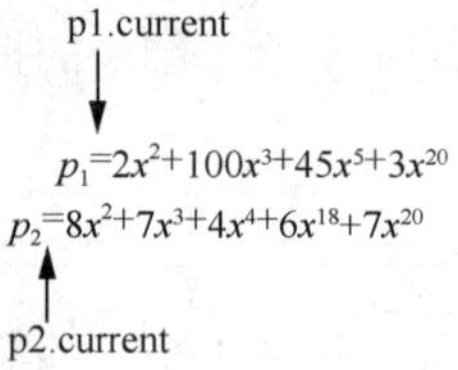

p1.current

$p_1=2x^2+100x^3+45x^5+3x^{20}$

$p_2=8x^2+7x^3+4x^4+6x^{18}+7x^{20}$

p2.current

图 2-19　多项式加法运算示意

p1.current 和 p2.current 分别指向 p_1 和 p_2 的第一个元素，比较它们的幂，如果相等，将它们的系数相加，幂不变，并将这一新项插入 result，p1.current 和 p2.current 都往后移一位；如果 p1.current 所指向的项的幂小于 p2.current，则把 p1.current 所指向的这一项插入 result，p1.current 后移一位。同样地，如果 p2.current 所指向的项的幂小于 p1.current，执行类似的操作。重复这一过程，直到这两个指针都指向 null（在单链表中，最后一个结点的 next 指向 null）。这里还有一个细节，就是这两个指针中一般都会有一个先指向 null，这时候把剩下的那个指针往后遍历，将它及其后面所指向的项都插入 result 即可。

综上，多项式各项的结点类设计代码如下：

```
package lib.algorithm.chapter2.n04;

public class PNode<T> {
    double rat; // 系数
    double exp; // 指数
    PNode<T> next; // 指向下一个结点对象的引用

    public PNode(double rat, double exp) {
        this.rat = rat;
        this.exp = exp;
        this.next = null;
    }

    public PNode() {
        this(0, 0);
    }

    public double getRat() {
        return rat;
    }

    public double getExp() {
        return exp;
    }

    public PNode<T> getNext() {
        return next;
    }

    public void setRat(int rat) {
        this.rat = rat;
    }
```

```
    public void setExp(int exp) {
        this.exp = exp;
    }

    public void setNext(PNode<T> node) {
        this.next = node;
    }
}
```

多项式链表的基本运算实现如算法 2.4 所示。

【算法 2.4　多项式链表的基本运算实现】

```
package lib.algorithm.chapter2.n04;

public class PolyList<T>
{
    PNode<T> head;
    PNode<T> current;

    public PolyList()
    {
        head = new PNode<T>();
        current = head;
        head.setNext(null);
    }

    public boolean isEmpty()
    {
        // 如果链表头部的 next 部位为空（代表有数据）
        if(head.getNext() != null)
            return true;

        return false;
    }

    public void insert(PNode<T> node)
    {
        current.setNext(node);
        current = node;
    }

    public String print()
    {
        StringBuilder rst = new StringBuilder("");
        StringBuilder rat = new StringBuilder("");
        StringBuilder exp = new StringBuilder("");
        StringBuilder tmp = new StringBuilder("");

        current = head.getNext();
        while (current != null)
        {
            rat.delete(0, rat.length());
            exp.delete(0, exp.length());
            tmp.delete(0, tmp.length());
```

```
            if (current.getRat() == 1)
                rat.append("");
            else
                rat.append(String.valueOf(current.getRat()));

            if (current.getExp() == 1)
            {
                exp.append("");
                tmp.append(rat.toString()).append("x").append(exp.toString());
            } else
            {
                exp.append(String.valueOf(current.getExp()));
                if (current.getExp() > 0)
                    tmp.append(rat.toString()).append("x^").append(exp.toString());
                else
                    // 指数为负数时加括号
                    tmp.append(rat.toString()).append("x^(").append(exp.toString()).
append(")");
            }

            if (current == head.getNext())
                rst.append(tmp.toString());
            else
            {
                if (current.getRat() > 0)
                    rst.append("+").append(tmp.toString());
                else
                    // 系数<0 时自动带有负号
                    rst.append(tmp.toString());
            }
            current = current.getNext();
        }
        return rst.toString();
    }

    public static PolyList<Integer> add(PolyList<Integer> p1, PolyList <Integer>p2)
    {

        PolyList<Integer> result = new PolyList<Integer>();
        // 分别指向 p1、p2 的第一个元素
        p1.current = p1.head.getNext();
        p2.current = p2.head.getNext();
        while (p1.current != null && p2.current != null)
        {

            if (p1.current.getExp() == p2.current.getExp())
            {
                result.insert(new PNode<Integer>(p1.current.getRat()+p2.current.
getRat(), p1.current.getExp()));
                p1.current = p1.current.getNext();
                p2.current = p2.current.getNext();
            } else if (p1.current.getExp() < p2.current.getExp())
            {
                result.insert(p1.current);
```

```
                p1.current = p1.current.getNext();
            } else
            {
                result.insert(p2.current);
                p2.current = p2.current.getNext();
            }
        }
        while (p1.current != null)
        {
            result.insert(p1.current);
            p1.current = p1.current.getNext();
        }
        while (p2.current != null)
        {
            result.insert(p2.current);
            p2.current = p2.current.getNext();
        }
        return result;
    }

    public static void main(String[] args)
    {
        PolyList<Integer> polyList1 = new PolyList<Integer>();
        PolyList<Integer> polyList2 = new PolyList<Integer>();

        // 设置第一组第一个结点值
        PNode<Integer> pNode1 = new PNode<Integer>();
        pNode1.setExp(2);
        pNode1.setRat(2);
        // 设置第一组第二个结点值
        PNode<Integer> pNode2 = new PNode<Integer>();
        pNode2.setExp(3);
        pNode2.setRat(100);
        // 插入数据
        polyList1.insert(pNode1);
        polyList1.insert(pNode2);

        // 设置第二组第一个结点值
        PNode<Integer> pNode3 = new PNode<Integer>();
        pNode3.setExp(50);
        pNode3.setRat(33);
        // 插入数据
        polyList2.insert(pNode3);

        System.out.println("输出第一组数据: " + polyList1.print());
        System.out.println("输出第二组数据: " + polyList2.print());
    }
}
```

程序运行结果如下：

```
输出第一组数据: 2.0x^2.0+100.0x^3.0
输出第二组数据: 33.0x^50.0
```

本章小结

本章首先介绍了线性表的逻辑结构，然后介绍了线性表的存储结构分为顺序存储结构和链式存储结构两种。线性表的顺序存储结构就是将线性表中的所有元素按照其逻辑结构顺序依次存储在计算机的一个连续的存储空间中。线性表的链式存储结构可将线性表分为单链表、循环链表和双向链表。在单链表中，构成链表的每个结点只有一个指向直接后继的指针。循环链表是单链表的另一种形式，其结构特点是链表中最后一个结点的指针不再是结束标记，而是指向整个链表的第一个结点，从而使单链表形成一个环。双向链表的结构特点是每个结点除后继指针外还有一个前驱指针。

在本章 2.3.5 小节链表的应用中，利用单链表实现了一元多项式的表示及相加，能够良好地支持多项式的加法运算。在熟练掌握线性表的逻辑结构和存储结构的基础之上，读者还应熟练掌握以及运用顺序表和链表的增加、删除以及查询操作，熟练掌握各种算法在不同场景下的应用。在处理实际问题的时候，读者能够根据不同数据结构的实现特点来进行具体选择。

上机实训

1．编写一个顺序表类的成员函数，实现对顺序表循环右移 k 位的操作。即原来顺序表为 $(a_1,a_2,\cdots,a_{n-k},a_{n-k+1},\cdots, a_n)$，循环向右移动 k 位后变成 $(a_{n-k+1},\cdots, a_n ,a_1,a_2,\cdots,a_{n-k})$。求时间复杂度为 $O(n)$。

2．编写两个单链表类的成员函数，分别实现链表反转、查找单链表的中间结点两个功能。

习　　题

一、选择题

1．线性表是（　　）。

A．一个有限序列，可以为空　　B．一个有限序列，不可以为空

C．一个无限序列，可以为空　　D．一个无限序列，不可以为空

2．在一个长度为 n 的顺序表中删除第 i 个元素 $(0\leqslant i\leqslant n)$ 时，需向前移动（　　）个元素。

A．$n-i$　　B．$n-i+1$　　C．$n-i-1$　　D．i

3．当线性表采用链式存储时，其地址（　　）。

A．必须是连续的　　B．一定是不连续的

C．部分地址必须是连续的　　D．连续与否均可以

4．从一个具有 n 个结点的单链表中查找其值等于 x 的结点时，在查找成功的情况下，需平均比较（　　）个元素结点。

A．$n/2$　　B．n　　C．$(n+1)/2$　　D．$(n-1)/2$

5．在循环双向链表中，在 p 所指的结点之后插入 s 指针所指的结点，其实现语句是（　　）。

A．p->next=s;　　s->prior=p;　　p->next->prior=s;　　s->next=p->next;

B．s->prior=p;　　s->next=p->next;　　p->next=s;　　p->next->prior=s;

C．p->next=s;　　p->next->prior=s;　　s->prior=p;　　s->next=p->next;

D．s->prior=p;　　s->next=p->next;　　p->next->prior=s;　　p->next=s;

6．设单链表中指针 p 指向结点 m，若要删除 m 之后的结点（若存在），则需修改指针的操作为（　　）。

A．p->next=p->next->next;　　B．p=p->next;

C．p=p->next->next;　　D．p->next=p;

7．在一个长度为 n 的顺序表中向第 i 个元素($0<i<n+1$)之前插入一个新元素时，需向后移动（　　）个元素。

A．$n-i$　　B．$n-i+1$　　C．$n-i-1$　　D．i

8．在一个单链表中，已知 q 结点是 p 结点的前驱结点，若在 q 和 p 之间插入 s 结点，则须执行（　　）。

A．s->next=p->next;　p->next=s　　B．q->next=s;　s->next=p

C．p->next=s->next;　s->next=p　　D．p->next=s;　s->next=q

9．以下关于线性表的说法不正确的是（　　）。

A．线性表中的数据元素可以是数字、字符、记录等不同类型

B．线性表中包含的数据元素个数不是任意的

C．线性表中的每个结点都有且只有一个直接前驱和直接后继

D．存在这样的线性表：表中各结点都没有直接前驱和直接后继

10．线性表的顺序存储结构是一种（　　）的存储结构。

A．随机存取　　B．顺序存取　　C．索引存取　　D．哈希存取

11．在顺序表中，只要知道（　　），就可在相同时间内求出任一结点的存储地址。

A．基地址　　B．结点大小　　C．向量大小　　D．基地址和结点大小

12．在等概率情况下，顺序表的插入操作要移动（　　）结点。

A．全部　　B．一半　　C．三分之一　　D．四分之一

13．在（　　）运算中，使用顺序表比链表好。

A．插入　　B．删除　　C．根据序号查找　　D．根据元素值查找

14．在一个具有 n 个结点的有序单链表中插入一个新结点并保持该表有序的时间复杂度是（　　）。

A．$O(1)$　　B．$O(n)$　　C．$O(n^2)$　　D．$O(\log_2 n)$

二、填空题

1．线性表是一种典型的________结构。

2．在一个长度为 n 的顺序表的第 i 个元素之前插入一个元素，需要后移________个元素。

3．顺序表中逻辑上相邻的元素的物理位置________。

4．要从一个顺序表删除一个元素时，被删除元素之后的所有元素均需________一个位置，移动过程是：从_______向_______依次移动每一个元素。

5．在线性表的顺序存储中，元素之间的逻辑关系是通过_______决定的；在线性表的链式存储中，元素之间的逻辑关系是通过_______决定的。

6．在双向链表中，每个结点含有两个指针域，一个指向_______结点，另一个指向_______结点。

7．当对一个线性表经常进行存取操作而很少进行插入和删除操作时，采用_______存储结构为宜。相反，当经常进行的是插入和删除操作时，则采用_______存储结构为宜。

8．在单链表中设置头结点的作用是________。

三、简答题

1．线性表的两种存储结构各有哪些优缺点？

2．对于线性表的两种存储结构，若线性表的数据元素总数基本稳定，且很少进行插入和删除操作，但要求以最快的速度存取线性表中的元素，应选用何种存储结构？试说明理由。

3．在单循环链表中设置尾指针比设置头指针好吗？为什么？

第3章

栈和队列

学习目标

栈、队列的逻辑结构与线性表的相同，其特点在于它们的运算受到了限制：栈按“后进先出”的规则进行操作，队列按“先进先出”的规则进行操作，因此，栈和队列也可以被称为操作受限的线性表。从某种意义上来说，栈、队列是比数组、链表更为抽象的数据结构，栈、队列既可以用数组实现，也可以用链表实现。读者学习本章后应能掌握栈和队列的基本概念、逻辑结构和存储结构。

编译原理是计算机学科的核心基础理论之一，计算机高级语言转换成机器语言需要通过编译程序来进行。编译程序分为词法分析、语法分析、语义分析等阶段，在编译的整个过程中，栈和队列起着十分重要的作用。当前，我国强调创新驱动发展，显然直接驱动发展的创新绝大多数都是技术创新，但是我们也要认识到，基础科学理论研究的突破是技术创新之母。

3.1 栈

在生活中大家应该见过独木桥，在独木桥上，人只能一个一个地通过，当后面有人时，前面的人不能转身返回，只能走到底。设想这样一种情况：独木桥上有几个人在依次前进，第一个人走到桥的某处时发现无法通过，只能原路返回，那么这一行人返回的话，只能是走在最后的人先返回，然后是倒数第二个，直到最后才是第一个人。对于这样的一个过程，可以把它进行一下类比，将过桥的人比作元素，那么这个过程可以理解为线性表中元素进出过程，只是对于这个线性表，最先进入的元素最后出来，最后进入的元素最先出来，这样的一类线性表称为栈。栈在计算机中的应用相当广泛，包括函数递归的调用和返回、二叉树和森林的遍历、调用子程序及从子程序返回、表达式的转换和求值、CPU 的中断处理等。

3.1.1 栈的定义及其运算

栈（stack）是一个线性表，其插入（也称为添加）和删除操作都在表的同一端进行。其中插入、删除元素的一端被称为栈顶（top），另一端被称为栈底（bottom）。栈的插入操作通常称为入栈或进栈（push），而栈的删除操作称为出栈或退栈（pop）。不含元素的空表称为空栈。

微课 3-1 栈的定义及其运算

因为只允许在栈顶插入与删除元素，栈顶元素总是最后入栈，最先出栈；栈底元素总是最先入栈，最后出栈。所以，栈是按照先进后出（First In Last Out，FILO）或后进先出（Last In First Out，LIFO）的原则组织数据的。

入栈和出栈是栈的两个主要操作，每一次入栈的元素总是成为当前的栈顶元素，而每一次出栈的元素总是当前的栈顶元素。所以栈顶的位置随元素的插入和删除而变化，为此需要一个称为栈顶指针 top 的位置指示器来表示栈顶的当前位置，如图 3-1 所示，栈顶指针 top 动态反映栈的当前位置。

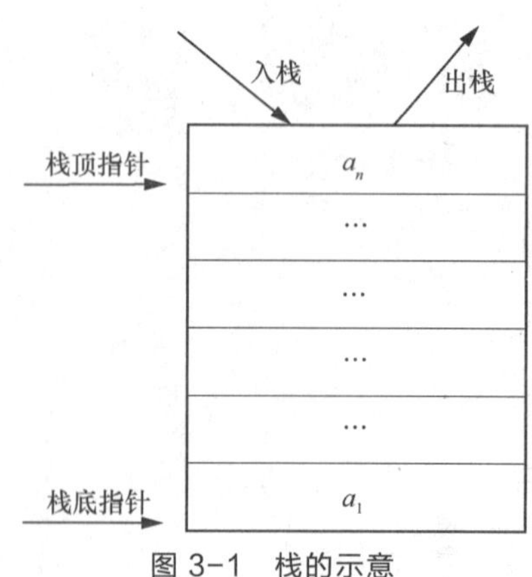

图 3-1 栈的示意

栈的基本操作如下。

① getSize 返回栈的大小：获取栈里元素的个数，如果是空栈，则返回 0。

② isEmpty 判断栈是否为空：若栈为空，则返回 true；否则，返回 false。

③ push 入栈：在栈的顶部插入新元素，若栈满，则返回 false；否则，返回 true。

④ pop 出栈：若栈不为空，则返回栈顶元素，并从栈顶中删除该元素；否则，返回空元素 null。

⑤ getTop 取栈顶元素：若栈不为空，则返回栈顶元素（但不删除元素）；否则返回空元素 null。

⑥ setEmpty 置栈空操作：置栈为空栈。

栈是一种特殊的线性表，因此栈可采用顺序存储结构存储，也可采用链式存储结构存储。下面给出了实现栈数据结构的完整 Java 接口。

```
interface Stack<T> {
    // 返回栈的大小
    public int getSize();

    // 判断栈是否为空
    public boolean isEmpty();

    // 数据元素 x 入栈
    public boolean push(T x);

    // 栈顶元素出栈
    public T pop();

    // 取栈顶元素
    public T getTop();

    // 置栈空操作
    public void setEmpty();
}
```

3.1.2 栈的顺序存储结构

利用一组地址连续的存储单元依次存放自栈底到栈顶的数据元素，这种形式的栈称为顺序栈。因此，可以将栈中的数据元素用一个一维数组来存储，把数组中下标为 0 的一端作为栈底，为了指示栈中元素的位置，我们定义变量 top 来指示栈顶元素在顺序栈中的位置，top 为整型。通常当 top=−1 时表示栈为空栈，在元素入栈时指针 top 不断地加 1，当 top 等于数组的最大下标值时则栈满。

图 3-2 展示了顺序栈中数据元素与栈顶指针的变化。

栈的顺序存储实现如算法 3.1 所示。

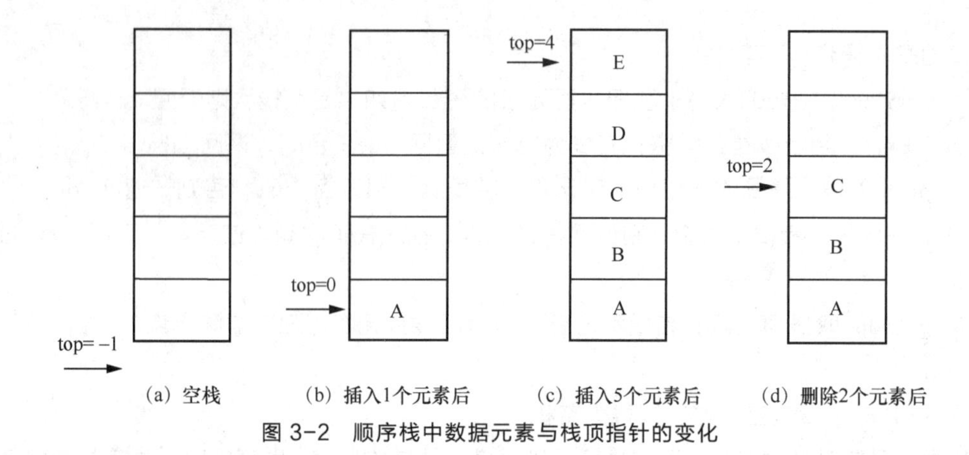

图 3-2　顺序栈中数据元素与栈顶指针的变化

【算法 3.1　栈的顺序存储实现】

```
package lib.algorithm.chapter3.n01;
class StackArray<T> implements Stack<T> {
    private final int LEN = 10; // 数组的默认大小
    private int top; // 栈顶指针
    private Object[] elements; // 数据元素数组

    public StackArray() {
        top = -1;
        elements = new Object[LEN];
    }

    // 返回栈的大小
    public int getSize() {
        return top + 1;
    }

    // 判断栈是否为空
    public boolean isEmpty() {
        if (top == -1) {
            return true;
        } else {
            return false;
        }
    }

    // 数据元素 x 入栈
    public boolean push(T x) {
        if (getSize() >= elements.length) {
            return false;
        } else {
            top ++;
            elements[top] = x;
            return true;
        }
    }
```

```
    // 栈顶元素出栈
    public T pop() {
        T obj;
        if (getSize() < 1) {
            obj = null;
        } else {
            obj = (T)elements[top];
            top --;
        }
        return obj;
    }

    // 取栈顶元素
    public T getTop() {
        T obj;
        if (getSize() < 1) {
            obj = null;
        } else {
            obj = (T)elements[top];
        }
        return obj;
    }

    // 置栈空操作
    public void setEmpty() {
        top = -1;
    }
}

public class StackDemo {

    public static void main(String[] args) {
        // TODO Auto-generated method stub
        StackArray<Integer> sa = new StackArray<Integer>();
        sa.push(20);
        System.out.println("元素 20 入栈");
        sa.push(30);
        System.out.println("元素 30 入栈");
        sa.push(40);
        System.out.println("元素 40 入栈");
        sa.push(50);
        System.out.println("元素 50 入栈");
        sa.push(60);
        System.out.println("元素 60 入栈");
        System.out.println();

        if (sa.isEmpty()) {
            System.out.println("栈当前为空");
        } else {
            System.out.println("栈当前不为空");
        }
```

```
        System.out.println();

        System.out.println("栈内有" + sa.getSize() + "个元素");
        System.out.println();

        System.out.println("栈顶元素为：" + sa.getTop());
        System.out.println();

        sa.pop();
        System.out.println("弹出一个元素后，栈顶元素为：" + sa.getTop());
        System.out.println();

        sa.setEmpty();
        if (sa.isEmpty())
            System.out.println("置栈空操作后，栈内为空");

        System.out.println();
    }

}
```

程序运行结果如下：

```
元素 20 入栈
元素 30 入栈
元素 40 入栈
元素 50 入栈
元素 60 入栈

栈当前不为空

栈内有 5 个元素

栈顶元素为：60

弹出一个元素后，栈顶元素为：50

置栈空操作后，栈内为空
```

以上是基于数组实现栈的 Java 代码。由于有 top 指针存在，所以 getSize、isEmpty 等方法的时间复杂度是 $O(1)$；push、pop、getTop 除调用 getSize 外都执行常数次基本操作，因此它们的时间复杂度也是 $O(1)$。

注意，在栈的操作中需判断两种情况：一种是出栈时，判断栈是否为空，若为空，则称为下溢；另一种是入栈时，判断栈是否为满，若为满，则称为上溢。

3.1.3 栈的链式存储结构

栈中的数据元素可以用一个链表存储，这种结构的栈称为链栈。在一个链栈中，栈底就是链表的最后一个结点，而栈顶总是链表的第一个结点。因此，新入栈的元素即链表新的第一个结点，只要系统还有存储空间，就不会有栈满的情况发生。一个链栈可由栈顶指针 top 唯一确定，当 top 为 null 时，此栈是一个空栈。图 3-3 给出了链栈中数据元素与栈顶指针 top 变化的情况。

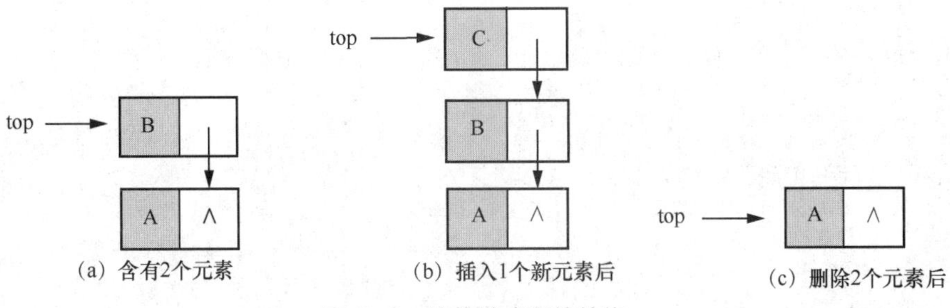

图 3-3　栈的链式存储结构

栈的链式存储实现如算法 3.2 所示。

【算法 3.2　栈的链式存储实现】

```
package lib.algorithm.chapter3.n01;
class SLLNode<T> {
    // 数据域
    private T data;
    // 引用域指向下一个结点
    private SLLNode nextlink;

    public T getData() {
        return data;
    }

    public void setData(T data) {
        this.data = data;
    }

    public SLLNode getNext() {
        return nextlink;
    }

    public void setNext(SLLNode nextlink) {
        this.nextlink = nextlink;
    }
}

class StackLinkedList<T> implements Stack<T> {
    private SLLNode<T> top; // 栈顶指针
    private int size; // 栈的大小

    public StackLinkedList() {
        top = null;
        size = 0;
    }
```

```
    // 返回栈的大小
    public int getSize() {
        return size;
    }

    // 判断栈是否为空
    public boolean isEmpty() {
        if (size == 0) {
            return true;
        } else {
            return false;
        }
    }

    // 数据元素 x 入栈
    public boolean push(T x) {
        SLLNode q = new SLLNode();
        q.setData(x);
        q.setNext(top);
        top = q;
        size ++;
        return true;
    }

    // 栈顶元素出栈
    public T pop() {
        T obj = null;
        if (size < 1) {
            return null;
        } else {
            obj = top.getData();
            top = top.getNext();
            size --;
        }
        return obj;
    }

    // 取栈顶元素
    public T getTop() {
        T obj = null;
        if (size < 1) {
            return null;
        } else {
            obj = top.getData();
        }
        return obj;
    }

    // 置栈空操作
    public void setEmpty() {
        top = null;
```

```
        size = 0;
    }
}

public class SLLNodeDemo {

    public static void main(String[] args) {
        // TODO Auto-generated method stub
        StackLinkedList<Integer> sll =
                new StackLinkedList<Integer>();
        sll.push(20);
        System.out.println("元素 20 入栈");
        sll.push(30);
        System.out.println("元素 30 入栈");
        sll.push(40);
        System.out.println("元素 40 入栈");
        sll.push(50);
        System.out.println("元素 50 入栈");
        sll.push(60);
        System.out.println("元素 60 入栈");
        System.out.println();

        if (sll.isEmpty()) {
            System.out.println("栈当前为空");
        } else {
            System.out.println("栈当前不为空");
        }
        System.out.println();

        System.out.println("栈内有" + sll.getSize() + "个元素");
        System.out.println();

        System.out.println("栈顶元素为: " + sll.getTop());
        System.out.println();

        sll.pop();
        System.out.println("弹出一个元素后，栈顶元素为: " + sll.getTop());
        System.out.println();

        sll.setEmpty();
        if (sll.isEmpty())
            System.out.println("置栈空操作后，栈内为空");

        System.out.println();

    }

}
```

程序运行结果如下：

```
元素 20 入栈
```

```
元素 30 入栈
元素 40 入栈
元素 50 入栈
元素 60 入栈

栈当前不为空

栈内有 5 个元素

栈顶元素为：60

弹出一个元素后，栈顶元素为：50

置栈空操作后，栈内为空
```

在算法 3.2 中，所有的操作都执行常数次操作，时间复杂度为 $O(1)$。

3.2 栈的应用和举例

栈在计算机科学领域有着广泛的应用，栈结构所具有的“先进后出”特性，使得栈成为程序设计中的有用工具。本节将介绍几个栈应用的典型例子。

3.2.1 数制转换

将十进制数 N 转换为 r 进制的数，其方法是利用辗转相除法。以 N=3467，r=8 为例，辗转相除法数制转换如图 3-4 所示。

N	N/8（整除）	N % 8（求余）
3467	433	3
433	54	1
54	6	6
6	0	6

图 3-4 辗转相除法数制转换

十进制数 3467 的八进制形式为 6613，由图 3-4 可看到所转换的八进制数就求余后的余数从下向上排列，而通常余数的计算过程是按照从上向下的顺序产生的，恰好与数制转换结果相反。因此转换过程中每得到一个余数就入栈保存，转换完毕后依次出栈可得到转换结果。

数制转换算法思想如下：当 N >0 时重复步骤①和步骤②。

① 若 N≠0，则将 N%r 压入栈 s 中，执行步骤②；若 N=0，则将栈 s 的内容依次出栈，算法结束。

② 将 N 赋值为 N/r。

利用栈实现数制转换如算法 3.3 所示。

【算法 3.3　利用栈实现数制转换】

```
package lib.algorithm.chapter3.n01;

public class NumberConvertionDemo {

    public static String NumberConvertion(int N, int r)
    {
        StackArray<Integer> sa = new StackArray<Integer>();
        String result = "";

        while (N > 0)
        {
            // 如果 N≠0，则将 N%r 压入栈中
            sa.push(N % r);

            //将 N 赋值为 N/r
            N = N / r;
        }

        int size = sa.getSize();
        for (int i = 0; i < size; i ++)
        {
            //将栈的内容依次出栈
            result = result + sa.pop();
        }

        return result;
    }

    public static void main(String[] args)
    {
        //将十进制数 3467 转换成八进制数
        String numStr = NumberConvertion(3467, 8);

        //输出转换为八进制数后的结果
        System.out.println("3467 转换成八进制数为: " + numStr);
    }
}
```

程序运行结果如下:

```
3467 转换成八进制数为: 6613
```

3.2.2　后缀表达式求值

表达式求值是程序设计语言编译中一个最基本的问题，在计算机科学中有着广泛的应用。

算术表达式一般有 3 种形式，即常规表达式（带括号的中缀表达式，也就是我们小学就熟悉的算术表达式）、前缀表达式、后缀表达式。下面给出同一算术表达式的 3 种形式。

常规表达式：$a\times b+(c-d/e)\times f$。

前缀表达式：$+\times ab\times -c/def$。

后缀表达式：$ab\times cde/-f\times +$。

对于常规表达式的求值过程读者已经非常熟悉，以下将分析后缀表达式的求值过程及其特点。

为了找出后缀表达式的求值规律和特点，首先分析常规表达式的求值过程（用大写字母表示中间结果），如图 3-5 所示，最后求得的 E 就是最终的结果。

序号	计算步骤	中间结果的表达式
1	$a\times b\Rightarrow A$	expr$=A+(c-d/e)\times f$
2	$d/e\Rightarrow B$	expr$=A+(c-B)\times f$
3	$c-B\Rightarrow C$	expr$=A+C\times f$
4	$C\times f\Rightarrow D$	expr$=A+D$
5	$A+D\Rightarrow E$	expr$=E$

图 3-5　常规表达式求值过程

后缀表达式的运算结果必须与常规表达式的结果相同，那么后缀表达式的求值过程与求值顺序也必须与常规表达式的求值过程相同。对后缀表达式 $ab\times cde/-f\times +$的求值过程与图 3-5 的一致。

根据上述运算过程，可以总结出后缀表达式的运算特点如下。

① 运算符在式中出现的顺序恰为表达式的运算顺序。

② 每个运算符与在它之前且紧靠它的两个操作数构成一个最小表达式。

仔细分析可以发现，后缀表达式求值过程是以操作符为中心的。每次读入一个操作符时，就取前面最近读入的或者已经计算出的两个操作数进行计算。在操作符读入前已经读入的或者已经计算出的操作数的个数是不确定的，那么如何保存这些操作数才能比较容易取得最近的两个操作数呢？显然使用栈保存已经读入的操作数，可以很容易实现。

例如，计算后缀表达式“35×782/–9×+”的值，利用栈实现表达式求值的过程如下。

① 读入操作数 3、5 并放入栈中，如图 3-6（a）所示。

② 读入操作符“×”，取出栈顶 2 个操作数 5 和 3 进行运算，将运算结果 15 放入栈中，如图 3-6（b）所示。

③ 读入操作数 7、8、2，依次放入栈中，如图 3-6（c）所示。

④ 读入操作符“/”，取出栈顶 2 个操作数 8 和 2 进行除法运算，将运算结果 4 放入栈中，如图 3-6（d）所示。

⑤ 读入操作符“–”，取出栈顶 2 个操作数 7 和 4 进行减法运算，将运算结果 3 放入栈中，如图 3-6（e）所示。

⑥ 读入操作数 9，将其放入栈中，如图 3-6（f）所示。

⑦ 读入操作符“×”，取栈顶 2 个操作数 9 和 3，进行乘法运算，将运算结果 27 放入栈中，如图 3-6（g）所示。

⑧ 读入操作符“+”，取栈顶 2 个操作数 27 和 15，进行加法运算，将运算结果 42 放入栈中，如图 3-6（h）所示。

⑨ 表达式结束，从栈中读出数据 42。这就是表达式最后求得的结果。

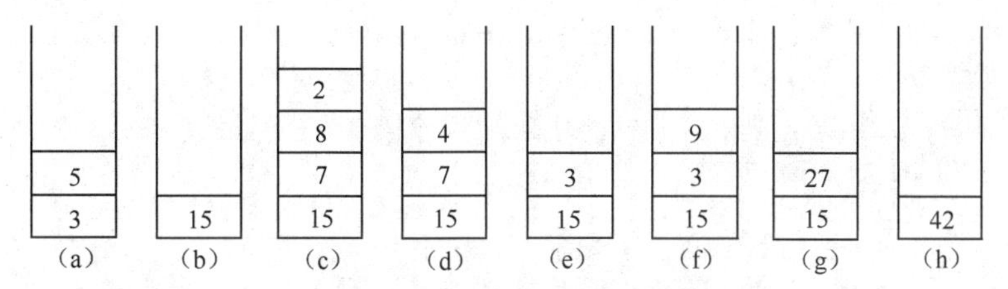

图 3-6 栈后缀表达式求值过程

利用栈实现后缀表达式求值如算法 3.4 所示。

【算法 3.4 利用栈实现后缀表达式求值】

```
package lib.algorithm.chapter3.n01;

public class PostfixExpressionDemo {

    public static int PostfixExpressionValue(String expr)
    {
        int result = 0;
        //创建顺序栈
        StackArray<Integer> sa = new StackArray<Integer>();

        //用空格分隔操作数和操作符，赋值给一个字符串列表
        String[] strArr = expr.split(" ");

        //循环处理后缀表达式中的操作数和操作符
        for (int i = 0; i < strArr.length; i ++)
        {
            if (strArr[i].equals("+"))
            {
                //如果当前操作符是+，则取栈顶两个操作数进行求和后入栈
                int num1 = sa.pop();
                int num2 = sa.pop();
                int tempResult = num2 + num1;
                sa.push(tempResult);
            }
            else if (strArr[i].equals("-"))
            {
                //如果当前操作符是-，则取栈顶两个操作数进行求差值后入栈
                int num1 = sa.pop();
                int num2 = sa.pop();
                int tempResult = num2 - num1;
                sa.push(tempResult);
            }
```

```
            else if (strArr[i].equals("*"))
            {
                //如果当前操作符是*，则取栈顶两个操作数进行求乘积后入栈
                int num1 = sa.pop();
                int num2 = sa.pop();
                int tempResult = num2 * num1;
                sa.push(tempResult);
            }
            else if (strArr[i].equals("/"))
            {
                //如果当前操作符是/，则取栈顶两个操作数进行除法运算后入栈
                int num1 = sa.pop();
                int num2 = sa.pop();
                int tempResult = num2 / num1;
                sa.push(tempResult);
            }
            else
            {
                //如果当前是操作数，则直接入栈
                sa.push(Integer.parseInt(strArr[i]));
            }
        }
        //计算完成后，栈中保存的就是后缀表达式的计算结果
        result = sa.pop();
        return result;
    }

    public static void main(String [] args)
    {
        //对后缀表达式进行求值，操作数以及操作符之间用空格隔开
        int value = PostfixExpressionValue("3 5 * 7 8 2 / - 9 * +");

        System.out.println("后缀表达式求值的结果为：" + value);
    }
}
```

程序运行结果如下：

```
后缀表达式求值的结果为：42
```

3.3 队列

在日常生活中队列的例子有很多，如排队买东西，排在前面的人买完后走掉，新来的人排在队尾，这里的排队体现了一种“先来先服务”的原则。

排队现象在计算机系统中很常见。例如，在计算机系统中经常会遇到两个设备之间的数据传输，不同的设备（内存与硬盘）通常处理数据的速度是不同的，当需要在它们之间连续处理一批数据时，高速设备总是要等待低速设备，这就造成计算机处理效率大大降低。为了解决速度不匹配的矛盾，通常需要在这两个设备之间设置一个缓冲区。这样，高速设备就不

必每次等待低速设备处理完一个数据后才开始处理下一个数据，而是把要处理的数据依次从一端加入缓冲区，而低速设备从另一端取走要处理的数据。

3.3.1 队列的定义及其运算

队列（queue）也是一种操作受限的线性表，它是一种“先进先出”的数据结构，即插入数据在表的一端进行，而删除数据在表的另一端进行。把允许插入数据的一端称为队尾（rear），把允许删除数据的一端称为队头（front）。队列的插入操作通常称为入队列或进队列，而队列的删除操作则称为出队列或退队列。当队列中没有数据元素时，称为空队列。

微课 3-2 队列的定义及其运算

根据队列的定义可知，队头元素总是最先进队列，也总是最先出队列；队尾元素总是最后进队列，也总是最后出队列。队列是按照先进先出的原则组织数据的，因此，队列也被称为“先进先出”的线性表。

假如队列 $q=\{a_1,a_2,\cdots,a_n\}$，入队列的顺序为 $a_1,a_2,\cdots,a_n$，则队头元素为 a_1，队尾元素为 a_n。

图 3-7 是一个队列的示意，通常用指针 front 指示队头的位置，用指针 rear 指向队尾。

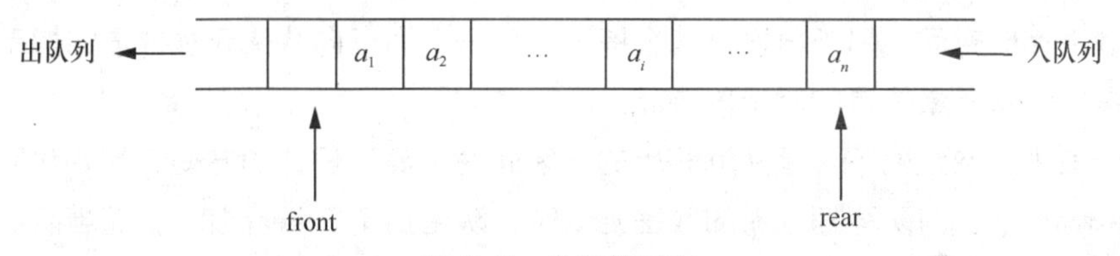

图 3-7 队列的示意

队列的基本操作如下。

① getSize 返回队列的大小：获取队列里元素的个数。

② isEmpty 判断队列是否为空：若队列为空，则返回 true；否则，返回 false。

③ enqueue 入队列：在队列的尾部插入一个新元素，使它成为新的队尾。若队列满，则返回 false；否则，返回 true。

④ dequeue 出队列：若队列不为空，则返回队头元素，并从队头删除该元素，队头指针指向原队头的后继元素；否则，返回 null。

⑤ getFront 取队头元素：若队列不为空，则返回队头元素（但不删除该元素）；否则返回 null。

⑥ setEmpty 置队列为空操作：置队列为空队列。

与线性表类似，队列也可以采用两种存储结构：顺序存储结构和链式存储结构。采用顺序存储结构的队列称为顺序队列，顺序队列中一种特殊的存储结构是循环队列；采用链式存储结构的队列称为链式队列。下面给出了实现队列数据结构的完整 Java 接口。

```
interface Queue<T> {
    // 返回队列的大小
```

```
    public int getSize();

    // 判断队列是否为空
    public boolean isEmpty();

    // 数据元素 x 入队
    public boolean enqueue(T x);

    // 队头元素出队
    public T dequeue();

    // 取队头元素
    public T getFront();

    // 置队列为空操作
    public void setEmpty();
}
```

3.3.2 队列的顺序存储结构

所谓顺序队列就是用一个顺序表作为队列的存储空间。一般情况下，使用一维数组来作为队列的顺序存储空间，另外再设立两个指示器：一个为指向队头元素位置的指示器 front，另一个为指向队尾元素位置的指示器 rear。

Java 语言中，数组的下标是从 0 开始的，因此为了算法设计的方便，初始化队列时，通常令 front=rear=–1。向队列插入新的数据元素时，队尾指示器 rear 加 1，而当队头元素出队列时，队头指示器 front 加 1。另外还约定，在非空队列中，队头指示器 front 总是指向队列中实际队头元素的前面一个位置，而队尾指示器 rear 总是指向队尾元素。

顺序队列的基本运算实现如算法 3.5 所示。

【算法 3.5 顺序队列的基本运算实现】

```
package lib.algorithm.chapter3.n02;
class QueueArray<T> implements Queue<T> {
    private Object[] elements; // 数据元素数组
    private int capacity; // 数组的大小 elements.length
    private int front; // 队头指针，指向队头
    private int rear; // 队尾指针，指向队尾

    public QueueArray(int capacity) {
        this.capacity = capacity;
        elements = new Object[capacity];
        front = -1;
        rear = -1;
    }

    // 返回队列的大小
    public int getSize() {
        int size = (rear - front + capacity) % capacity;
```

```
        return size;
    }

    // 判断队列是否为空
    public boolean isEmpty() {
        if (front == rear) {
            return true;
        } else {
            return false;
        }
    }

    // 数据元素 x 入队列
    public boolean enqueue(T x) {
        if (getSize() == capacity - 1) {
            return false;
        } else {
            elements[rear + 1] = x;
            rear = (rear + 1) % capacity;
            return true;
        }
    }

    // 队头元素出队列
    public T dequeue() {
        T obj = null;
        if (isEmpty()) {
            return null;
        } else {
            obj = (T)elements[front + 1];
            front = (front + 1) % capacity;
        }
        return obj;
    }

    // 取队头元素
    public T getFront() {
        T obj = null;
        if (isEmpty()) {
            return null;
        } else {
            obj = (T)elements[front + 1];
        }
        return obj;
    }

    // 置队列为空操作
    public void setEmpty() {
        front = -1;
        rear = -1;
    }
}
```

```
public class QueueArrayDemo {

    public static void main(String[] args) {
        // TODO Auto-generated method stub
        QueueArray<Integer> qa = new QueueArray<Integer>(10);
        qa.enqueue(20);
        System.out.println("元素 20 入队列");
        qa.enqueue(30);
        System.out.println("元素 30 入队列");
        qa.enqueue(40);
        System.out.println("元素 40 入队列");
        qa.enqueue(50);
        System.out.println("元素 50 入队列");
        qa.enqueue(60);
        System.out.println("元素 60 入队列");
        System.out.println();

        if (qa.isEmpty()) {
            System.out.println("队列当前为空");
        } else {
            System.out.println("队列当前不为空");
        }
        System.out.println();

        System.out.println("队列内有" + qa.getSize() + "个元素");
        System.out.println();

        System.out.println("队头元素为: " + qa.getFront());
        System.out.println();

        qa.dequeue();
        System.out.println("一个元素出队列后，新队头元素为: " + qa.getFront());
        System.out.println();

        qa.setEmpty();
        if (qa.isEmpty())
            System.out.println("置队列为空操作后，队列内为空");

        System.out.println();
    }
}
```

程序运行结果如下：

```
元素 20 入队列
元素 30 入队列
元素 40 入队列
元素 50 入队列
元素 60 入队列
```

```
队列当前不为空
队列内有 5 个元素
队头元素为：20
一个元素出队列后，新队头元素为：30
置队列为空操作后，队列内为空
```

在 QueueArray 类中，用成员变量 capacity 表示数组的大小，即 capacity = elements. length。每个操作的实现方法的时间复杂度为 $O(1)$。

在顺序队列中，当队尾指针已经指向了数组的最后一个位置，此时若有元素入队列，就会发生溢出；但有些时候，虽然队尾指针已经指向最后一个位置，但事实上数组中还有一些空位置。也就是说，队列的存储空间并没有满，队列却发生了溢出，称这种现象为“假溢出”。

解决一般顺序队列“假溢出”的一个办法是把数组的头指针和尾指针连接起来，基本思想是将一维数组 queue[0]连接到 queue[MAX–1]后面，将其看成一个首尾相接的圆环，即使 queue[0]与 queue[MAX–1]连接在一起。将这种形式的顺序队列称为循环队列，如图 3-8 所示。当发生假溢出时，可以将新元素插入到第一个位置上。入队列和出队列仍按“先进先出”的原则进行，这就是循环队列。

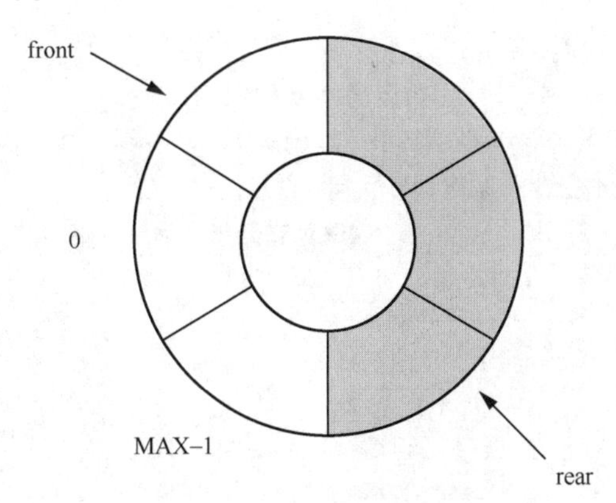

图 3-8　循环队列示意

很显然，在循环队列中不需要移动元素，操作效率高，空间的利用率也高。

在循环队列中，每插入一个新元素就把队尾指针沿顺时针方向移动一个位置。即：

```
q->rear = q->rear + 1;
if (q->rear == MAXNUM)
q->rear = 0;
```

在循环队列中，每删除一个元素就把队头指针沿顺时针方向移动一个位置。即：

```
q->front=q->front + 1;
if (q->front == MAX)
q->front = 0;
```

图 3-9 所示为循环队列的 3 种状态，图 3-9（a）为队列空时，有 q->front= q->rear；图 3-9（b）为队列非空且队列未满时，q->front 和 q->rear 分别指向队列中不同的位置；图 3-9（c）为队列满时，也有 q->front= q->rear。因此仅凭 q->front= q->rear 不能判定队列是空还是满。

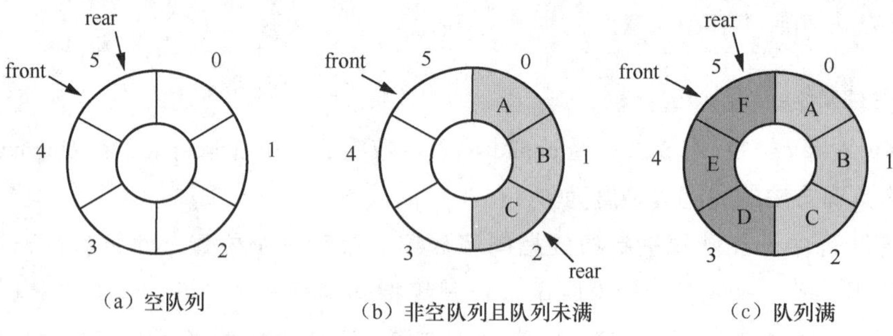

图 3-9　循环队列存储变化示意图

为了区别循环队列是空还是满，可以设定一个标志位 s。当 s=0 时为空队列，当 s=1 时队列非空。循环队列的实现如算法 3.6 所示。

【算法 3.6　循环队列的实现】

```
package lib.algorithm.chapter3.n02;

class CircularQueue<T> implements Queue<T> {

    private Object[] elements; // 数据元素数组
    private int capacity; // 数组的大小 elements.length
    private int front; // 队头指针，指向队头
    private int rear; // 队尾指针，指向队尾后一个位置
    private int s; // 标志位，为 1 时队列有元素，为 0 时队列空

    CircularQueue(int capacity) {
        this.capacity = capacity;
        front = -1;
        rear = -1;
        s = 0;
        elements = new Object[capacity];
    }

    // 返回队列的大小
    public int getSize() {
        if ((s == 1) && (rear == front)) {
            return capacity;
        } else if ((s == 1) && (front == -1)) {
            return rear - front;
        } else if (s == 1) {
            return (rear - front + capacity) % capacity;
        } else {
            return 0;
        }
```

```
}

// 判断队列是否为空
public boolean isEmpty() {
    if (s == 0) {
        return true;
    } else {
        return false;
    }
}

// 判断队列是否已满
public boolean isFull() {
    if ((rear == front) && (s == 1)) {
        return true;
    } else {
        return false;
    }
}

// 数据元素 x 入队列
public boolean enqueue(Object x) {
    if (this.isFull())
        return false;


    rear = (rear + 1) % capacity;
    elements[rear] = x;
    s = 1;
    return true;
}

// 队头元素出队列
public T dequeue() {
    T obj = null;

    if (s == 1) {
        front = (front + 1) % capacity;
        obj = (T)elements[front];

        if (front == rear)
            s = 0;

    }

    return obj;
}

// 取队头元素
public T getFront() {
    T obj = null;
    if (isEmpty()) {
```

```
            return null;
        } else {
            obj = (T)elements[(front + 1 + capacity) % capacity];
        }
        return obj;
    }

    // 置队列为空操作
    public void setEmpty() {
        front = -1;
        rear = -1;
        s = 0;
    }
}

public class CircularQueueDemo {

    public static void main(String[] args) {
        // TODO Auto-generated method stub
        CircularQueue<Integer> cq = new CircularQueue<Integer>(5);
        cq.enqueue(20);
        System.out.println("元素 20 入队列");
        cq.enqueue(30);
        System.out.println("元素 30 入队列");
        cq.enqueue(40);
        System.out.println("元素 40 入队列");
        cq.enqueue(50);
        System.out.println("元素 50 入队列");
        cq.enqueue(60);
        System.out.println("元素 60 入队列");
        System.out.println();

        if (cq.isEmpty()) {
            System.out.println("队列当前为空");
        } else {
            System.out.println("队列当前不为空");
        }
        System.out.println();

        System.out.println("队列内有" + cq.getSize() + "个元素");
        System.out.println();

        System.out.println("队头元素为：" + cq.getFront());
        System.out.println();

        cq.dequeue();
        System.out.println("队头元素出队列后，新队头元素为：" + cq.getFront());
        System.out.println();

        cq.setEmpty();
        if (cq.isEmpty())
```

```
            System.out.println("置队列为空操作后，队列内为空");

        System.out.println();

    }

}
```

程序运行结果如下：

```
元素 20 入队列
元素 30 入队列
元素 40 入队列
元素 50 入队列
元素 60 入队列

队列当前不为空

队列内有 5 个元素

队头元素为：20

队头元素出队列后，新队头元素为：30

置队列为空操作后，队列内为空
```

3.3.3 队列的链式存储结构

如果用户无法预计所需队列的最大空间，也可以采用链式存储结构来存储队列元素。利用链式存储结构的特点实现的队列称为链式队列。队列中的数据元素用一个链式表来存储。在一个链式队列中需设定两个指针（队头指针和队尾指针）分别指向队列的头和尾。为了操作方便，和线性链表一样，也给链式队列添加一个头结点，并设定队头指针指向头结点，因此，空队列的判定条件就成为队头指针和队尾指针是否都指向头结点。

图 3-10（a）所示为一个空链式队列；图 3-10（b）所示为一个非空链式队列。

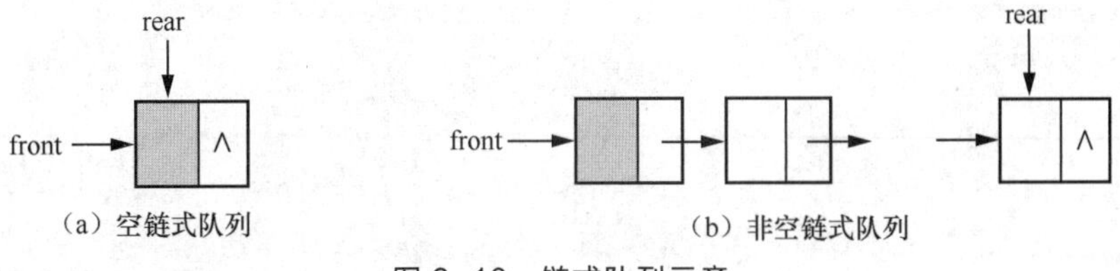

图 3-10 链式队列示意

队列的链式存储实现如算法 3.7 所示。

【算法 3.7 队列的链式存储实现】

```
package lib.algorithm.chapter3.n02;

class SLNode<T> {
```

```
    // 数据域
    private T data;
    // 引用域指向下一个结点
    private SLNode<T> nextlink;

    public T getData() {
        return data;
    }

    public void setData(T data) {
        this.data = data;
    }

    public SLNode<T> getNext() {
        return nextlink;
    }

    public void setNext(SLNode<T> nextlink) {
        this.nextlink = nextlink;
    }
}

class QueueSLinked<T> implements Queue<T> {
    private SLNode<T> front;
    private SLNode<T> rear;
    private int size;

    public QueueSLinked() {
        front = new SLNode<T>();
        rear = front;
        size = 0;
    }

    // 返回队列的大小
    public int getSize() {
        return size;
    }

    // 判断队列是否为空
    public boolean isEmpty() {
        if (size == 0) {
            return true;
        } else {
            return false;
        }
    }

    // 数据元素 x 入队列
    public boolean enqueue(T x) {
        SLNode<T> p = new SLNode<T>();
        p.setData(x);
        rear.setNext(p);
        rear = p;
        size ++;
```

```
        return true;
    }

    // 队头元素出队列
    public T dequeue() {
        T obj;
        if (size < 1)
            obj = null;


        SLNode<T> p = front.getNext();
        front.setNext(p.getNext());
        size --;
        if (size < 1)
            rear = front; // 如果队列为空，rear 指向头结点

        obj = p.getData();
        return obj;
    }

    // 取队头元素
    public T getFront() {
        T obj;
        if (size < 1)
            obj = null;


        obj = front.getNext().getData();
        return obj;
    }

    // 置队列为空操作
    public void setEmpty() {
        front = new SLNode<T>();
        rear = front;
        size = 0;
    }
}

public class QueueSLinkedDemo {

    public static void main(String[] args) {
        // TODO Auto-generated method stub
        QueueSLinked<Integer> ql = new QueueSLinked<Integer>();
        ql.enqueue(20);
        System.out.println("元素 20 入队列");
        ql.enqueue(30);
        System.out.println("元素 30 入队列");
        ql.enqueue(40);
        System.out.println("元素 40 入队列");
```

```
        ql.enqueue(50);
        System.out.println("元素 50 入队列");
        ql.enqueue(60);
        System.out.println("元素 60 入队列");
        System.out.println();

        if (ql.isEmpty()) {
            System.out.println("队列当前为空");
        } else {
            System.out.println("队列当前不为空");
        }
        System.out.println();

        System.out.println("队列内有" + ql.getSize() + "个元素");
        System.out.println();

        System.out.println("队头元素为: " + ql.getFront());
        System.out.println();

        ql.dequeue();
        System.out.println("队头元素出队列后，新队头元素为: " + ql.getFront());
        System.out.println();

        ql.setEmpty();
        if (ql.isEmpty())
            System.out.println("置队列为空操作后，队列内为空");

        System.out.println();
    }
}
```

程序运行结果如下:

```
元素 20 入队列
元素 30 入队列
元素 40 入队列
元素 50 入队列
元素 60 入队列

队列当前不为空

队列内有 5 个元素

队头元素为: 20

队头元素出队列后，新队头元素为: 30

置队列为空操作后，队列内为空
```

算法 3.7 的所有操作的实现算法的时间复杂度均为 $O(1)$。链式队列的入队列操作和出队列操作实质上是单链表的插入和删除操作的特殊情况，只需要修改队尾指针或队头指针。

3.4 队列的应用和举例

队列在软件设计中有着重要的应用，尤其是在系统软件（如操作系统软件、编译软件、网络类软件）设计中。队列广泛用于设备管理和数据缓冲管理，这些内容在后续的学习以及工作实践中会接触到。下面给出一个银行业务的模拟程序。

某银行有一个客户办理业务站，在单位时间内有客户随机到达，设每位客户的业务办理时间是某个范围内的随机值。设银行只有一个窗口，一名业务人员，要求程序模拟统计在设定时间内，业务人员的总等待时间和客户的平均等待时间。对应每位客户有两个数据，即到达时间和需要办理业务的时间。

客户信息存储结构 Java 代码描述如下：

```
class Customer {
    public int arrive;
    public int treat;

    public Customer(int a, int t) {
        arrive = a;
        treat = t;
    }
}
```

使用队列实现银行业务模拟程序如算法 3.8 所示。

【算法 3.8　使用队列实现银行业务模拟程序】

```
package lib.algorithm.chapter3.n02;

public class BankQueueDemo {
    public static void BankQueue(Customer[] customers) {
        int employeeWait = 0, clock = 0, customWait = 0, count = 0, finish;

        Customer curCustomer = null, tempCustomer = null;
        int customIndex = 0;
        if (customers.length == 0)
            return;

        //用队列模拟银行业务排队队列
        QueueArray<Customer> queue = new QueueArray<Customer>(20);

        while (queue.getSize() != 0 || customIndex < customers.length)
        {
            //如果队列里面没有客户，则等待下一个客户到来
            if (queue.getSize() == 0 && customIndex < customers.length)
            {
                tempCustomer = customers[customIndex];
                //累计营业员等待时间
                employeeWait += tempCustomer.arrive - clock;
```

```
                clock = tempCustomer.arrive;
                //客户进入队列
                queue.enqueue(tempCustomer);
                customIndex ++;
            }
            // 累计客户人数
            count ++;
            // 出队一位客户信息
            curCustomer = queue.dequeue();
            // 累计客户的总等待时间
            customWait += clock - curCustomer.arrive;
            //计算业务办理完成时间
            finish = clock + curCustomer.treat;

            // 下一位客户的到达时间在当前客户处理结束之前
            while (customIndex < customers.length && customers[customIndex].
arrive <= finish) {
                tempCustomer = customers[customIndex];
                //到达的客户先排队
                queue.enqueue(tempCustomer);
                customIndex ++;
            }
            //时间推进到当前客户办理结束时间
            clock = finish;
        }

        System.out.println("业务员等待时间 : " + employeeWait);
        System.out.println("客户人数: " + count);
        System.out.println("客户平均等待时间 : " + (double)customWait / count);
    }

    public static void main(String[] args) {
        //创建 4 个客户
        Customer[] customers = {new Customer(5, 10), new Customer(10, 6), new
Customer(13, 8), new Customer(16, 10)};

        //模拟银行业务排队过程
        BankQueue(customers);
    }
}
```

程序运行结果如下：

```
业务员等待时间 : 5
客户人数: 4
客户平均等待时间 : 6.5
```

本章小结

本章主要介绍了栈与队列的基本概念。栈是一种只允许在一端进行插入和删除操作的线性表，它是一种操作受限的线性表。在栈中只允许进行插入和删除操作的一端称为栈顶。栈顶元素总是最后入栈，最先出栈。因此，栈也被称为“后进先出”的线性表。栈存储结构包括顺序存储结构与链式存储结构两大类。其中，栈的顺序存储结构利用一组地址连续的存储单元依次存放自栈底到栈顶的各个数据元素。栈的链式存储结构利用一组任意的存储单元（可以是不连续的）存储栈中的数据元素。在一个链栈中，栈顶总是链表的第一个结点。

队列是一种只允许在一端进行插入操作，而在另一端进行删除操作的线性表，它也是一种操作受限的线性表。在队列中只允许进行插入操作的一端称为队尾，只允许进行删除操作的一端称为队头。队头元素总是最先入队列，也总是最先出队列；队尾元素总是最后入队列，也总是最后出队列。因此，队列也被称为“先进先出”表。队列元素的存储也分为顺序存储结构与链式存储结构两大类，在一个链队列中需设定两个指针（队头指针和队尾指针）分别指向队列的头和尾。

除了解上述基本概念外，读者还应该了解：栈的基本操作（初始化、栈的非空判断、入栈、出栈、取栈顶元素、置栈空操作）、栈的顺序存储结构的表示、栈的链式存储结构的表示、队列的基本操作（初始化、队列非空判断、入队列、出队列、取队头元素、求队列长度）、队列的顺序存储结构、队列的链式存储结构。

上机实训

1．编写一个程序，用两个队列实现一个栈。

2．编写一个程序，输入两个整数序列，第一个序列表示栈的压入顺序，请判断第二个序列是否可能为该栈的弹出顺序。

习　　题

一、选择题

1．一个栈的输入序列为 1 2 3 4 5，则下列序列中不可能是栈的输出序列的是（　　）。

A．2 3 4 1 5　　B．5 4 1 3 2　　C．2 3 1 4 5　　D．1 5 4 3 2

2．当输入序列由 ABC 变为 CBA 时，经过的栈操作为（　　）。

A．push,pop,push,pop,push,pop　　B．push,push,push,pop,pop,pop

C．push,pop,push,pop,push,pop　　D．push,push,pop,pop,push,pop

3．栈和队列的共同点是（　　）。

A．都是先进后出　　B．都是先进先出

C．只允许在端点处插入和删除元素　　D．没有共同点

4．设计一个判别表达式中左、右括号是否配对出现的算法，采用（　　）数据结构最佳。

A．线性表的顺序存储结构　　B．队列

C．线性表的链式存储结构　　D．栈

5．递归过程或函数调用时，处理参数及返回地址，要用一种称为（　　）的数据结构。

A．队列　　B．多维数组　　C．栈　　D．线性表

6．栈通常采用的两种存储结构是（　　）。

A．顺序存储结构和链式存储结构　　B．哈希方式和索引方式

C．链式存储结构和数组　　D．线性存储结构和非线性存储结构

7．队列的操作原则是（　　）。

A．先进先出　　B．后进先出　　C．先进后出　　D．不分顺序

二、填空题

1．用 S 表示入栈操作，X 表示出栈操作，若元素入栈的顺序为 1234，为了得到 1342 出栈顺序，相应的 S 和 X 的操作串为________。

2．区分循环队列的满与空，只有两种方法，它们是________和________。

3．后缀表达式 45*32+–的值为________。

4．设有一空栈，现有输入序列 1,2,3,4,5，经过 push, push, pop, push, pop, push, push 后，输出序列是________。

三、简答题

1．假定有 4 个元素 A、B、C、D 依次入栈，入栈过程中允许出栈，试写出所有可能的出栈序列。

2．请回答循环队列是如何解决顺序队列的“假溢出”问题的。

第4章

串

学习目标

在计算机的各类应用中，字符串处理的相关问题越来越多，例如用户的姓名和地址、货物的名称和规格等都是字符串数据。字符串一般简称为串，可以将它看成一种特殊的线性表，这种线性表的数据元素的类型总是字符型（char）的，串是有限个字符的集合。在一般线性表的基本操作中，大多以“单个元素”作为操作对象，而在串中，是以串的整体或部分作为操作对象的。因此，一般线性表的操作与串的操作有很大的不同。本章主要讲述串的基本概念、存储结构和一些基本的字符串处理函数。

串有两种存储结构，每种结构都有各自的优势和不足，这就好比我们每个人都有自己的优缺点一样，在实际生活中，我们要注意针对自己的优缺点扬长补短，充分发挥自己的长处，同时也要认清自己的不足并有针对性地进行改进。

4.1 串的基本概念

4.1.1 串的定义

串（string，即字符串）是由 0 个或多个字符组成的有限序列。一般记作

$$s="c_1c_2\cdots c_n"(n\geqslant 0)$$

其中，s 为串名，用双引号引起来的字符序列是串的值；$c_i(1\leqslant i\leqslant n)$可以是字母、数字或其他字符；双引号为串值的定界符，不是串的一部分；串中包含的字符的数目称为串的长度。包含 0 个字符的串称为空串，如 s=""，它的长度为 0；仅由空格组成的串称为空格串，如 s="␣"（其中␣代表空格）；若串中含有空格，在计算串长时，空格应计入串的长度中，如 s="I'm a student"的长度为 13。

微课 4-1　串的基本概念

在 Java 语言中，用单引号引起来的单个字符与由单个字符构成的串是不同的，如 s1='a'与 s2="a"两者是不同的，其中，s1 是一个字符，而 s2 是一个串。

4.1.2 主串和子串

由一个串的任意个连续字符组成的子序列称为该串的子串，而该串称为主串。当一个字符在串中多次出现时，以该字符第一次在主串中出现的位置称为其在串中的位置。子串在主串中的位置，也是以子串的第一个字符在主串中的位置来表示的。

例如 s1、s2 为如下的两个串：s1="I'm a student"; s2="student"。则它们的长度分别为 13、7。串 s2 是 s1 的子串，s1 是 s2 的主串，子串 s2 在 s1 中的位置为 7。

4.2 串的存储结构

一个字符序列可以赋给一个字符串变量（串变量），操作运算时通过字符串变量名（串名）访问字符串的值（串值）。实现串名访问串值，也可以将串定义为字符型数组，数组名就是串名。

串也是一种特殊的线性表，因此串的存储结构表示也有两种方法：静态存储采用顺序存储结构，动态存储采用链式存储结构。

微课 4-2　串的存储结构

4.2.1 串的静态存储

类似于线性表的顺序存储结构，人们通常用一组地址连续的存储单元存储串的字符序列。由于一个字符只占一个字节，而现在大多数计算机的存储器地址采用字编址，一个字（即一个存储单元）占多个字节，因此顺序存储结构的存储方式有以下两种。

① 紧缩格式：一个字节存储一个字符。采用这种存储方式可以在一个存储单元中存放多个字符，充分地利用了存储空间。但在进行串的操作运算时，如果需要分离某一部分字符，则将变得非常复杂。

d	a	t	a
˽	s	t	r
u	c	t	u
r	e		

图 4-1　串的紧缩格式存储方式

图 4-1 所示是以 4 个字节（32 位）为一个存储单元的存储结构，每个存储单元可以存放 4 个字符。对于给定的串 s="data structure"，其长度为 14，因此需要 4 个存储单元即可保存整个串。

② 非紧缩格式：这种方式是以一个存储单元为单位，每个存储单元仅存放一个字符。这种存储方式的空间利用率较低，如一个存储单元有 4 个字节，则空间利用率仅为 25%。但采用这种存储方式不需要分离字符，因而程序处理字符的速度快。图 4-2 为串的非紧缩格式存储方式。

d			
a			
t			
a			
˽			
s			
t			
r			
u			
c			
t			
u			
r			
e			

图 4-2　串的非紧缩格式存储方式

与其他线性表的顺序存储结构一样，串的顺序存储结构有两大不足之处：一是需预定义串的最大长度，这在程序运行前是很难估计的；二是由于定义了串的最大长度，串的某些操作受限，如串的连接运算等。

4.2.2　串的动态存储

串的链式存储又称为动态存储。串的链式存储结构中每个结点对应串里的一个字符，它包含数据域和引用域两部分。数据域用于存放字符，引用域用于存放下一个结点的地址，如图 4-3 所示。

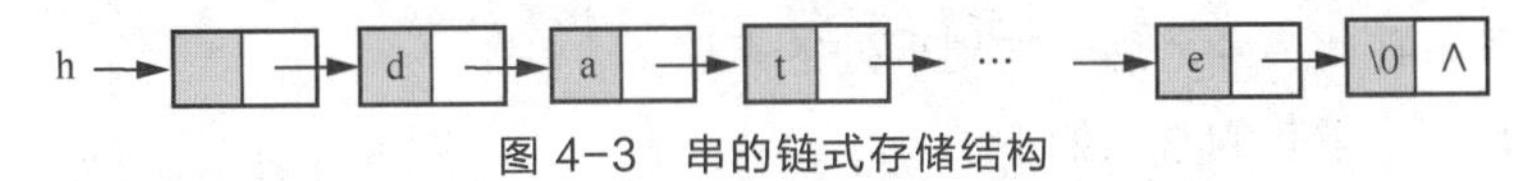

图 4-3　串的链式存储结构

4.3　串的基本运算及其实现

4.3.1　串的基本运算

串的基本运算有求串长、求子串、特定字符替换和求子串在主串中出现的位置等，下面分别对各类常用字符串函数进行介绍。

（1）public int length()

返回当前字符串长度。

（2）public char charAt(int index)

取串中的某一个字符，其中的参数 index 指的是串中的序号。串的序号从 0 开始到

length()–1。

例如：

```
String s = new String("abcdefghijklmnopqrstuvwxyz");
System.out.println("s.charAt(5): " + s.charAt(5) );
```

结果为：

```
s.charAt(5): f
```

（3）public int indexOf(String str)

返回指定子串在此串中第一次出现处的索引。如果字符串参数作为一个子串在此对象中出现，则返回第一个这种子串的第一个字符的索引；如果它不作为一个子串出现，则返回–1。

此函数还有以下 3 个重载的方法。

public int indexOf(String str, int fromIndex)：从 fromIndex 开始找第一个匹配串位置。

public int indexOf(int ch)：把 ch 转换为字符（其中 int 类型的 ch 实际上指代的是一个字符的 Unicode 编码），找第一个匹配字符位置。

public int indexOf(int ch, int fromIndex)：从 fromIndex 开始找第一个匹配字符位置。

例如：

```
String s = new String("write once, run anywhere!");
String ss = new String("run");
System.out.println("s.indexOf('r'): " + s.indexOf('r'));
System.out.println("s.indexOf('r',2): " + s.indexOf('r',2));
System.out.println("s.indexOf(ss): " + s.indexOf(ss));
```

结果为：

```
s.indexOf('r'): 1
s.indexOf('r',2): 12
s.indexOf(ss): 12
```

（4）public int lastIndexOf(String str)

返回指定子串在此串中最后一次出现处的索引。

此函数还有 3 个重载的方法如下。

public int lastIndexOf(String str, int fromIndex)：从 fromIndex 开始向前找第一个匹配串位置。

public int lastIndexOf(int ch)：把 ch 转换为字符，找最后一个匹配字符位置。

public int lastIndexOf(int ch, int fromIndex)：把 ch 转换为字符，从 fromIndex 开始向前找第一个匹配字符位置。

例如：

```
public class CompareToDemo
{
    public static void main (String[] args)
    {
        String s1 = new String("acbdebfg");
        System.out.println(s1.lastIndexOf((int)'b',7));
    }
}
```

结果如下：

```
5
```

（5）public String replace(char oldChar, char newChar)

返回一个新的串，它是通过用字符变量 newChar 替换此串中出现的所有字符变量 oldChar 得到的。

（6）public String substring(int beginIndex, int endIndex)

返回一个新串，它是此串的一个子串。该子串从指定的 beginIndex 处开始，直到索引 endIndex−1 处结束。因此，该子串的长度为 endIndex−beginIndex。

此函数还有一个重载的方法，如下。

public String substring(int beginIndex)：取从 beginIndex 位置开始到结束的子串。

（7）public int compareTo(String str)

当前 String 对象与 str 比较，相等则返回 0；不相等则从两个串的第 0 个字符开始比较，返回第一个不相等的字符差。另一种情况是，较长串的前面部分恰巧是较短的串，返回它们的长度差。

（8）public String concat(String str)

将 str 连接在当前 String 对象的结尾处。

（9）public boolean endsWith(String str)

判断该 String 对象是否以 str 结尾。

例如：

```
String s1 = new String("abcdefghij");
String s2 = new String("ghij");
System.out.println("s1.endsWith(s2): " + s1.endsWith(s2));
```

结果如下：

```
s1.endsWith(s2): true
```

（10）public boolean equals(Object obj)

当 obj 不为空并且与当前 String 对象一样时，返回 true；否则，返回 false。

（11）public void getChars(int srcBegin, int srcEnd, char[] dst, int dstBegin)

该函数将串复制到字符数组中。其中，srcBegin 为复制的起始位置、srcEnd 为复制的结束位置、字符串数值 dst 为目标字符数组、dstBegin 为目标字符数组复制的起始位置。

例如：

```
char[] s1 = {'I',' ','l','o','v','e',' ','h','e','r','!'};//s1=I love her!
String s2 = new String("you!"); s2.getChars(0,3,s1,7); //s1=I love you!
System.out.println( s1 );
```

结果如下：

```
I love you!
```

（12）public boolean startsWith(String str, int toffset)

该 String 对象从 toffset 位置算起，判断该 String 对象是否以 str 开始。

例如：

```
String s = new String("write once, run anywhere!");
String ss = new String("write");
String sss = new String("once");
```

```
System.out.println("s.startsWith(ss): " + s.startsWith(ss) );
System.out.println("s.startsWith(sss,6): " + s.startsWith(sss,6) );
```

结果为：

```
s.startsWith(ss): true
s.startsWith(sss,6): true
```

4.3.2 串的基本运算实现

本小节中，我们将讨论串值在静态存储方式和动态存储方式下，一些主要的字符串运算如何实现。如前所述，串的存储可以是静态的，也可以是动态的。采用静态存储，在程序编译时就分配了存储空间，而采用动态存储只能在程序执行时才分配存储空间。不论在哪种方式下，都能实现串的基本运算。本节讨论求字符串长度与求子串等操作，在这两种存储方式下的实现方法。

1. 在静态存储方式下求字符串长度与子串

按照面向对象程序设计思想的封装特性，定义一个 StatStr 类，将与串相关的属性和方法封装于其中。StatStr 字符串的长度就是其字符数组的长度，这个可以在实例化 StatStr 类的对象的时候设置。求子串则是先得到子串的长度，然后以此长度构建一个字符数组，将主串指定开始位置到结束位置的字符依次放到新建字符数组中，最后以此字符数组为参数实例化一个新的 StatStr 类的对象返回。StatStr 类中提供了一个静态方法 read()，用于读取用户输入的串并将串返回字符数组，构建 StatStr 类的对象。StatStr 类定义如算法 4.1 所示。

【算法 4.1 StatStr 类定义】

```
package lib.algorithm.chapter4.n01;
class StatStr {
    // 字符数组
    private char[] chars;
    // 字符串长度
    private int length;

    // 带字符数组参数的构造方法
    public StatStr(char[] chars) {
        this.chars = chars;
        this.length = chars.length;
    }

    /*
     * 返回一个新串，它是此串的一个子串。该子串从指定的 beginIndex 处开始， 直到索引
endIndex - 1 处结束
     */
    public StatStr substring(int beginIndex, int endIndex) {
        // 子串的长度
        int len = endIndex - beginIndex;
        /*
         * beginIndex 不能小于 0，endIndex 不能大于 length-1， 子串的长度要大于 0
         */
```

```
        if (beginIndex < 0 || endIndex > length - 1 || len <= 0) {
            System.out.println("substring 方法参数输入错误！");
            return null;
        }
        char[] cs = new char[len];
        int j = 0;
        for (int i = beginIndex; i < endIndex; i ++) {
            cs[j] = chars[i];
            j ++;
        }
        StatStr str = new StatStr(cs);
        return str;
    }

    // 返回字符串长度
    public int length() {
        return length;
    }

    // 读取用户输入的串并将串返回字符数组，暂定字符串最长长度为 20，可根据实际情况调整
    public static char[] read() {
        int maxsize = 20;
        byte[] bs = new byte[maxsize];
        System.out.println("请输入字符串：");
        try {
            System.in.read(bs);
        } catch (Exception e) {
            e.printStackTrace();
        }
        char[] cs = new char[maxsize];
        int len = 0;
        for (int i = 0; i < maxsize; i ++) {
            byte b = bs[i];
            // 如果字符为换行符或回车符，则表示字符输入结束
            if (b == 10 || b == 13)
                break;
            cs[i] = (char) b;
            len = i + 1;
        }
        char[] chars = new char[len];
        for (int i = 0; i < len; i ++)
            chars[i] = cs[i];

        return chars;
    }

    public String toString() {
        return new String(chars);
    }
}

public class StatStrDemo {
```

```
    /**
     * @param args
     */
    public static void main(String[] args) {
        // TODO Auto-generated method stub
        char[] charArray = StatStr.read();
        StatStr ss = new StatStr(charArray);
        System.out.println("字符串长度为: " + ss.length());
        System.out.println("子串: " + ss.substring(7, 12));
    }

}
```

程序运行结果如下：

```
请输入字符串:
I love China!
字符串长度为: 13
子串: China
```

2. 在动态存储方式下求子串

在链式存储结构方式下，假设链表中每个结点仅存放一个字符，则单链表结点类 LinkChar 定义如算法 4.2 所示。

微课 4-3　在动态存储方式下求子串

【算法 4.2　单链表结点类 LinkChar 定义】

```
package lib.algorithm.chapter4.n02;
class LinkChar {
    // 字符域
    private char c;
    // 结点链接引用域
    private LinkChar next;

    public char getC() {
        return c;
    }

    public void setC(char c) {
        this.c = c;
    }

    public LinkChar getNext() {
        return next;
    }

    public void setNext(LinkChar next) {
        this.next = next;
    }
}
```

将链式存储结构字符串的相关属性和方法封装到 LinkStr 类中，其定义和实现的代码如算法 4.3 所示。

【算法 4.3　在动态存储方式下求子串】

```
package lib.algorithm.chapter4.n02;
class LinkChar {
    // 字符域
    private char c;
    // 结点链接引用域
    private LinkChar next;

    public char getC() {
        return c;
    }

    public void setC(char c) {
        this.c = c;
    }

    public LinkChar getNext() {
        return next;
    }

    public void setNext(LinkChar next) {
        this.next = next;
    }
}

class LinkStr {
    // 头结点
    private LinkChar hc;
    // 字符串长度
    private int length;

    // 带字符数组参数的构造方法
    public LinkStr(char[] chars) {
        hc = new LinkChar();
        LinkChar q = hc;
        for (int i = 0; i < chars.length; i ++) {
            LinkChar p = new LinkChar();
            p.setC(chars[i]);
            q.setNext(p);
            q = p;
        }
        // 设置最后一个字符结点的引用域为空
        q.setNext(null);
        // 设置字符串长度
        this.length = chars.length;
    }

    /*
     * 返回一个新串，它是此串的一个子串。 该子串从指定的 beginIndex 处开始， 直到索引
endIndex - 1 处结束
     */
```

```
    public LinkStr substring(int beginIndex, int endIndex) {
        int len = endIndex - beginIndex;
        if (beginIndex < 0 || endIndex > length - 1 || len <= 0) {
            System.out.println("substring方法参数输入错误！");
            return null;
        }
        char[] chars = new char[len];
        LinkChar p = hc.getNext();
        // 找到beginIndex位置的字符
        for (int i = 0; i < beginIndex; i ++) {
            p = p.getNext();
        }
        /*
         * 将从指定的beginIndex处到索引 endIndex-1 处的字符依次放到新建字符串数组chars中
         */
        for (int i = 0; i < len; i ++) {
            chars[i] = p.getC();
            p = p.getNext();
        }
        LinkStr str = new LinkStr(chars);
        return str;
    }

    // 返回字符串长度
    public int length() {
        return length;
    }

    public String toString()
    {
        char[] chars = new char[this.length];
        int i= -1;

        LinkChar q = hc;

        while (q.getNext() != null)
        {
            q = q.getNext();
            i ++;
            chars[i] = q.getC();
        }

        return new String(chars);
    }
}

public class LinkStrDemo {
    /**
     * @param args
     */
    public static void main(String[] args) {
        // TODO Auto-generated method stub
        String s = " I love China!";
```

```
        char[] charArray = s.toCharArray();
        LinkStr ls = new LinkStr(charArray);
        System.out.println("字符串为: " + ls);
        System.out.println("字符串的长度为: " + ls.length());
        System.out.println("子串: " + ls.substring(7, 12));
    }
}
```

程序运行结果如下:

```
字符串为: I love China!
字符串的长度为: 13
子串: China
```

4.4 串操作应用举例

对于串而言，我们更多的是关注它的子串的应用，例如查找、替换、删除等操作。下面给出一个文章中各种子串的统计查询和指定子串删除的示例。

输入一页文字，编写程序实现统计文字、数字、空格的个数，其中要求输入保存一页文字，每行不超过 80 个字符。具体要求如下。

① 分别统计出其中的英文字母数、空格数及整篇文章的总字数。

② 统计某一字符串在文章中出现的次数，并输出该次数。

③ 删除某一子串，并将后面的字符前移。

输入数据的形式和范围：可以输入大写或小写的英文字母，任何数字及标点符号。

输出形式如下。

① 分行输出用户输入的各行字符。

② 分 4 行输出“字母个数”“数字个数”“空格个数”“总字数”。

③ 输出删除某一字符串后的文章。

子串查询统计和指定子串删除程序如算法 4.4 所示。

【算法 4.4　子串查询统计和指定子串删除程序】

```
package lib.algorithm.chapter4;

import java.util.Scanner;

public class main {
    protected final int MAXSIZE=80; //每行最大字符数

    public static void strCount(String[] str) {
        //1. 字符统计
        int[] cs = {0,0,0,0};//依次代表“字母个数”“数字个数”“空格个数”“总字数”
        System.out.println("原文内容: ");
        for (int i = 0;i < str.length; i ++) {
            System.out.println(str[i]);
            cs[3] += str[i].length();
```

```
            for (int j = 0; j < str[i].length(); j ++) {
                char t = str[i].charAt(j);
                if (t == ' ') {
                    cs[2] += 1;
                } else if (t >= '0' && t <= '9') {
                    cs[1] += 1;
                } else if ((t >= 'a' && t <= 'z') || (t >= 'A' && t <= 'Z')) {
                    cs[0] += 1;
                }
            }
        }
        System.out.println("字母个数: " + cs[0]);
        System.out.println("数字个数: " + cs[1]);
        System.out.println("空格个数: " + cs[2]);
        System.out.println("总 字 数: " + cs[3]);

    }

    public static void subStrCount(String[] str, String substr) {
        //2. 子串查询统计
        int cs = 0;
        int fromIndex = 0;
        for (int i = 0; i < str.length; i ++) {
            while (true) {
                fromIndex = str[i].indexOf(substr, fromIndex);
                if (fromIndex >= 0) {
                    fromIndex += substr.length();
                    cs += 1;
                } else {
                    break;
                }
            }
        }
        System.out.println("子串出现次数: " + cs);
    }

    public static void subStrDelete(String[] str, String substr) {
        //3. 指定子串删除
        System.out.println("删除指定内容后: ");
        for (int i = 0; i < str.length; i ++) {
            str[i] = str[i].replace(substr, "");
            System.out.println(str[i]);
        }
    }

    public static void menu() {
        //菜单
        System.out.println("----------------------");
        System.out.println("1. 字符统计");
        System.out.println("2. 子串查询统计");
```

```
        System.out.println("3. 指定子串删除");
        System.out.println("4. 退出");
        System.out.println("请选择: ");
    }

    public static void main(String[] args) {
        Scanner scan = new Scanner(System.in);
        System.out.println("数据初始化……");
        System.out.println("请输入文章的行数: ");
        int lines = scan.nextInt(); scan.nextLine();
        String[] str = new String[lines];
        System.out.println("请依次输入文章的每一行内容(每行输完后请按 Enter 键继续输
入): ");
        for (int i= 0; i < lines; i ++)
            str[i] = scan.nextLine();

        String substr = "";
        boolean flag = true;
        while (flag) {
            menu();
            int m = scan.nextInt(); scan.nextLine();
            switch (m) {
                case 1:strCount(str); break;
                case 2:
                    System.out.println("请输入要查询的子串: ");
                    substr = scan.nextLine();
                    subStrCount(str, substr);
                    break;
                case 3:
                    System.out.println("请输入要删除的子串: ");
                    substr = scan.nextLine();
                    subStrDelete(str, substr);
                    break;
                default:
                    flag = false;
            }
        }
    }
}
```

程序运行结果如下:

```
数据初始化……
请输入文章的行数:
3
请依次输入文章的每一行内容(每行输完后请按 Enter 键继续输入):
1.However, in the real world,
data often lives in silos and amalgamating them may be prohibitively expensive
due to communication costs,
time sensitivity, or privacy concerns.
----------------------
1.字符统计
```

```
2.子串查询统计
3.指定子串删除
4.退出
请选择:
1
原文内容:
1.However, in the real world,
data often lives in silos and amalgamating them may be prohibitively expensive
due to communication costs,
time sensitivity, or privacy concerns.
字母个数: 143
数字个数: 1
空格个数: 25
总 字 数: 176
---------------------
1. 字符统计
2. 子串查询统计
3. 指定子串删除
4. 退出
请选择:
2
请输入要查询的子串:
in
子串出现次数: 3
---------------------
1. 字符统计
2. 子串查询统计
3. 指定子串删除
4. 退出
请选择:
3
请输入要删除的子串:
in
删除指定内容后:
1.However,  the real world,
data often lives  silos and amalgamatg them may be prohibitively expensive due
to communication costs,
time sensitivity, or privacy concerns.
---------------------
1. 字符统计
2. 子串查询统计
3. 指定子串删除
4. 退出
请选择:
1
原文内容:
1.However,  the real world,
data often lives  silos and amalgamatg them may be prohibitively expensive due
```

```
to communication costs,
    time sensitivity, or privacy concerns.
    字母个数：137
    数字个数：1
    空格个数：25
    总 字 数：170
```

本章小结

本章主要介绍了串的基本概念与操作。串是字符串的简称，是由 0 个或多个字符组成的有限序列。由一个串的任意长度且连续的字符组成的子序列称为该串的子串，包含该子串的串称为主串。

串的静态存储类似于线性表的顺序存储，即采用一组地址连续的存储单元存储串的字符序列。串的动态存储类似于线性表的链式存储，即采用链表方式存储串的字符序列。

除了解上述基本概念外，读者还应该了解串的其他一些基本运算，能在各种存储方式中求串的长度，能在各种存储方式中实现串的基本运算。

上机实训

1. 已知两个串：s1="fg cdb cabcadr"，s2="abc"，试求两个串的长度，判断串 s2 是否是串 s1 的子串，并指出串 s2 在串 s1 中的位置。

2. 已知 s1="I’m a student"，s2="student"，s3="teacher"，试求下列各运算的结果：

```
s1.indexOf(s2);
s1.indexOf(s3);
s2.charat(3);
s3.substring(2,5);
```

3. 设 s、t 为两个串，分别放在两个一维数组中，m、n 分别为其长度，判断 t 是否为 s 的子串。如果是，输出子串所在位置（第一个字符），否则输出 0。

4. 输入一个串，内有数字和非数字字符，如 ak123x456 17960?302gef4563。将其中连续的数字作为一个整体，依次存放到一数组 a 中，例如将 123 放入 a[0]，将 456 放入 a[1]，以此类推。编程统计其共有多少个整数，并输出这些数。

5. 编写程序，统计在输入的串中各个不同字符出现的频度。

习　　题

一、选择题

1. 下面关于串的叙述中，（　　）是不正确的。

A. 串是字符的有限序列

B. 空串是由空格构成的串

C．模式匹配是串的一种重要运算

D．串既可以采用顺序存储结构，也可以采用链式存储结构

2．若串 S1="ABCDEFG"，S2="9898"，S3="###"，S4="012345"，执行

```
concat(replace(S1,substr(S1,length(S2),length(S3)),S3),substr(S4,index(S2,
'8'),length(S2)))
```

其结果为（　　）。

A．ABC###G0123　　B．ABCD###2345

C．ABC###G2345　　D．ABC###2345

E．ABC###G1234　　F．ABCD###1234

G．ABC###01234

3．若串 S="software"，其子串的数目是（　　）。

A．8　　B．37　　C．36　　D．9

4．串的长度是指（　　）。

A．串中所含不同字母的个数　　B．串中所含字符的个数

C．串中所含不同字符的个数　　D．串中所含非空格字符的个数

二、填空题

1．空格串是指______________，其长度等于______________。

2．组成串的数据元素只能是______________。

3．"DATASTRUCTURE".indexOf("STR")=______________。

4．下列程序用于判断串 s 是否对称，对称则返回 1，否则返回 0。如 func("abccba")返回 1，func("abcabc")返回 0。

```
public  int func(____________) {
    int i = 0,j = 0;
    while (s[j]) {
        ____________
}
    for (j --; i < j && s[i] == s[j]; i ++,j --);
    return ____________
}
```

三、简答题

1．简述空串与空格串、主串与子串、串名与串值每对术语的区别。

2．两个串相等的充分条件是什么？

3．串有哪些存储结构？

4．如果两个串含有相同的字符序列，能否说它们相等？

第5章

数组和广义表

学习目标

数组和广义表是线性表的拓展，即表中每个数据元素本身也是一种数据结构。通过对本章的学习，要求掌握的内容主要有：数组的定义及在计算机中的存储表示；对称矩阵、三角矩阵、对角矩阵等特殊矩阵在计算机中的压缩存储表示及地址计算方法；稀疏矩阵的三元组顺序表、行逻辑链接的顺序表、十字链表的 3 种表示法；广义表存储结构表示及基本运算。

本章的学习内容和第 2 章线性表关系密切，在学习本章内容时，可将这两章内容的相关知识点多做对比，思考两者之间的联系，巩固已经学习过的知识，同时加强对新知识的理解，做到融会贯通。

用数组和广义表存储数据时需要遵守相应的规则。俗话说，没有规矩不成方圆，正是有了约束，社会才能高速发展。作为大学生，要有自我管理意识，在校遵守规章制度，在社会中遵纪守法。在今后的学习和工作中，努力沉淀自己，将知识“存储”在大脑中，做一个对社会有贡献的青年。

5.1 数组的概念

微课 5-1 数组的概念

在多种程序设计语言中，数组被设定为一种固定的数据类型。本质上，数组是一个定长的线性表，是由多个数据结构相同的元素组成的有限序列。

1. 一维数组

一维数组是一个定长的线性表，由 n 个数据类型相同的元素组成，记作 $(a_0,a_1,\cdots,a_{n-1})$，其中 a_i（ $0\leqslant i<n$ ）为数据元素，序号 i 为下标，a_0 表示第一个元素，a_{n-1} 表示第 n 个元素。

2. 二维数组

二维数组也是一个定长的线性表，它的组成元素不是原子的数据类型，而是同类型的一维数组。例如，图 5-1（a）所示的 A_{mn} 是一个 m 行 n 列的二维数组，包含 $m\times n$ 个数据元素，以 m 行 n 列的矩阵表示。

从行关系来看，二维数组 A_{mn} 可看作由 m 个一维数组组成的线性表，如图 5-1（b）所示，记作

$$A=(\alpha_0,\alpha_1,\cdots,\alpha_{m-1})$$

其中，元素 α_i（ $0\leqslant i\leqslant m-1$ ）代表矩阵的一行，包含第 i 行所有的数据元素，是一个长度为 n 的一维数组，记作

$$\alpha_i=(a_{i0},a_{i1},\cdots,a_{i,n-1})$$

其中，一维数组 α_i 的第一个元素 a_{i0} 表示第 i 行第 0 列元素，第 n 个元素 $a_{i,n-1}$ 表示第 i 行第 $n-1$ 列元素。于是 A_{mn} 可表示为

$$A_{mn}=((a_{00},a_{01},\cdots,a_{0,n-1}),(a_{10},a_{11},\cdots,a_{1,n-1}),\cdots,(a_{m-1},a_{m-1,1},\cdots,a_{m-1,n-1}))$$

从列关系来看，二维数组 A_{mn} 也可看成由 n 个一维数组组成的线性表，如图 5-1（c）所示，记作

$$A=(\beta_0,\beta_1,\cdots,\beta_{n-1})$$

其中，元素 β_i（ $0\leqslant i\leqslant n-1$ ）代表矩阵的一列，包含第 i 列所有的元素，是一个长度为 m 的一维数组，记作

$$\beta_i=(a_{0i},a_{1i},\cdots,a_{m-1,i})$$

其中，一维数组 β_i 的第一个元素 a_{0i} 表示第 0 行第 i 列元素，第 m 个元素 $a_{m-1,i}$ 表示第 $m-1$ 行第 i 列元素。于是 A_{mn} 可表示为

$$A_{mn}=((a_{00},a_{10},\cdots,a_{m-1,0}),(a_{01},a_{11},\cdots,a_{m-1,1}),\cdots,(a_{0,n-1},a_{1,n-1},\cdots,a_{m-1,n-1}))$$

$$A_{mn}=\begin{pmatrix} a_{00} & a_{01} & \cdots & a_{0,n-1} \\ a_{10} & a_{11} & \cdots & a_{1,n-1} \\ \vdots & \vdots & & \vdots \\ a_{m-1,0} & a_{m-1,1} & \cdots & a_{m-1,n-1} \end{pmatrix}$$

（a）矩阵表示数组

$$A_{mn}=\begin{pmatrix} (a_{00} & a_{01} & \cdots & a_{0,n-1}) \\ (a_{10} & a_{11} & \cdots & a_{1,n-1}) \\ \vdots & \vdots & & \vdots \\ (a_{m-1,0} & a_{m-1,1} & \cdots & a_{m-1,n-1}) \end{pmatrix}$$

（b）行向量表示的一维数组

$$A_{mn}=\left(\begin{pmatrix} a_{00} \\ a_{10} \\ \vdots \\ a_{m-1,0} \end{pmatrix}\begin{pmatrix} a_{01} \\ a_{11} \\ \vdots \\ a_{m-1,1} \end{pmatrix}\cdots\begin{pmatrix} a_{0,n-1} \\ a_{1,n-1} \\ \vdots \\ a_{m-1,n-1} \end{pmatrix}\right)$$

（c）列向量表示的一维数组

图 5-1 m 行 n 列二维数组

3. *n* 维数组

同理，可以认为 *n* 维数组是一维数组，其数据元素类型为 *n*–1 维数组。

5.2 数组的顺序表现和实现

数组一旦被建立，其逻辑结构就已经确定，数组容量以及数据元素之间的关系也就固定不变，所以数组一般不进行插入或删除操作，只能通过下标来查找或修改数组的数据元素，因此数组可在物理上采用顺序存储结构。于是，系统可根据数组容量为数组分配连续的存储单元，每个存储单元的地址是连续的，数据元素按照逻辑顺序依次存放至存储单元。

微课 5-2 数组的顺序表现和实现

在将数组存放至一维结构的存储单元前，需要确定好数组中数据元素的位序。以二维数组为例，如图 5-1（a）所示中的二维数组 A_{mn}，根据图 5-1（b）所示的行关系以及图 5-1（c）所示的列关系，可以采用两种存储方式：行优先顺序存储、列优先顺序存储。

1. 行优先顺序存储

行优先顺序存储即以行序为主序遍历二维数组，按行序递增访问每一行，同一行按列序递增存放数组元素，如图 5-2 所示。元素 a_{ij} 前面有 i 行，每行有 n 个元素，故前 i 行共有 $i\times n$ 个数据元素；而在第 i 行中，a_{ij} 前面还存放了 j 个数据元素，所以元素 a_{ij} 的位序为 $i\times n+j$。于是，数组中每个元素的逻辑顺序唯一确定。设该二维数组中，数组的首地址为 $\text{Loc}(a_{0,0})$，每个数据元素占据 d 个字节，则元素 a_{ij} 的存储地址为

$$\text{Loc}(a_{ij})=\text{Loc}(a_{00})+(i\times n+j)\times d \qquad (0\leqslant i\leqslant m-1,\ 0\leqslant j\leqslant n-1)$$

根据上述推导可知，$A[c_1:d_1,c_2:d_2]$ 表示行下标范围为 $c_1\sim d_1$、列下标范围为 $c_2\sim d_2$ 的二维数组，则元素 a_{ij} 的存储地址为

$$\text{Loc}(a_{ij})=\text{Loc}(a_{c_1c_2})+\left[(d_2-c_2+1)\times(i-c_1)+(j-c_2)\right]\times d \quad (c_1\leqslant i\leqslant d_1,c_2\leqslant j\leqslant d_2)$$

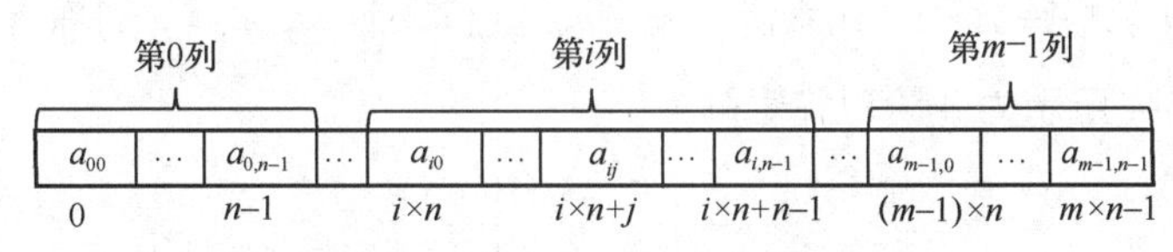

图 5-2 以行序为主序的行优先顺序存储

2. 列优先顺序存储

列优先顺序存储即以列序为主序遍历二维数组，按列序递增访问每一列，同一列按行序递增存放数组元素，如图 5-3 所示。元素 a_{ij} 前面有 j 列，每列有 m 个元素，故前 j 列共有 $j\times m$ 个数据元素；而在第 j 列中，a_{ij} 前面还存放了 i 个数据元素，所以元素 a_{ij} 的位序为 $j\times m+i$。于是，数组中每个元素的逻辑顺序唯一确定。设该二维数组中，数组的首地址为 $\text{Loc}(a_{0,0})$，每个数据元素占据 d 个字节，则元素 a_{ij} 的存储地址为

$$\text{Loc}(a_{ij})=\text{Loc}(a_{00})+(j\times m+i)\times d \qquad (0\leqslant i\leqslant m-1,\ 0\leqslant j\leqslant n-1)$$

根据上述推导，二维数组 $A[c_1:d_1,c_2:d_2]$ 采用列优先顺序存储时，元素 a_{ij} 的存储地址为

$$\mathrm{Loc}(a_{ij})=\mathrm{Loc}(a_{c_1c_2})+\left[(d_1-c_1+1)\times(j-c_2)+(i-c_1)\right]\times d \qquad (c_1\leqslant i\leqslant d_1,\ c_2\leqslant j\leqslant d_2)$$

第0列				第j列						第n-1列		
a_{00}	…	$a_{m-1,0}$	…	a_{0j}	…	a_{ij}	…	$a_{m-1,j}$	…	$a_{0,n-1}$	…	$a_{m-1,n-1}$
0		$m-1$		$j\times m$		$j\times m+i$		$j\times m+m-1$		$(n-1)\times j$		$m\times n-1$

图 5-3　以列序为主序的列优先顺序存储

无论是行优先顺序存储还是列优先顺序存储，一旦存储单位的大小 d 确定了，数组元素的存储地址便是其下标的线性函数。由于获得数组中元素的存储地址的时间相等，因此存取数组中任一元素的时间也是相等的，所以数组是随机存取结构。

5.3　矩阵的压缩存储

在研究科学与工程计算问题中，矩阵及其运算是一项重要的内容，计算机软件领域通过数组实现矩阵的存储和运算，高效解决矩阵的计算问题。然而，当矩阵的阶数较高时，矩阵将占据较大的存储空间，为节省存储空间，可根据不同矩阵的特点制定不同的压缩存储方案，同时保证矩阵的各种运算能够有效进行。本节将以二维数组为例，讨论特殊矩阵和稀疏矩阵的压缩存储方法。

5.3.1　特殊矩阵的压缩存储

特殊矩阵是指非 0 元素或 0 元素的分布有一定规律的矩阵，如对称矩阵、三角矩阵以及对角矩阵，此类矩阵采用的压缩存储方案的核心在于只为非 0 元素分配存储空间，对 0 元素不分配空间。

微课 5-3　特殊矩阵的压缩存储

1. 对称矩阵压缩存储

如果在一个 n 阶矩阵 $\boldsymbol{A}$ 中，元素满足 $a_{ij}=a_{ji}$，且 $0\leqslant i,\ j\leqslant n-1$，则称 $\boldsymbol{A}$ 为对称矩阵，图 5-4 所示为 4 阶对称矩阵。

$$\boldsymbol{A}_{4\times4}=\begin{pmatrix}2&3&10&5\\3&6&3&7\\10&3&8&3\\5&7&3&1\end{pmatrix}$$

图 5-4　4 阶对称矩阵

在对称矩阵中，元素关于主对角线对称。以主对角线为界，主对角及其左下方部分称为对称矩阵的下三角，该部分的元素 a_{ij} 满足 $i\geqslant j$；反之，主对角线及其右上方部分称为对称矩阵的上三角，该部分的元素 a_{ij} 满足 $i\leqslant j$。上三角或者下三角的数据个数均为 $n\times(n+1)/2$，只存储对称矩阵的上三角或下三角中的元素值，可节约近一半的存储空间，于是，在对称矩阵的压缩存储中，对称元素 a_{ij} 和 a_{ji} 共享一个存储空间。如图 5-5 所示，以行优先顺序存储下三角部分的数据元素，元素 a_{ij} 的前 i 行共有 $i\times(i+1)/2$ 个元素，在第 i 行中，a_{ij} 前有 j 个元素，所以元素 a_{ij} 在

存储空间的位序为 $i\times(i+1)/2+j$，与之对称的元素 a_{ji} 的位序则为 $j\times(j+1)/2+i$。若数组的首地址为 $\mathrm{Loc}(a_{00})$，每个数据元素占据 d 个字节，则元素 a_{ij} 的存储地址为

$$\mathrm{Loc}(a_{ij})=\begin{cases}\mathrm{Loc}(a_{00})+\left(\dfrac{i(i+1)}{2}+j\right)\times d, & 0\leqslant j\leqslant i\leqslant n-1\\ \mathrm{Loc}(a_{00})+\left(\dfrac{j(j+1)}{2}+i\right)\times d, & 0<i<j<n\end{cases}$$

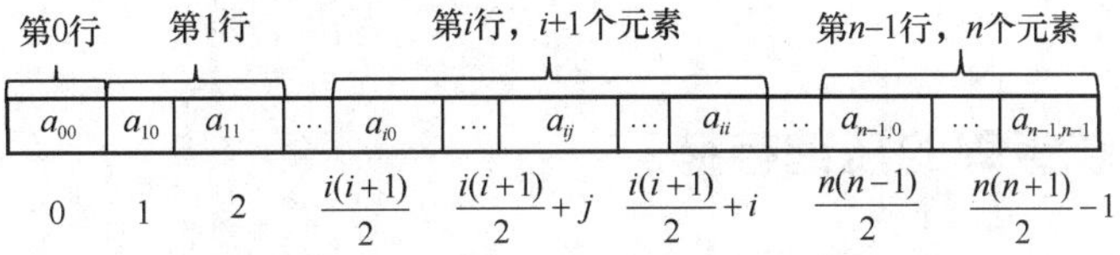

第0行	第1行			第i行，i+1个元素						第n−1行，n个元素		
a_{00}	a_{10}	a_{11}	…	a_{i0}	…	a_{ij}	…	a_{ii}	…	$a_{n-1,0}$	…	$a_{n-1,n-1}$
0	1	2		$\frac{i(i+1)}{2}$		$\frac{i(i+1)}{2}+j$		$\frac{i(i+1)}{2}+i$		$\frac{n(n-1)}{2}$		$\frac{n(n+1)}{2}-1$

图 5-5 以行优先顺序存储下三角部分的数据元素

2. 三角矩阵的压缩存储

三角矩阵分为上、下两种。上（下）三角矩阵的主对角线以下（上）的元素为同一常量 C，多数情况下，常量 C 为 0，如图 5-6 所示的三角矩阵。

$$A_{n\times n}=\begin{pmatrix}a_{00} & a_{01} & \cdots & a_{0,n-1}\\ 0 & a_{11} & \cdots & a_{1,n-1}\\ \vdots & \vdots & & \vdots\\ 0 & 0 & \cdots & a_{n-1,n-1}\end{pmatrix}$$

（a）n 阶上三角矩阵

$$A_{n\times n}=\begin{bmatrix}a_{00} & 0 & \cdots & 0\\ a_{10} & a_{11} & \cdots & 0\\ \vdots & \vdots & & \vdots\\ a_{n-1,0} & a_{n-1,1} & \cdots & a_{n-1,n-1}\end{bmatrix}$$

（b）n 阶下三角矩阵

图 5-6 三角矩阵

三角矩阵中共有 $n\times(n-1)/2$ 个 0，且这些 0 分布得有规律，压缩存储上（下）三角矩阵，只需存储主对角线及以上（下）三角部分的元素，节省了近一半的存储空间。例如，将下三角矩阵中的对角线及左下角部分元素按照行优先顺序压缩存储，如图 5-5 所示，存储 $n\times(n+1)/2$ 个元素，下三角矩阵主对角线及其以下元素 a_{ij} 的存储地址为

$$\mathrm{Loc}(a_{ij})=\mathrm{Loc}(a_{00})+\left(\frac{i(i+1)}{2}+j\right)\times d,\qquad 0\leqslant j\leqslant i\leqslant n-1$$

3. 对角矩阵的压缩存储

对角矩阵是指矩阵中所有的非 0 元素集中在以主对角线为中心的带状区域中。如图 5-7 所示的 n 阶三对角矩阵，除主对角线和主对角线相邻两侧的两条对角线上的元素之外，其余元素皆为 0。

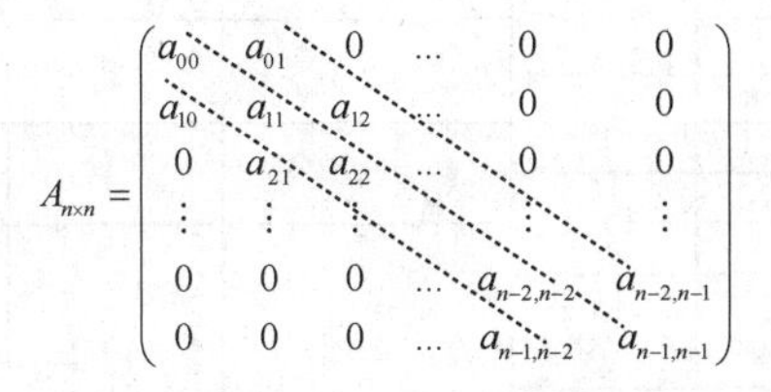

图 5-7 n 阶三对角矩阵

压缩存储多对角矩阵，只需要存储主对角线及其两侧的对角线上的元素。以图 5-7 所示

的 n 阶三对角矩阵为例，将 $3n-2$ 个非 0 元素以行优先顺序进行线性存储，如图 5-8 所示，矩阵元素 a_{ij} 在存储空间中的位序为 $(3i-1)+(j-i+1)=2i+j$，相应的存储地址为

$$\mathrm{Loc}(a_{ij})=\mathrm{Loc}(a_{00})+(2i+j)\times d \qquad (|i-j|\leqslant 1)$$

a_{00}	a_{01}	a_{10}	a_{11}	a_{12}	a_{21}	…	a_{ij}	…	$a_{n-1,n-2}$	$a_{n-1,n-1}$
0	1	2	3	4	5		$2i+j$		$3n-4$	$3n-3$

图 5-8　以行优先顺序存储 n 阶三对角矩阵中的非 0 元素

5.3.2　稀疏矩阵的压缩存储

如果矩阵 $\boldsymbol{A}_{mn}$ 包含非 0 元素的个数 t 远小于矩阵元素的总个数 $m\times n$，且非 0 元素的分布没有规律，当 $t/(m\times n)\leqslant 0.05$ 时，则称该矩阵为稀疏矩阵，如图 5-9 所示。

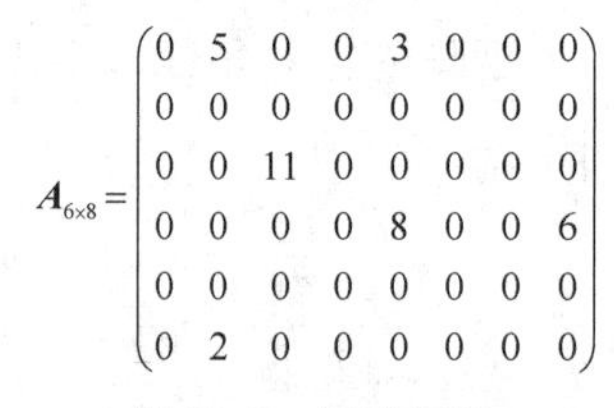

图 5-9　稀疏矩阵

微课 5-4　稀疏矩阵的压缩存储

稀疏矩阵中的 0 元素较多，只存储非 0 元素可减少对存储空间的占用。由于非 0 元素的分布没有规律，仅存储非 0 元素的值无法保证压缩存储的可靠性，还必须记住其在矩阵中的具体位置。而以一个由行号、列号、元素值组成的三元结构 (i,j,a_{ij}) 可唯一确定矩阵中的非 0 元素。于是，稀疏矩阵中非 0 元素的三元组按行优先（列优先）构成一个线性表，该线性表以顺序结构或者链式结构可实现稀疏矩阵的压缩存储。本节将具体讨论稀疏矩阵的存储方法和一些算法。

1. 三元组顺序表

三元组顺序表是指三元组线性表的顺序存储结构。例如，图 5-9 所示的稀疏矩阵的非 0 元素按行优先顺序存储，其三元组顺序表存储结构如图 5-10 所示。

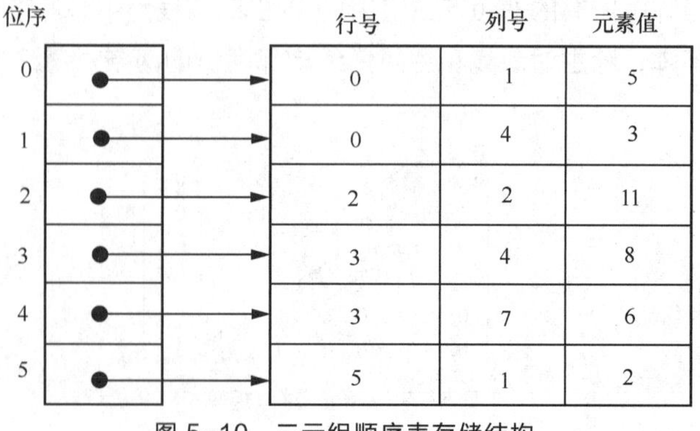

图 5-10　三元组顺序表存储结构

三元组顺序表抽象结构 Java 类定义如算法 5.1 所示。

【算法 5.1　三元组顺序表抽象结构 Java 类定义】

```
public class TripleNode {
    private int row;           // 行号
    private int column;        // 列号
    private double value;      // 元素值
    public TripleNode(int row, int column, double value) {
        super();
        this.row = row;
        this.column = column;
        this.value = value;
    }
    public TripleNode() {
        this(0, 0, 0);
    }

    public int getRow() {
        return row;
    }

    public void setRow(int row) {
        this.row = row;
    }

    public int getColumn() {
        return column;
    }

    public void setColumn(int column) {
        this.column = column;
    }

    public double getValue() {
        return value;
    }

    public void setValue(double value) {
        this.value = value;
    }

    @Override
    public String toString() {
        return "[ (" + row + "," + column + "), " + value + " ]";
    }
}
```

三元组顺序表的存储及其还原过程如算法 5.2 所示。

【算法 5.2　三元组顺序表的存储及其还原过程】

```
package lib.algorithm.chapter5.n01;

public class SparseArray {
    private TripleNode [] data;
```

```
    private int rows;
    private int cols;
    private int nums;
    public double getEleVal(int i, int j) {
        if (i < 0 || i > this.rows-1) {
            return 0;
        }

        if (j < 0 || j > this.cols-1) {
            return 0;
        }
        for(int m = 0; m < data.length; m ++) {
            TripleNode node = data[m];

            if (node.getRow() == i && node.getColumn() == j)
                return node.getValue();

        }

        return 0;
    }
    public TripleNode[] getData() {
        return data;
    }

    public void setData(TripleNode[] data) {
        this.data = data;
        this.nums = data.length;
    }

    public int getRows() {
        return rows;
    }

    public void setRows(int rows) {
        this.rows = rows;
    }

    public int getCols() {
        return cols;
    }

    public void setCols(int cols) {
        this.cols = cols;
    }

    public int getNums() {
        return nums;
    }

    public void setNums(int nums) {
        this.nums = nums;
    }
```

```
    public SparseArray() {
        super();
    }

    public SparseArray(int maxSize) {
        data = new TripleNode[maxSize];
        for (int i = 0; i < data.length; i ++)
            data[i] = new TripleNode();

        rows = 0;
        cols = 0;
        nums = 0;
    }

    public SparseArray(double [][] arr) {
        this.rows = arr.length;
        this.cols = arr[0].length;
        // 统计有多少非 0 元素，以便于下面空间的申请
        for (int i = 0; i < arr.length; i ++) {
            for (int j = 0; j < arr[0].length; j ++) {
                if (arr[i][j] != 0)
                    nums ++;
            }
        }
        // 根据上面统计的非零元素的个数，将每一个非 0 元素的信息进行保存
        data = new TripleNode[nums];
        for (int i = 0, k = 0; i < arr.length; i ++) {
            for (int j = 0; j < arr[0].length; j ++) {
                if (arr[i][j] != 0) {
                    data[k] = new TripleNode(i, j, arr[i][j]);
                    k ++;
                }
            }
        }
    }

    public void printArrayOfRC() {
        System.out.println("稀疏矩阵的三元组顺序表存储结构为：  ");
        System.out.println("行数" + rows + ", 列数为：" + cols + " ,非 0 元素个数
为：  " + nums);
        System.out.println("行下标            列下标            元素值      ");
        for (int i = 0; i < nums; i ++)
            System.out.println(" " + data[i].getRow() + "       "
                    + data[i].getColumn() + "      " + data[i].getValue());
    }

    public void printArr() {
        System.out.println("稀疏矩阵的多维数组存储结构为：  ");
        System.out.println("行数" + rows + ", 列数为：" + cols + " ,非 0 元素个数
为：   " + nums);
        double [][] origArr = reBackToArr();
        for(int i = 0; i < origArr.length; i ++){
```

```
            for(int j = 0; j < origArr[0].length; j ++)
                System.out.print(origArr[i][j] + "\t");

            System.out.println("\n");
        }
        System.out.println("\n");
    }

    public double[][] reBackToArr() {
        double [][]  arr= new double[rows][cols];
        for (int i = 0; i < nums; i ++)
            arr[data[i].getRow()][data[i].getColumn()] = data[i].getValue();

        return arr;
    }

    public SparseArray transpose() {
        SparseArray tm = new SparseArray(nums);// 创建一个转置后的矩阵对象
        tm.cols = rows;// 行列变化，非 0 元素个数不变
        tm.rows = cols;
        tm.nums = nums;
        int q = 0;
        // 逐行扫描，对转置矩阵中的元素进行赋值
        for (int col = 0; col < cols; col ++) {
            for (int p = 0; p < nums; p ++) {
                if (data[p].getColumn() == col) {
                        tm.data[q].setColumn(data[p].getRow());
                        tm.data[q].setRow(data[p].getColumn());
                        tm.data[q].setValue(data[p].getValue());
                        q ++;
                }
            }
        }
        return tm;
    }

    public SparseArray fastTranspose() {
        /*
         * 首先将位置预留，然后“填空”。num [cols];每一个“空”的大小。
         copt[cols];每一个“空”的起始位置
         */
        SparseArray tm = new SparseArray(nums);// 创建一个转置后的矩阵对象
        tm.cols = rows;// 行列变化，非 0 元素个数不变
        tm.rows = cols;
        tm.nums = nums;
        int tCol = 0, indexOfC = 0;
        if (nums > 0) {
            int[] num = new int[cols];// 原始矩阵中第 col 列的非 0 元素的个数
            int[] copt = new int[cols];// 初始值为 N 中的第 col 列的第一个非 0 元素在
tm 中的位置
            // 初始化 num 和 copt 数组
```

```
            for (int i = 0; i < nums; i ++) {
                tCol = data[i].getColumn();
                num[tCol] ++;
            }
            copt[0] = 0;
            for (int i = 1; i < cols; i ++)
                copt[i] = copt[i - 1] + num[i - 1];
            // 找到每一个元素在转置后的三元组顺序表中的位置
            for (int i = 0; i < nums; i ++)
                tCol = data[i].getColumn();// 取得扫描 tm 中的第 i 个元素的列值 tCol
                indexOfC = copt[tCol];// 取得该 tCol 列的下一个元素应该存储的位置
                tm.data[indexOfC].setRow(data[i].getColumn());
                tm.data[indexOfC].setColumn(data[i].getRow());
                tm.data[indexOfC].setValue(data[i].getValue());
                copt[tCol] ++;// 此时的 copt[col]表示的是下一个该 col 列元素会存储的位置
            }
        }
        return tm;
    }

}
```

测试程序如下：

```
package lib.algorithm.chapter5.n01;

public class ManClass {
   public static void main(String[] args) {
      SparseArray sparseArray;
      SparseArray sparseArray2;

      //二维数组转三元组
      sparseArray = new SparseArray(new double[][]{
            {0,0,2,0,1},
            {0,5,0,0,0},
            {1,0,0,0,2},
            {0,0,90,0,0},
            {0,1,0,0,0}});

      sparseArray.printArr();
      sparseArray.printArrayOfRC();

      //三元组转二维数组
      System.out.println("-----------------------------------------------");
      sparseArray = new SparseArray(3);
      sparseArray.setRows(8);
      sparseArray.setCols(7);
      sparseArray.setNums(3);

      sparseArray.getData()[0].setRow(2);
      sparseArray.getData()[0].setColumn(1);
      sparseArray.getData()[0].setValue(10);

      sparseArray.getData()[1].setRow(5);
```

```
        sparseArray.getData()[1].setColumn(5);
        sparseArray.getData()[1].setValue(2.3);

        sparseArray.getData()[2].setRow(7);
        sparseArray.getData()[2].setColumn(2);
        sparseArray.getData()[2].setValue(8);

        sparseArray.printArrayOfRC();
        sparseArray.printArr();
    }
}
```

以下是测试程序的运行结果：

```
稀疏矩阵的多维数组存储结构为：
行数 5，列数为：5 ，非 0 元素个数为：   7
0.0 0.0 2.0 0.0 1.0

0.0 5.0 0.0 0.0 0.0

1.0 0.0 0.0 0.0 2.0

0.0 0.0 90.00.0 0.0

0.0 1.0 0.0 0.0 0.0
稀疏矩阵的三元组顺序表存储结构为：
行数 5，列数为：5,非 0 元素个数为：   7
行下标              列下标             元素值
 0                  2                 2.0
 0                  4                 1.0
 1                  1                 5.0
 2                  0                 1.0
 2                  4                 2.0
 3                  2                 90.0
 4                  1                 1.0
--------------------------------------------
稀疏矩阵的三元组顺序表存储结构为：
行数 8，列数为：7 ，非 0 元素个数为：   3
行下标              列下标              元素值
 2                  1                 10.0
 5                  5                 2.3
 7                  2                 8.0
稀疏矩阵的多维数组存储结构为：
行数 8，列数为：7 ，非 0 元素个数为：   3
0.0 0.0 0.0 0.0 0.0 0.0 0.0

0.0 0.0 0.0 0.0 0.0 0.0 0.0

0.0 10.00.0 0.0 0.0 0.0 0.0

0.0 0.0 0.0 0.0 0.0 0.0 0.0

0.0 0.0 0.0 0.0 0.0 0.0 0.0
```

```
0.0 0.0 0.0 0.0 0.0 2.3 0.0

0.0 0.0 0.0 0.0 0.0 0.0 0.0

0.0 0.0 8.0 0.0 0.0 0.0 0.0
```

从上述的代码描述可知，使用三元组顺序表存储稀疏矩阵，实现过程就是将矩阵中各个非 0 元素的行标、列标和元素值以三元组的形式存储到一维数组中。

2. 行逻辑链接的顺序表

通过算法 5.2 中的 getEleVal 方法可知，三元组顺序表每次访问指定元素都需要遍历整个数组，效率很低。为了提高访问数据的效率，设计了行逻辑链接的顺序表。

行逻辑链接的顺序表是指，同一行的非 0 元素三元组组成一个单链表，采用行指针顺序表存储每一行的单链表，该存储方式实现顺序存储结构和链式存储结构的有效结合。例如，图 5-9 中的稀疏矩阵 $A_{6\times8}$，其行逻辑链接的顺序表结构如图 5-11 所示。

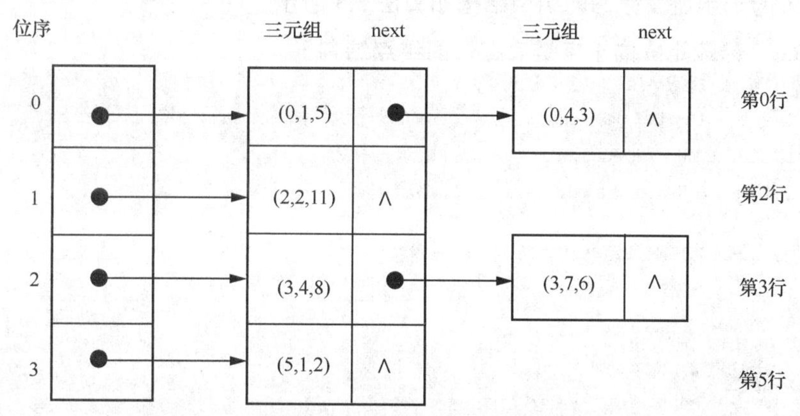

图 5-11 稀疏矩阵 $A_{6\times8}$ 的行逻辑链接的顺序表结构

在行逻辑链接的顺序表中，存取第 i 行第 j 列元素，只需要遍历第 i 行的单链表，相比三元组顺序表，效率得到提升。

3. 十字链表

采用行逻辑链接的顺序表压缩存储稀疏矩阵，可以快速查找到同一行的非 0 元素，但是难以找到同一列的元素，于是提出十字链表解决该问题。

十字链表采用了数组和链表的组合模式。在该存储结构中，稀疏矩阵中每一个非 0 元素由结点表示，同行、同列的结点分别组成一个单链表；然后使用一个行指针数组存储行的单链表，一个列指针数组存储列的单链表，其中，行指针数组和列指针数组的长度分别为稀疏矩阵的行数和列数。

十字链表中，表示非 0 元素的结点包含该元素的三元组、行引用域（指向本行中下一个非 0 元素结点）、列引用域（指向本列中下一个非 0 元素的结点），由于引用域的存在，非 0 元素 a_{ij} 既是第 i 行链表中的一个结点，又是第 j 列链表中的一个结点，相当于处在一个十字交叉路口。例如，图 5-9 中的稀疏矩阵 $A_{6\times8}$，其十字链表结构如图 5-12 所示。

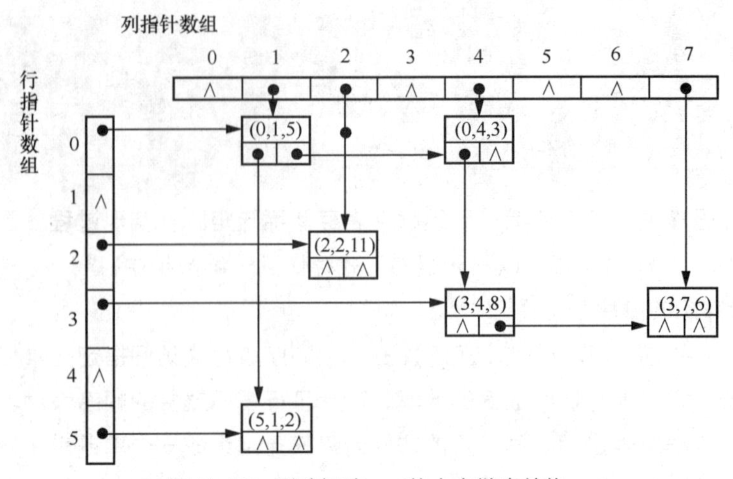

图 5-12 稀疏矩阵 $A_{6\times8}$ 的十字链表结构

稀疏矩阵的十字链表存储的结点结构如算法 5.3 所示。

【算法 5.3 稀疏矩阵的十字链表存储的结点结构】

```
public class OLNode {
    private TripleNode data; // 三元组顺序表存储的数据包括该元素所在的行、列和数值
    private OLNode Right;    // 行链表指针
    private OLNode down;     // 列链表指针

      public OLNode() {
         this(null, null, null);
      }

      public OLNode(TripleNode data) {
         this(data, null, null);
      }

      public OLNode(TripleNode data, OLNode right, OLNode down) {
         super();
         this.data = data;
         Right = right;
         this.down = down;
      }

      public TripleNode getData() {
         return data;
      }

      public OLNode getRight() {
         return Right;
      }

      public void setRight(OLNode right) {
         TripleNode rData = right.getData();

         int curRow = data.getRow();
         int newRow = rData.getRow();
```

```
            if (newRow != curRow) {
                throw new IllegalArgumentException("新结点应该插入第" + newRow + "
行，当前是第" + curRow + "行");
            } else {
                 Right = right;
            }


        }

        public OLNode getDown() {
            return down;
        }

        public void setDown(OLNode down) {
            TripleNode dData = down.getData();

            int curCol = data.getColumn();
            int newCol = dData.getColumn();
            if (newCol != curCol) {
                throw new IllegalArgumentException("新结点应该插入第" + newCol + "
列，当前是第" + curCol + "列");
            } else {
                this.down = down;
            }

        }

        public void setData(TripleNode data) {
            this.data = data;
        }
    }
```

稀疏矩阵十字链表的矩阵类如算法5.4所示。

【算法5.4 稀疏矩阵十字链表的矩阵类】

```
public class CrossList {
    private int cols; // 稀疏矩阵的行数
    private int rows;  // 稀疏矩阵的列数
    private int nums = 0;  // 稀疏矩阵中非0元素的个数
    private OLNode[] rhead;  // 行指针数组
    private OLNode[] chead;  // 列指针数组

    // 构造rows行cols列矩阵，元素为0
    public CrossList(int rows, int cols) {
        if (rows <= 0 || cols <= 0) {
            throw new IllegalArgumentException("rows = " + rows + ",cols = " + cols + ",
而矩阵的行列数不能为0");
        } else {
            inintHeader(rows, cols);
        }
    }
```

```
    // 根据传入的二维数组构造矩阵
    public CrossList(double[][] datas) {
        int rows = datas.length;
        int cols = datas[0].length;

        if (rows <= 0 || cols <= 0) {
            throw new IllegalArgumentException("行列数分别为: " + rows + ", " + cols + ", 
而矩阵的行列数不能为 0");
        } else {
            // 初始化行指针数组和列指针数组
            inintHeader(rows, cols);

            // 按照行优先，遍历二维数组，找出非 0 元素
            for (int row = 0; row < rows; row ++) {
                for (int col = 0; col < cols; col ++) {
                    if (datas[row][col] != 0)
                        insert(row, col, datas[row][col]);

                }
            }
        }
    }

    // 将数据分别插入对应的行指针数组和列指针数组中
    public void insert(int row, int col, double data) {
        this.nums ++;
        // 创建一个十字链表结点，并将数据存储进去
        TripleNode da=new TripleNode(row, col, data);
        OLNode newNode =new OLNode(da);

        // 向第 row 行的单链表添加该结点
        OLNode temp = rhead[row]; // 找到该行的头指针
        if (temp == null) {
            rhead[row] = newNode;
        } else {
             while (temp.getRight() != null)
                 temp = temp.getRight();  // 找到该行的尾指针

             temp.setRight(newNode); // 让该行的尾指针指向该新结点
        }

        // 向第 col 列的单链表添加该结点
        temp = chead[col];
        if (temp == null) {
            chead[col] = newNode;
        } else {
            while (temp.getDown() != null)
                temp = temp.getDown();

            temp.setDown(newNode); // 该列的尾指针指向该新结点
```

```
        }

    }

    // 初始化行指针数组和列指针数组
    public void inintHeader(int rows, int cols) {
        this.rows = rows;
        this.cols = cols;

        rhead = new OLNode[rows];
        chead = new OLNode[cols];
//          // 初始化每一行的头指针
//          for (int i = 0; i < rows; i ++)
//              rhead[i] = new OLNode();

//          // 初始化每一列的头指针
//          for (int i = 0; i < cols; i ++)
//              chead[i] = new OLNode();
    }

    // 还原矩阵
    public double[][] reBackToArr() {
        double [][] arr = new double[rows][cols];
        // 遍历行指针数组，访问每一行的非零结点的三元组顺序表
        for (int i = 0; i < rows; i ++) {
            OLNode t = rhead[i];
            // 遍历该行的所有结点
            while (t != null) {
                if (t.getData() != null) {
                    TripleNode data = t.getData();
                    arr[data.getRow()][data.getColumn()] = data.getValue();
                }
                t = t.getRight();
            }
        }
        return arr;
    }

    // 分别输出行指针数组和列指针数组中每个结点的数值
    public void printfArrOfRC() {
        System.out.println("原始矩阵 共" + rows + "行，" + cols + "列， " + this.nums
+ "个非 0 元素");
        System.out.println("---------------------------------------");
        System.out.println("从行上来看：");
        System.out.println("行号");
        for (int i = 0; i < rows; i ++) {
            System.out.print(i + "  ");
            OLNode t = rhead[i];
            while (t != null) {
                if (t.getData() != null) // 头指针数据为空
                    System.out.print(t.getData().getValue() + "->");
```

```
                t = t.getRight();
            }
            System.out.println();
        System.out.println("-----------------------------------------");
        System.out.println("从列上来看: ");
        System.out.println("列号");
        for (int i = 0; i < cols; i ++) {
            System.out.print(i + "  ");
            OLNode t = chead[i];
            while (t != null)
                if (t.getData() != null)
                    System.out.print(t.getData().getValue() + "->");

                t = t.getDown();
            }
            System.out.println();
        }
    }

    // 输出稀疏矩阵
    public void printfArr() {
        System.out.println("稀疏矩阵的多维数组存储结构为:    ");
        System.out.println("行数" + rows + ", 列数为: " + cols + " ,非 0 元素个数
为:   " + nums);
        double arr[][] = reBackToArr();
        for(int i = 0; i < arr.length; i ++){
            for(int j = 0; j < arr[0].length; j ++)
                System.out.print(arr[i][j] + "\t");

            System.out.println("\n");
        }
        System.out.println("\n");
    }

    public CrossList() {
        super();
    }

    // 获取矩阵的列数
    public int getCols() {
        return cols;
    }

    // 获取矩阵的行数
    public int getRows() {
        return rows;
    }

    // 获取矩阵中非 0 元素的个数
    public int getNums() {
        return nums;
    }
```

```
    // 获取行指针数组
    public OLNode[] getRhead() {
        return rhead;
    }

    // 获取列指针数组
    public OLNode[] getChead() {
        return chead;
    }
    public void setNums(int nums) {
        this.nums = nums;
    }
    public void setRhead(OLNode[] rhead) {
        this.rhead = rhead;
    }
    public void setChead(OLNode[] chead) {
        this.chead = chead;
    }
}
```

测试程序如下:

```
public class MainClass {
    public static void main(String[] args) {
        CrossList crossList;
        OLNode[] olNodes;

        //将二维数组转换为十字链表
        crossList = new CrossList(new double[][]{
            {0,0,2,0,1},
            {0,5,0,0,0},
            {1,0,0,0,2},
            {0,0,90,0,0},
            {0,1,0,0,0}});

        crossList.printfArr();
        crossList.printfArrOfRC();

        //将十字链表转换为二维数组
        crossList = new CrossList(7,8);
        crossList.setNums(3);

        olNodes = new OLNode[3];
        olNodes[0] = new OLNode(new TripleNode(0, 3, 4));
        olNodes[1] = new OLNode(new TripleNode(6, 3, 2));
        olNodes[2] = new OLNode(new TripleNode(0, 6, 9));

        olNodes[0].setRight(olNodes[2]);
        olNodes[0].setDown(olNodes[1]);

        OLNode[] rhead = new OLNode[7];
        OLNode[] chead = new OLNode[8];

        rhead[0] = olNodes[0];
        rhead[6] = olNodes[1];
```

```
        chead[0] = olNodes[0];
        chead[3] = olNodes[2];

        crossList.setRhead(rhead);
        crossList.setChead(chead);

        crossList.printfArrOfRC();
        crossList.printfArr();
    }
}
```

运行结果如下：

```
稀疏矩阵的多维数组存储结构为：
行数 5，列数为：5 ，非 0 元素个数为：  7
0.0 0.0 2.0 0.0 1.0

0.0 5.0 0.0 0.0 0.0

1.0 0.0 0.0 0.0 2.0

0.0 0.0 90.00.0 0.0

0.0 1.0 0.0 0.0 0.0


原始矩阵 共 5 行， 5 列， 7 个非 0 元素
---------------------------------------
从行上来看：
行号
0  2.0->1.0->
1  5.0->
2  1.0->2.0->
3  90.0->
4  1.0->
---------------------------------------
从列上来看：
列号
0  1.0->
1  5.0->1.0->
2  2.0->90.0->
3
4  1.0->2.0->
原始矩阵 共 7 行， 8 列，3 个非 0 元素
---------------------------------------
从行上来看：
行号
0  4.0->9.0->
1
2
3
4
5
6  2.0->
```

```
-----------------------------------------
从列上来看:
列号
0  4.0->2.0->
1
2
3  9.0->
4
5
6
7
稀疏矩阵的多维数组存储结构为:
行数 7, 列数为: 8,非 0 元素个数为: 3
0.0 0.0 0.0 4.0 0.0 0.0 9.0 0.0

0.0 0.0 0.0 0.0 0.0 0.0 0.0 0.0

0.0 0.0 0.0 0.0 0.0 0.0 0.0 0.0

0.0 0.0 0.0 0.0 0.0 0.0 0.0 0.0

0.0 0.0 0.0 0.0 0.0 0.0 0.0 0.0

0.0 0.0 0.0 0.0 0.0 0.0 0.0 0.0

0.0 0.0 0.0 2.0 0.0 0.0 0.0 0.0
```

5.4 广义表

线性表中的数据元素是不可分解的原子类型，且表中所有元素的数据类型必须保持一致。而作为线性表的拓展，广义表允许数据元素有自己的数据类型。

微课 5-5
广义表

5.4.1 广义表的定义

广义表是由 n（$n \geqslant 0$）个元素组成的有限序列：$LS=(a_0,a_1,\cdots,a_{n-1})$；其中，元素 $a_i\ (0 \leqslant i \leqslant n-1)$ 是原子类型或广义表。若元素 a_i 不为原子类型，则称为 LS 的子表。为了区分“原子”和“表”，一般用大写字母表示表，小写字母表示原子。

当广义表 LS 不为空时，称第一个元素 a_0 为 LS 的表头，其余的部分 $(a_1,\cdots,a_{n-1})$ 为 LS 的表尾。一般，head(LS)表示 LS 的表头，tail(LS)表示 LS 的表尾。

广义表 LS 的长度为其所包含元素的个数，当元素个数为 0 时，则称 LS 为空表。

广义表 LS 的深度是指子表嵌套的层数，也就是表中括号的层数。

```
A = ( )                // A 是空表，长度为 0，深度为 1
B = (b)                // 广义表 B 的长度为 1，深度为 1，head(B)=b，tail(B)=( )
C = (a, (b,c))         // 广义表 C 的长度为 2，深度为 2，head(C)=a，tail(C)=(b,c)
```

```
D = ((a,b),c,(d,e))    // 广义表 D 的长度为 3，深度为 2，head(D)=(a,b),
                          tail(D)=(c,(d,e))
```

广义表允许共享子表。例如，$L=(c,d)$，$T=(b,L)$，$G=(a, L, T)$，那么广义表 G 中的 L 和 T 中的 L 是同一个子表，是共享子表。

广义表允许递归定义。例如，$G=(a,G)$，广义表 G 的第一个元素是原子 a，第二个元素是广义表 G 自己。

5.4.2 广义表的存储结构

广义表中每个元素需要的空间大小无法统一，因此无法以顺序存储结构表示，一般采用链式存储结构。

由于广义表中的元素既可以是原子，也可是广义表，于是链表中存在两种类型的结点：原子结点、列表结点。

原子结点的存储结构包含标志域、值域，原子结点结构如下：

tag=0	data（元素）

列表结点的存储结构包含标志域、表头指针、表尾指针。由于一个非空广义表被分为表头和表尾，所以表头指针和表尾指针可唯一确定一个广义表，列表结点结构如下：

tag=1	hp（表头指针）	tp（表尾指针）

假设广义表 L=(a)，其存储结构如图 5-13 所示，广义表 L 的标志域取值 1，表头指针 hp 指向原子结点（标志域 tag 取 0，元素值为 a），表尾指针 tp 为空。

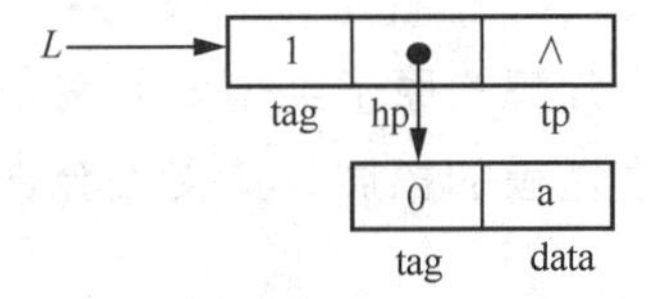

图 5-13　广义表 L=(a)的存储结构

假设存在广义表 L=(a, b, (c, b))，其存储结构如图 5-14 所示，广义表的标志域取值为 1，表头指针 hp 指向元素值为 a 的原子结点，表尾指针 tp 指向子广义表(b,(c,b))。

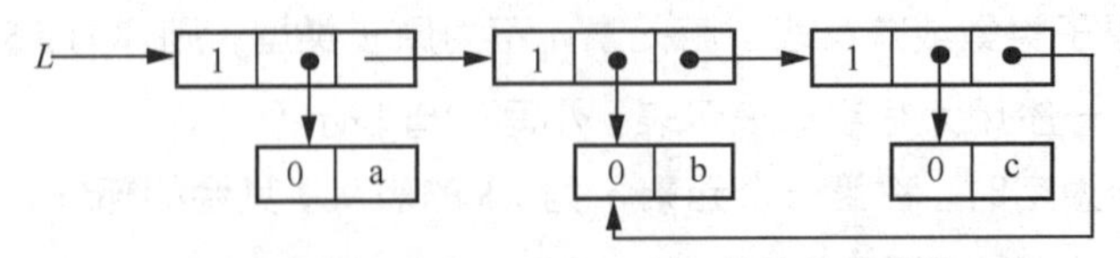

图 5-14　广义表 L=(a, b, (c, b))的存储结构

5.4.3 广义表的基本操作

上述内容通过语言和文字介绍了如何使用链式结构实现广义表的存储，接下来，将通过代码实现广义表的创建、遍历、求深度和长度、判断是否为空等操作。

1. 广义表结点

广义表结点包含标志域、数据元素值、表头指针、表尾指针。声明广义表结点 Node 如下：

```
class Node {
    Node mPh;          // 广义表的头指针
    Node mPt;          // 广义表的尾指针
    int mTag;          // 标志域，0 表示结点为原子结点，1 表示结点为列表表结点
    Object mData;      // 广义表的数据元素值

    public Node(Node ph, Node pt, int tag, Object data) {
        mPh = ph;
        mPt = pt;
        mTag = tag;
        mData = data;
    }
}
```

2. 广义表类

声明广义表类 GeneralizedTable 如下：

```
public class GeneralizedTable {
    public static final int TAG_ITEM = 0; // 原子结点
    public static final int TAG_TABLE = 1; // 表结点
    /*
     * 广义表支持的符号包括'(' , ')' , '{' , '}' , '[' , ']'
     * 广义表表示符号，使用字符串构造广义表时第一个字符必须
     * 是'(', '{' , '[' 之一，并以')' , '}' , ']' 之一结束，
     * 并且各符号相对应
     */
    private char mStartSymb = '(';
    private char mEndSymb = ')';
    private Node mGenTable;

    // 创建空的广义表
    public GeneralizedTable() {
        mGenTable = new Node(null, null, TAG_TABLE, null);
    }

   // 使用广义表 src 构造一个新的广义表
    public GeneralizedTable(GeneralizedTable src) {
        if (src != null)
            mGenTable = src.mGenTable;

    }

   // 根据传入的广义表字符串创建广义表，类似"L = (a,b,(c,d))"
    public GeneralizedTable(String genTable) {
        if (genTable == null)
            throw new NullPointerException(
                    "genTable is null in constructor GeneralizedTable!...");
```

```
        initTable(genTable);
    }

    private void initTable(String genTable) {
        String ts = genTable.replaceAll("\\s", ""); // 去除字符串内的空格
        int len = ts.length();
        Stack<Character> symbStack = new Stack<Character>();
        Stack<Node> nodeStck = new Stack<Node>();
        // 根据输入的参数，确定该广义表的开始符号 mStartSymb 和结束符号 mEndSymb
        initSymbolicCharactor(ts);
        // 初始化该广义表为一个空表
        mGenTable = new Node(null, null, TAG_TABLE, null);
        Node itemNode, tableNode = mGenTable, tmpNode;
        // 遍历该字符串参数
        for (int i = 0; i < len; i ++) {
            if (ts.charAt(i) == mStartSymb) { // 字符为开始符号
                tmpNode = new Node(null, null, TAG_TABLE, null);
                // 将开始符号存放在 symbStack 栈中
                symbStack.push(ts.charAt(i));

                if (symbStack.size() > 1) {
                    nodeStck.push(tableNode);
                    tableNode.mPh = tmpNode;
                    tableNode = tableNode.mPh;
                } else {
                    tableNode.mPt = tmpNode;
                    tableNode = tableNode.mPt;
                }
            } else if (ts.charAt(i) == mEndSymb) {
                if (symbStack.isEmpty())
                    throw new IllegalArgumentException(
                            "IllegalArgumentException in constructor Generalized-
Table!...");

                if (symbStack.size() > 1)
                    tableNode = nodeStck.pop();

                symbStack.pop();
            } else if (ts.charAt(i) == ',') {
                tableNode.mPt = new Node(null, null, TAG_TABLE, null);
                tableNode = tableNode.mPt;
            } else {
                itemNode = new Node(null, null, TAG_ITEM, ts.charAt(i));
                tableNode.mPh = itemNode;
            }
        }

        if (!symbStack.isEmpty())
            throw new IllegalArgumentException(
                    "IllegalArgumentException   in   constructor   Generalized-
```

```
Table!...");

        }
        // 初始化该广义表使用的符号，主要支持如下 3 对：'('和')'，'{'和'}'，'['和']'
        private void initSymbolicCharactor(String ts) {
            mStartSymb = ts.charAt(0);
            switch (mStartSymb) {
                case '(':
                    mEndSymb = ')';
                    break;
                case '{':
                    mEndSymb = '}';
                    break;
                case '[':
                    mEndSymb = ']';
                    break;
                default:
                    throw new IllegalArgumentException(
                            "IllegalArgumentException ---> initSymbolicCharactor");
            }
        }
    }
```

3. 广义表为空判断

通过实例 mGenTable 对广义表是否为空进行判断，代码如下：

```
    public boolean isEmpty() {
        if (mGenTable == null)
            return true;

        Node node = mGenTable.mPt;
        return node == null || node.mPh == null;
    }
```

4. 广义表深度

在表头深度、表尾深度中，选择最大深度作为广义表的深度，代码如下：

```
    public int depth() { // 广义表的深度
            if (mGenTable == null)
                throw new NullPointerException("Generalized Table is null !.. --->
method depth");

            return depth(mGenTable);
    }

    private int depth(Node node) {
         if (node == null || node.mTag == TAG_ITEM)
              return 0;

         int depHeader = 0, depTear = 0;
         depHeader = 1 + depth(node.mPh);
         depTear = depth(node.mPt);
         return depHeader > depTear ? depHeader : depTear;
    }
```

5. 广义表长度

根据广义表的定义可知，其长度为原子节点或者表节点的个数，代码如下：

```
public int length() { // 广义表的长度
        if (mGenTable == null || mGenTable.mPt == null)
            return -1;

        int tLen = 0;
        Node node = mGenTable;
        while (node.mPt != null) {
            node = node.mPt;
            if (node.mPh == null && node.mPt == null)
                break;

            tLen ++;
        }
        return tLen;
    }
```

6. 表头指针

广义表的表头为第一个 ph 指向的内容，代码如下：

```
 public GeneralizedTable getHeader() {
        if (isEmpty())
            return null;

        Node node = mGenTable.mPt;
        GeneralizedTable gt = new GeneralizedTable();
        gt.mGenTable.mPt = node.mPh;
        return gt;
  }
```

7. 表尾指针

广义表的表尾为广义表的 mpt 指向的内容，代码如下：

```
public GeneralizedTable getTear() {
        if (isEmpty())
            return null;
        Node node = mGenTable.mPt;
        GeneralizedTable gt = new GeneralizedTable();
        gt.mGenTable.mPt = node.mPt;
        return gt;
  }
```

本章小结

本章主要介绍了数组和广义表。

数组是由多个数据结构相同的元素组成的有限序列，在物理上采用顺序存储结构，根据数组容量为数组分配连续的存储单元，数据元素则按照逻辑顺序依次存放至存储单元。本章主要以二维数组为例来介绍数组的存储。二维数组的顺序存储形式有两种：行优先顺序存储、列优先顺序存储。行优先顺序存储是指，以行序为主序遍历二维数组，按行序递增访问每一行，同一行按列序递增存放数组元素；列优先顺序存储是指，以列序为主序遍历二维数组，按列序递增访问每一列，同一列按行序递增存放数组元素。

矩阵是数学上的重要概念之一，在计算机中常使用二维数组来存放矩阵。本章进述了特殊矩阵和稀疏矩阵的压缩存储方案。对于特殊矩阵，文中提及对称矩阵、三角矩阵以及对角矩阵，可根据其元素的分布规律给出相应的压缩存储方法。稀疏矩阵是一种 0 元素个数较多且没有分布规律的高阶矩阵，本章提出采用三元组顺序表、行逻辑链接顺序表和十字链表存储稀疏矩阵。

广义表是线性表的推广，广义表“放松”对表元素的原子性的限制，允许其有自身的结构。广义表存储的时候一般采用链表的方式。广义表的运算常用的有创建广义表、求广义表的长度、取表头元素和表尾元素、输出广义表等。

上机实训

1．如果矩阵 **A** 中存在这样一个元素 $A[i,j]$满足条件：$A[i,j]$是第 i 行中值最小的元素，且又是第 j 列中值最大的元素，此时则称之为该矩阵的一个马鞍点。请编程查找出 $M\times N$ 的矩阵 **A** 中的所有马鞍点。

2．编写程序实现广义表的以下相关操作：广义表的构造、求广义表的深度、求广义表的长度、输出广义表深度、求广义表表头、求广义表表尾。

习　题

一、选择题

1．常对数组进行的两种基本操作是（　　）。

A．建立与删除　B．索引与修改　C．查找与修改　D．查找与索引

2．对于 C 语言的二维数组 DataType A[m][n]，每个数据元素占 k 个存储单元，二维数组中任意元素 $a_{ij}(0\leqslant i,j\leqslant n-1)$ 的存储位置可由（　　）确定。

A．$\mathrm{Loc}(i,j)=\mathrm{Loc}(m,n)+[(n+1)\times i+j]\times k$

B．$\mathrm{Loc}(i,j)=\mathrm{Loc}(0,0)+[(m+n)\times i+j]\times k$

C．$\mathrm{Loc}(i,j)=\mathrm{Loc}(0,0)+(n\times i+j)\times k$

D．$\mathrm{Loc}(i,j)=[(n+1)\times i+j]\times k$

3．稀疏矩阵的压缩存储方法是只存储（　　）。

A．非 0 元素　B．三元组(i,j,a_{ij})　C．a_{ij}　D．i,j

4．数组 $A[a,b]$（a=0,…,5，b=0,…,6）的每个元素占 5 个字节，将其按列优先次序存储在起始地址为 1000 的内存单元中，则元素 A[5,5]的地址是（　　）。

A．1175　B．1180　C．1205　D．1210

5．**A**$[N,N]$是对称矩阵，将下面三角（包括对角线）以行序存储到一维数组 $T[N(N+1)/2]$

中，则对任一上三角元素 $a_{ij}(1\leqslant i,j\leqslant n)$ 对应 $T[k]$的下标 k 是（　　）。

A．$i(i-1)/2+j$　　B．$j(j-1)/2+i$　　C．$i(j-i)/2+1$　　D．$j(i-1)/2+1$

6．对稀疏矩阵进行压缩存储的目的是（　　）。

A．便于进行矩阵运算　　B．便于输入和输出

C．节省存储空间　　D．降低运算的时间复杂度

7．已知广义表 LS = ((a,b,c),(d,e,f))，运用 head 和 tail 函数取出 LS 中原子 e 的运算是（　　）。

A．head(tail(LS))　　B．tail(head(LS))

C．head(tail(tail(LS)))　　D．head(tail(tail(head(LS))))

8．广义表(a,b,c,d)的表头是（　　），表尾是（　　）。

A．a　　B.（ ）　　C.（a,b,c,d）　　D.（b,c,d）

9．设广义表 L=((a,b,c))，则 L 的长度和深度分别为（　　）。

A．1 和 1　　B．1 和 3　　C．1 和 2　　D．2 和 3

10．下面说法不正确的是(　　)。

A．广义表的表头总是一个广义表　　B．广义表的表尾总是一个广义表

C．广义表难以使用顺序存储结构　　D．广义表可以是一个多层次的结构

二、填空题

1．通常采用__________存储结构来存放数组。对二维数组可有两种存储方式：一种是以__________为主序的存储方式，另一种是以__________为主序的存储方式。

2. 设 n 行 n 列的下三角矩阵 A 已压缩到一维数组 $B[1:n\times(n+1)/2]$中，若按行为主序存储，则 $A[i,j]$对应的 B 中存储位置为______。

3．所谓稀疏矩阵指的是________________________________。

4．广义表简称表，是由 0 个或多个原子或子表组成的有限序列，原子与表的差别仅在于__________。为了区分原子和表，一般用_________表示表，用_________表示原子。表的长度是指________，而表的深度是指__________。

5．设广义表 L=((),())，则 head(L)是____________；tail(L)是____________；L 的长度是____________；深度是______________。

三、简答题

1. 数组 $A[1:8,-2:6]$以行为主序存储，设第一个元素的首地址是 78，每个元素的长度为 4，试求元素 $A[4,2]$的存储首地址。

2．特殊矩阵和稀疏矩阵中的哪一种压缩存储后会失去随机存取的功能？为什么？

3．数组、广义表与线性表之间有什么样的关系？

4．利用广义表的 head 和 tail 运算，把原子 d 分别从下列广义表中分离出来，L_1 = (((((a),b),d),e))；L_2 = (a,(b,((d)),e))。

第6章 树

06

学习目标

前面几章讲述的数据结构都属于线性结构，线性结构的特点是逻辑结构简单，易于进行查找、插入和删除等操作，而现实中的许多事物的关系并非这样简单，如人类社会的族谱、各种社会组织机构等，这些事物的联系都是非线性的，采用非线性结构进行描述通常更明确和便利。树形结构是数据元素之间具有层次关系的非线性结构，它反映了现实世界中的一种层次关系，这种关系类似一棵倒立的树。本章介绍树形结构的相关内容，读者学习本章后应能掌握树的概念，二叉树的概念、存储结构和遍历运算等相关操作，树和森林的概念，以及二叉排序树、哈夫曼树等典型树形结构的应用。

数据结构里面的树在数据库、数据编码等领域有着广泛的应用，其中用于数据编码的哈夫曼编码是 1952 年哈夫曼在美国麻省理工学院攻读博士学位时发明的。科学技术是第一生产力，创新是引领发展的第一动力。守正才能不迷失方向、不犯颠覆性错误，创新才能把握时代、引领时代。因此，我们在学习中可以采用探究式的学习方法，培养自己的创新意识。

6.1 树的结构定义与基本操作

6.1.1 树的定义

树（tree）是由 n ($n \geqslant 0$)个结点组成的有限集合，如果 $n = 0$，称为空树；当 n=1 时，称为只有一个结点的树；当 n>1 时，称为由根结点和多棵子树构成的树。树形结构举例如图 6-1 所示。

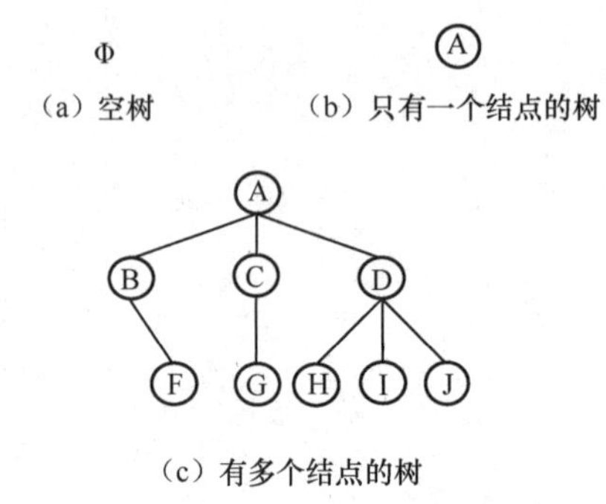

图 6-1 树形结构举例

图 6-1（a）是一棵空树，没有任何结点。

图 6-1（b）是只有一个结点的树，这个结点也是根结点。

图 6-1（c）由根结点 A 和 3 个子树构成，分别为 T_1={B, F}，T_2={C, G}，T_3={D, H, I, J}；T_1、T_2、T_3 是 A 的子树，它们本身也是树。以 T_3 为例，其根为 D，其余结点分为 3 棵子树：T_{31}={H}，T_{32}={I}，T_{33}={J}。

6.1.2 树的结构

树的定义是一个递归的定义，即树由根结点和若干子树构成。下面以图 6-2 为例，讲解与树有关的一些常用术语。

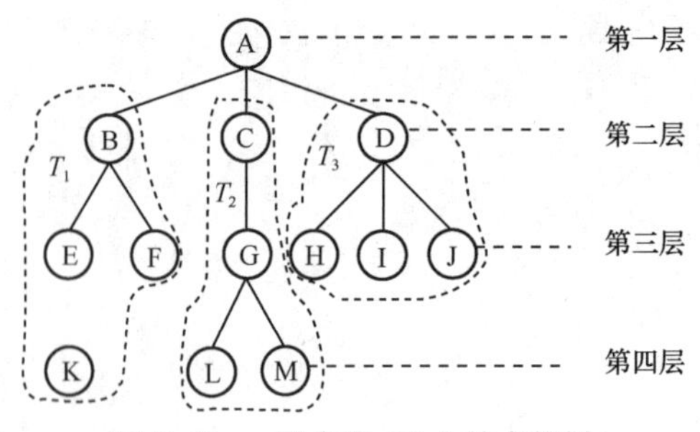

图 6-2 一棵含有 13 个结点的树

结点（node）：由树中的元素及指向其子树的地址构成，图 6-2 中是一棵有 13 个结点的树。

孩子（child）：某结点的子树的根称为该结点的孩子。

双亲（parents）：对应上述称为孩子结点的上层结点即这些结点的双亲。例如图 6-2 中，B 是 A 的孩子，A 是 B、C、D 的双亲。

兄弟（sibling）：同一双亲的孩子互为兄弟。图 6-2 中，B、C、D 互为兄弟。

结点的子孙：以某结点为根的子树中的任一结点都称为该结点的子孙。图 6-2 中，C 的子孙为 G、L、M。

结点的度（degree）：结点拥有的子树数量。在图 6-2 中，结点 A 的度为 3，B 的度为 2，C 的度为 1。

树的度：树中各结点度的最大值，图 6-2 中树的度为 3。

叶子（leaf）：树中度为 0 的结点，又称终端结点，图 6-2 中的结点 K、F、L、M、H、I、J 都是树的叶子。

分支结点：树中度不为 0 的结点，又称非终端结点。

结点的层次（level）：从根开始定义，根为第一层，根的孩子为第二层；若某结点在第 i 层，则该结点的子树的根在第 i+1 层。如图 6-2 所示，该树被分为 4 层。

树的深度（depth）：树中结点的最大层次数，图 6-2 中树的深度为 4。

森林（forest）：0 棵或有限棵不相交的树的集合称为森林。自然界中树和森林是不同的概念，在数据结构中，任何一棵树删去根结点就变成森林。

有序树和无序树：如果树的各棵子树依次从左到右排列，不可对换，则称该树为有序树，且把各子树分别称为第一子树，第二子树……否则称为无序树。

6.1.3 树的广义表表示

树可以用直观的图表示，也可以用广义表的形式表示。

例如，图 6-1（c）所示的树可以用广义表表示为：*A*(B(F),C(G),D(H,I,J))。

同理，图 6-2 所示的树可以用广义表表示为：*A*(B(E(K),F),C(G(L,M)),D(H,I,J))。

6.2 二叉树

6.2.1 二叉树的定义

二叉树（binary tree）是树形结构的一个特例，它的特点是每个结点至多只有两棵子树，且二叉树的子树有左右之分，其次序不能任意颠倒。即二叉树是度≤2 的有序树。

微课 6-1 二叉树的定义

参照树的递归定义，二叉树的递归定义如下：二叉树是具有 n（$n \geq 0$）个结点的有限集，当 n=0 时称为空二叉树；当 n>0 时，二叉树由一个根结点和两棵互不相交的、分别称为左子树和右子树的子二叉树构成。

二叉树有 5 种基本形态，如图 6-3 所示。

- n=0，二叉树为空。
- n=1，二叉树只有一个结点作为根结点。
- n>1，二叉树由根结点、非空的左子树和空的右子树组成。
- n>1，二叉树由根结点、空的左子树和非空的右子树组成。
- n>1，二叉树由根结点、非空的左子树和非空的右子树组成。

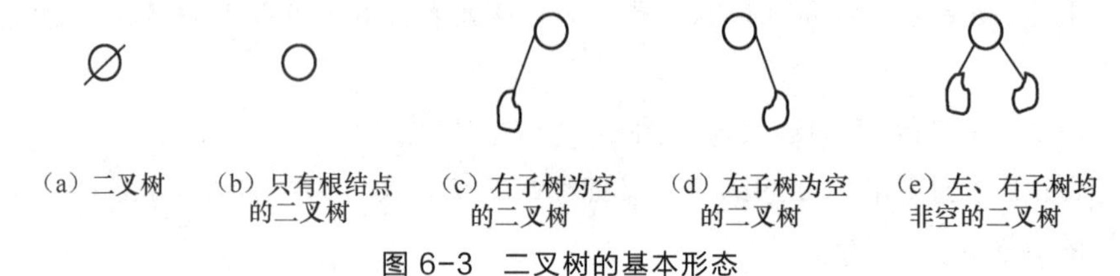

图 6-3　二叉树的基本形态

注意：二叉树是有序树，其左、右子树是严格区分、不能颠倒的，图 6-3（c）和图 6-3（d）就是两棵不同的二叉树。某结点的分支上即使只有一个孩子，也一定要区分是左孩子还是右孩子。

6.2.2　二叉树的性质

性质 1　二叉树的第 i 层上至多有 2^{i-1}（$i \geqslant 1$）个结点。

证明　用归纳法证明。

i=1 时，只有一个根结点，$2^{i-1}=2^0=1$，此结果是正确的。

假设对所有 j（$1 \leqslant j < i$）命题成立，即第 j 层上至多有 2^{i-1} 个结点，那么，可以证明 $j=i$ 时命题也成立。

由归纳假设，第 i−1 层上至多有 $2^{(i-1)-1}=2^{i-2}$ 个结点，由于二叉树每个结点的度至多为 2，因此第 i 层上结点数至多为第 i−1 层上结点数的 2 倍。即

$$2 \times 2^{i-2}=2^{i-1}$$

命题得证。

性质 2　深度为 h 的二叉树中至多含有 2^h-1 个结点。

证明　由性质 1 可得，深度为 h 的二叉树最大结点数为

$$\sum_{i=1}^{h} 2^{(i-1)} = 2^h - 1$$

证毕。

如果一个深度为 h 的二叉树含有 2^h-1 个结点，则称该二叉树为满二叉树。如图 6-4 所示为一棵深度为 4 的满二叉树，结点的编号方法为自上而下、自左至右。

如果一棵有 n 个结点的二叉树按满二叉树的方式自上而下、自左至右地进行编号，树中所有结点的编号和满二叉树的编号 1~n 完全一致，则称该树为完全二叉树。如图 6-5 所示，图 6-5（a）为完全二叉树，而图 6-5（b）则不是完全二叉树。

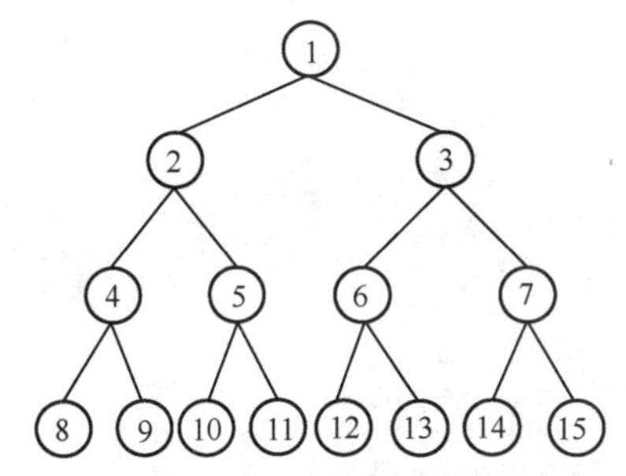

图 6-4　深度为 4 的满二叉树

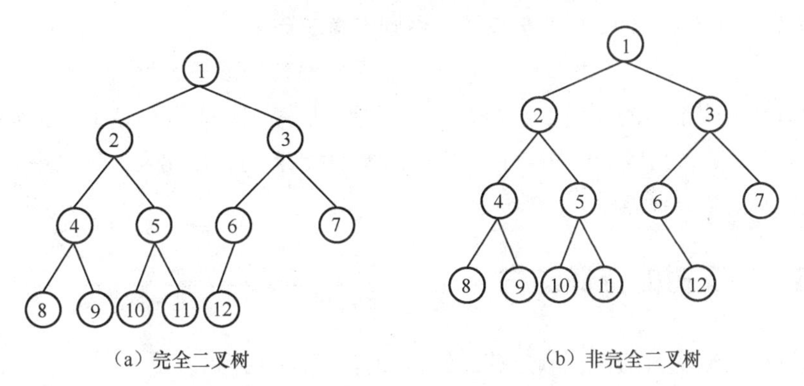

（a）完全二叉树　　（b）非完全二叉树

图 6-5　完全二叉树与非完全二叉树

性质 3　若在任意一棵二叉树中，有 n_0 个叶子结点，有 n_2 个度为 2 的结点，则必有 $n_0=n_2+1$。

证明　设 n_1 为二叉树 T 中度为 1 的结点数。因为二叉树中所有结点的度均小于或等于 2，所以，其结点总数为

$$n= n_0+ n_1+ n_2 \quad (6\text{-}1)$$

再考察二叉树的分支数，在二叉树中，除根结点外，其余结点都只有一个分支进入，设 b 为分支总数，则

$$n=b+1 \quad (6\text{-}2)$$

而这些指针可以看成由度为 1 和度为 2 的结点与它们孩子之间的联系，于是 b 和 n_1、n_2 之间的关系为

$$b= n_1+2n_2 \quad (6\text{-}3)$$

由式（6-2）、式（6-3）可得

$$n= n_1+2n_2+1 \quad (6\text{-}4)$$

比较式（6-1）、式（6-4）可得

$$n_0= n_2+1$$

证毕，命题得证。

性质 4　具有 n 个结点的完全二叉树深度为 $\lfloor \log_2 n \rfloor+1$（其中 $\lfloor x \rfloor$ 表示不大于 x 的最大整数）。

证明　假设二叉树层数为 h，则根据性质 2 和完全二叉树的定义有

$$2^{h-1}-1<n\leqslant 2^h-1 \text{或} 2^{h-1}\leqslant n<2^h$$

于是 $$h-1 \leqslant \log_2 n < h$$

因为 h 是整数，所以

$$h = \lfloor \log_2 n \rfloor + 1$$

性质 5 若对一棵有 n 个结点的完全二叉树进行顺序编号（$1 \leqslant i \leqslant n$），那么，对于编号为 i（$i \geqslant 1$）的结点，有如下特征。

- 当 $i=1$ 时，该结点为根，它无双亲结点。
- 当 $i>1$ 时，该结点的双亲结点的编号为 $\lfloor i/2 \rfloor$。
- 若 $2i \leqslant n$，则有编号为 $2i$ 的左孩子，否则没有左孩子。
- 若 $2i+1 \leqslant n$，则有编号为 $2i+1$ 的右孩子，否则没有右孩子。

对一棵具有 n 个结点的完全二叉树，从 1 开始按层序编号，则结点 i 的双亲结点为 $i/2$，结点 i 的左孩子为 $2i$，结点 i 的右孩子为 $2i+1$。性质 5 表明，在完全二叉树中，结点的编号反映了结点之间的逻辑关系。

6.2.3 二叉树的存储结构

二叉树的存储结构有两种：顺序存储结构和链式存储结构。

1. 二叉树的顺序存储结构

二叉树的顺序存储结构适用于完全二叉树，就是用一维数组存储二叉树中的结点。在存储的时候，先对完全二叉树按顺序编号，将编号为 i 的结点存放在数组下标为 $i-1$ 的位置上，如图 6-6（b）所示。为了让编号与下标统一起来，还可以空出下标为 0 的数组地址，即从下标为 1 的数组地址开始存放第一个元素（根结点），如图 6-6（c）所示。

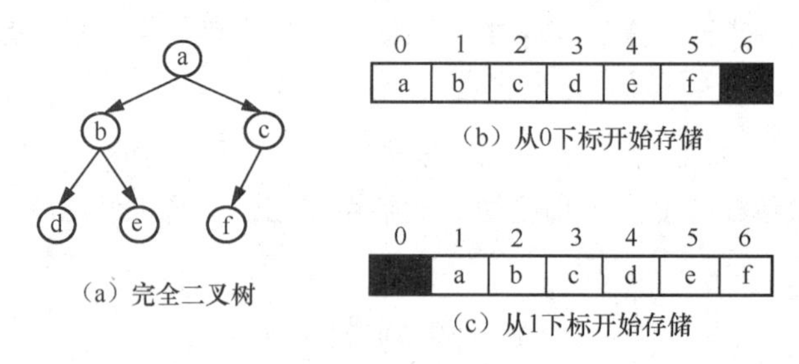

图 6-6 完全二叉树的顺序存储结构

按顺序存储完全二叉树时，根据二叉树的性质 5，通过计算可以直接得到结点的双亲结点、左孩子结点和右孩子结点的位置。

2. 二叉树的链式存储结构

一般情况下，二叉树采用链式存储结构，如图 6-7 所示。每个结点有 3 个域：存放结点信息的数据域 data，指向该结点左孩子的左指针域 left，指向该结点右孩子的右指针域 right。root 指向二叉树的根结点。若二叉树为空，则 root=null。若结点的左子树或右子树为空，则 left=null 或 right=null。

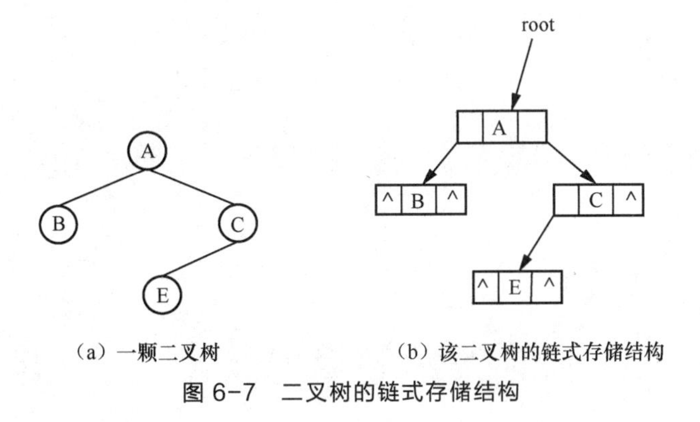

（a）一颗二叉树　　（b）该二叉树的链式存储结构

图 6-7　二叉树的链式存储结构

6.2.4　二叉树结点类定义

结点是构成二叉树的基本单元，下面给出实现二叉树结点类定义的完整 Java 接口。

二叉树结点类定义如下：

```
package lib.algorithm.chapter6.n01;

//二叉树的结点类
public class BiTreeNode {
    private String data;
    private BiTreeNode lChild,rChild;

    public BiTreeNode(String data) {
        this(data,null,null);
    }

    public BiTreeNode (String data, BiTreeNode lChild,BiTreeNode rChild){
        this.data = data;
        this.lChild = lChild;
        this.rChild = rChild;
    }

    //获取结点数据
    public String getData() {
        return data;
    }

    //设置结点数据
    public void setData(String data) {
        this.data = data;
    }

    //获取左孩子结点
    public BiTreeNode getLchild() {
        return lChild;
    }

    //设置左孩子结点
```

```
    public void setLchild(BiTreeNode lchild) {
        this.lChild = lchild;
    }

    //获取右孩子结点
    public BiTreeNode getRchild() {
        return rChild;
    }

    //设置右孩子结点
    public void setRchild(BiTreeNode rchild) {
        this.rChild = rchild;
    }
}
```

6.2.5 树与二叉树的相互转换

树和二叉树是两种不同的数据结构。树是无序的、多分支的；二叉树是有序的，最多有两个分支。树实现起来比较麻烦，而二叉树实现起来相对比较容易。我们可以找到相应的对应关系，使得对于给定的一棵树，可以有唯一的一棵二叉树与之对应。这样就可以将有关树的问题转化为相对简单的二叉树问题进行研究了。

这里先介绍将树转换成二叉树的一般方法，如图 6-8（a）所示。

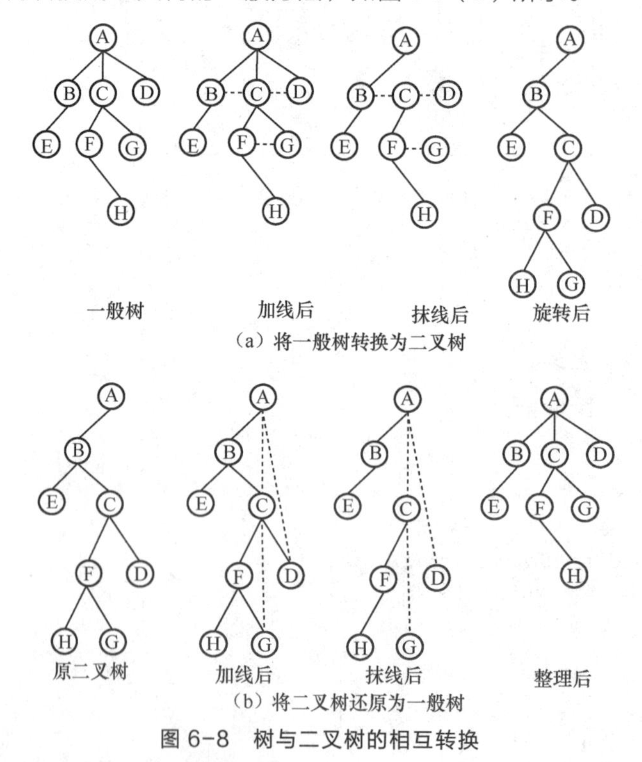

图 6-8　树与二叉树的相互转换

① 加线：在各兄弟结点之间加一条虚线。

② 抹线：保留双亲与第一个孩子的连线，抹去与其他孩子的连线。

③ 旋转：将新加上的虚线改为实线，并顺时针旋转约 45°，使之层次分明。

这样转换成的二叉树有如下两个特点。

① 根结点没有右子树。

② 转换生成的二叉树中各结点的右孩子是原来树中该结点的兄弟，而该结点的左孩子还是原来树中该结点的左孩子。

如何将二叉树还原成一般的树呢？将一棵二叉树还原成树的过程也分为 3 步，如图 6-8（b）所示。

① 加线：若某结点 i 是其双亲结点的左孩子，则将该结点 i 的右孩子、右孩子的右孩子……都分别与结点 i 的双亲结点用虚线连接。

② 抹线：将原二叉树中所有双亲结点与其右孩子的连线抹去。

③ 整理：把虚线改为实线，将结点按层次排列。

6.3 二叉树的遍历

二叉树是一种非线性的数据结构，在二叉树的一些应用中，常常要求在树中查找某些结点，或者对树中全部结点逐一进行某种处理，这就提出了一个遍历二叉树（traversing binary tree）的问题。

微课 6-2 二叉树的遍历

所谓遍历二叉树是指按某种搜索路径访问二叉树的每个结点，而且每个结点仅被访问一次。遍历后将产生一个具有二叉树所有结点的线性序列。遍历的主要目的是将层次结构的二叉树通过遍历过程线性化，即获得一个线性序列。

考虑到一棵非空二叉树由根结点、左子树和右子树 3 个基本部分组成，遍历二叉树实际上是依次访问上述 3 个部分。若规定对子树的访问按照“先左后右”的次序进行，则可以得到如下 3 种遍历方式。

- 前序遍历：访问根结点，遍历左子树，遍历右子树。
- 中序遍历：遍历左子树，访问根结点，遍历右子树。
- 后序遍历：遍历左子树，遍历右子树，访问根结点。

注意这些定义是递归定义，即遍历左子树、遍历右子树仍然遵从相同的原则和顺序。下面以图 6-9、图 6-10 所示两棵二叉树的遍历为例，分别介绍这 3 种方式的遍历规则。

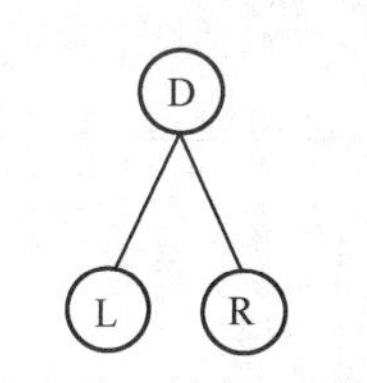

图 6-9 基本二叉树

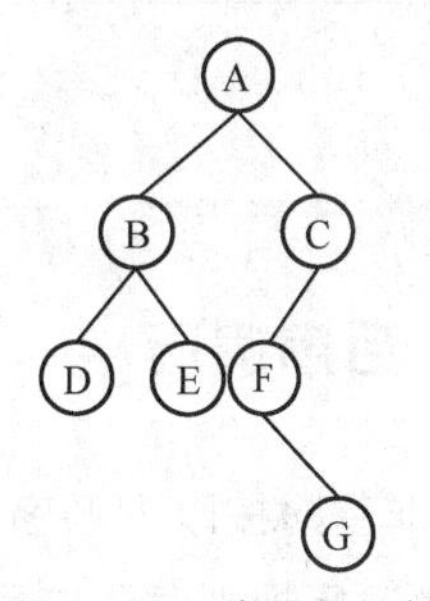

图 6-10 常见二叉树

6.3.1 前序遍历

当二叉树非空时按以下顺序遍历，否则结束操作。

① 访问根结点。

② 按前序遍历规则遍历左子树。

③ 按前序遍历规则遍历右子树。

对图 6-9 而言，前序遍历的结果为：D,L,R。

对图 6-10 而言，前序遍历的结果为：A,B,D,E,C,F,G。

对于前面的二叉树的结点类 BiTreeNode，前序遍历的递归算法如下：

```
// 前序遍历二叉树基本操作的递归算法
    public void preRootTraverse(BiTreeNode T) {
        if (T != null) {
            System.out.print(T.getData());        // 访问根结点
            preRootTraverse(T.getLchild());       // 遍历左子树
            preRootTraverse(T.getRchild());       // 遍历右子树
        }
    }
```

6.3.2 中序遍历

当二叉树非空时按以下顺序遍历，否则结束操作。

① 按中序遍历规则遍历左子树。

② 访问根结点。

③ 按中序遍历规则遍历右子树。

对图 6-9 而言，中序遍历的结果为：L,D,R。

对图 6-10 而言，中序遍历的结果为：D,B,E,A,F,G,C。

对于前面的二叉树的结点类 BiTreeNode，中序遍历的递归算法如下：

```
// 中序遍历二叉树基本操作的递归算法
    public void inRootTraverse(BiTreeNode T) {
        if (T != null) {
            inRootTraverse(T.getLchild());        // 遍历左子树
            System.out.print(T.getData());        // 访问根结点
            inRootTraverse(T.getRchild());        // 遍历右子树
        }
    }
```

6.3.3 后序遍历

当二叉树非空时按以下顺序遍历，否则结束操作。

① 按后序遍历规则遍历左子树。

② 按后序遍历规则遍历右子树。

③ 访问根结点。

对图 6-9 而言，后序遍历的结果为：L,R,D。

对图 6-10 而言，后序遍历的结果为：D,E,B,G,F,C,A。

对于前面的二叉树的结点类 BiTreeNode，后序遍历的递归算法如下：

```
// 后序遍历二叉树基本操作的递归算法
public void postRootTraverse(BiTreeNode T) {
    if (T != null) {
      postRootTraverse(T.getLchild());    // 遍历左子树
      postRootTraverse(T.getRchild());    // 遍历右子树
      System.out.print(T.getData());      // 访问根结点
   }
}
```

6.3.4 层次遍历

也可按二叉树的层次对其进行遍历。采用层次遍历的时候，按照“从上到下”“从左到右”的顺序对二叉树中结点逐层、逐个进行访问。

对图 6-9 而言，层次遍历的结果为：D,L,R。

对图 6-10 而言，层次遍历的结果为：A,B,C,D,E,F,G。

6.3.5 二叉树遍历代码实现

由于二叉树是一种递归定义，所以要根据二叉树的某种遍历序列来实现建立一棵二叉树的二叉链表存储结构，可以模仿对二叉树遍历的方法来实现。例如，输入的是一棵二叉树的标明了空子树的完整前序遍历序列，则可利用前序遍历先生成根结点，再用递归函数调用来实现左子树和右子树的建立。所谓标明了空子树的完整前序遍历序列，就是在前序遍历序列中加入空子树信息。二叉树的建立以及二叉树的前序、中序、后序遍历的实现如算法 6.1 所示。

【算法 6.1　二叉树的建立以及二叉树的前序、中序、后序遍历的实现】

```
package lib.algorithm.chapter6.n01;

//二叉链式存储结构下的二叉树类
public class BiTree {
   private BiTreeNode root;      // 树的根结点

   public BiTree(){      // 构造一棵空树
      this.root = null;
   }

   public BiTree(BiTreeNode root){  // 构造一棵树
      this.root = root;
   }
```

```
// 由标明空子树的前序遍历序列建立一棵二叉树
private static int index = 0;     // 用于记录 preStr 的索引值

public BiTree(String preStr) {
    char c = preStr.charAt(index ++);  // 取出字符串索引为 index 的字符，且 index 增 1
    if (c != '#') {   // 字符不为#
        root = new BiTreeNode(c + "");     // 建立树的根结点
        root.setLchild(new BiTree(preStr).root);  // 建立树的左子树
        root.setRchild(new BiTree(preStr).root);  // 建立树的右子树
    } else
        root = null;
}

// 前序遍历二叉树基本操作的递归算法
public void preRootTraverse(BiTreeNode T) {
    if (T != null) {
        System.out.print(T.getData());      // 访问根结点
        preRootTraverse(T.getLchild());     // 遍历左子树
        preRootTraverse(T.getRchild());     // 遍历右子树
    }
}

// 中序遍历二叉树基本操作的递归算法
public void inRootTraverse(BiTreeNode T) {
    if (T != null) {
        inRootTraverse(T.getLchild());      // 遍历左子树
        System.out.print(T.getData());      // 访问根结点
        inRootTraverse(T.getRchild());      // 遍历右子树
    }
}

// 后序遍历二叉树基本操作的递归算法
public void postRootTraverse(BiTreeNode T) {
    if (T != null) {
        postRootTraverse(T.getLchild());   // 遍历左子树
        postRootTraverse(T.getRchild());   // 遍历右子树
        System.out.print(T.getData());     // 访问根结点
    }
}

public BiTreeNode getRoot() {
    return root;
}

public void setRoot(BiTreeNode root) {
    this.root = root;
```

```
    }
}

//测试类
package lib.algorithm.chapter6.n01;

import java.util.Scanner;

public class MainClass {
    public static void main(String[] args) {
        String preStr = "abc##d##e#f##";   // 标明空子树的前序遍历序列
        BiTree T = new BiTree(preStr);
        Scanner sc = new Scanner(System.in);

        while(true) {
            System.out.println(" 1--前序遍历 2--中序遍历 3--后序遍历 4--退出 ");
            System.out.print("请输入选择(1-4):");
            int i = sc.nextInt();
            switch(i) {
                case 1:System.out.print("前序遍历为: ");
                      T.preRootTraverse(T.getRoot());
                      System.out.println();break;
                case 2:System.out.print("中序遍历为: ");
                      T.inRootTraverse(T.getRoot());
                      System.out.println();break;
                case 3:System.out.print("后序遍历为: ");
                      T.postRootTraverse(T.getRoot());
                      System.out.println();break;
                case 4: System.out.println("程序已退出");
                    return;
            }
        }
    }
}
```

程序运行结果如下:

```
1--前序遍历   2--中序遍历   3--后序遍历   4--退出
请输入选择(1-4):1
前序遍历为: abcdef
 1--前序遍历  2--中序遍历   3--后序遍历   4--退出
请输入选择(1-4):2
中序遍历为: cbdaef
 1--前序遍历  2--中序遍历   3--后序遍历   4--退出
请输入选择(1-4):3
后序遍历为: cdbfea
 1--前序遍历  2--中序遍历   3--后序遍历   4--退出
请输入选择(1-4):4
程序已退出
```

6.4 线索二叉树

按照一定规则遍历二叉树得到的是二叉树结点的一种线性序列，每个结点（除第一个和最后一个外）在这些线性序列中有且只有一个前驱结点和一个后继结点。

在链式存储结构的二叉树中，每个结点很容易到达其左、右孩子结点，而不能直接到达该结点在任意一个序列下的前驱节点或后继结点。当需要得到结点在一种线性序列中的前驱结点和后继结点的信息时，采用的方法有以下两种。

一种方法是再进行一次遍历，这需要花费很多执行时间，效率很低。

另外一种方法是采用多重链表结构，即为每个结点设立 5 个域，除原有的数据元素、指向左或右孩子结点的链外，再增加 2 个分别指向前驱结点和后继结点的链。当需要到达某结点的前驱结点或后继结点时，只要沿着结点的前驱链或者后继链前进即可。这种方法的缺点是存储密度太低，浪费空间太多。

实际应用中上述两种方法都不太好，而采用下面介绍的线索二叉树结构，能够很好地解决直接访问前驱结点和后继结点的问题。

6.4.1 线索二叉树的定义

在链式存储结构的二叉树中，若结点的子树为空，则指向孩子的链就为空值。因此，具有 n 个结点的二叉树，在总共 $2n$ 个链中，只需要 $n-1$ 个链来指明各结点间的关系，其余 $n+1$ 个链均为空值。如果利用这些空链来指明结点在某种遍历次序下的前驱结点和后继结点，就构成线索二叉树。指向前驱结点或者后继结点的链称为线索。对二叉树以某种次序进行遍历并加上线索的过程称为线索化。按前（中、后）序进行线索化的二叉树称为前（中、后）序线索二叉树。

线索二叉树中，原非空的链保持不变，仍然指向该结点的左、右孩子结点。使用原先空的 left 链指向该结点的前驱结点，原先空的 right 链指向后继结点。为了区别每条链到底是指向孩子结点还是线索，需要在每个结点多设置两个状态位 ltag 和 rtag，用来标记链的状态。ltag 与 rtag 定义如下。

- ltag=0：left 指向左孩子。
- ltag=1：left 为线索，指向前驱结点。
- rtag=0：right 指向右孩子。
- rtag=1：right 为线索，指向后继结点。

因此，每个结点由 5 个域构成：data、left、right、ltag 和 rtag。

图 6-11 是中序线索二叉树，图 6-12 给出中序线索二叉树的链式存储结构，图中的虚线表示线索。G 的前驱是 B，后继是 E。D 没有前驱，C 没有后继，相应的链为空，此时约定 ltag=1 或 rtag=1。因此，在中序线索二叉树中可以直接找到结点的前驱结点或后继结点。

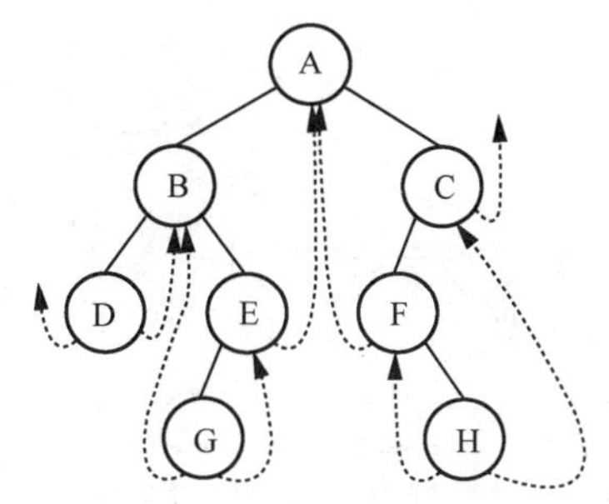

图 6-11　中序线索二叉树

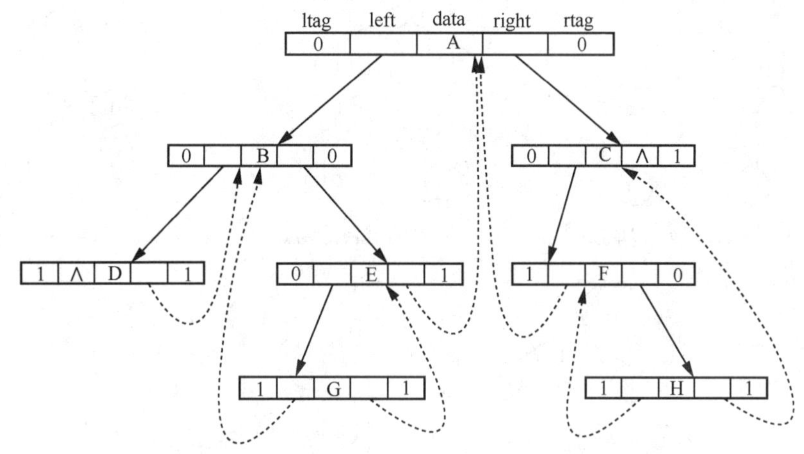

图 6-12　中序线索二叉树的链式存储结构

6.4.2　中序线索二叉树

1. 二叉树的中序线索化

对二叉树进行中序线索化的递归算法描述如下。

设 root 指向一棵二叉树的根结点，p 指向某个结点，front 指向 p 的前驱结点。front 的初值为空（null）。p 从根 root 开始，当 p 非空时，递归执行以下操作。

① 中序线索化 p 结点的左子树。如果 p 的左子树为空，设置 p 的 left 链为指向前驱节点 front 的线索，p.ltag 标记为 1；如果前驱结点 front 不为空，并且 front 的 right 链为空，则设置前驱节点 front 的 right 链为指向 p 的线索，front.rtag 标记为 1；然后使 front 指向结点 p。

② 中序线索化 p 结点的右子树。

中序线索化二叉树的过程如图 6-13 所示，具体步骤如下。

① 在图 6-13（a）中，此时 p 指向被访问的结点 D，front 指向 null，由于 p 的左子树为空，则将 p 的 left 链指向 front，也就是 null，并设置 p.ltag=1，然后将 front 指向 p，也就是指向结点 D。

② 在图 6-13（b）中，此时 p 指向被访问的结点 B，front 指向结点 D，由于 front 结点的 right 链为空，则将 front 的 right 链指向 p，也就是结点 B，并设置 front.rtag=1，然后将 front 指向 p，也就是指向结点 B。

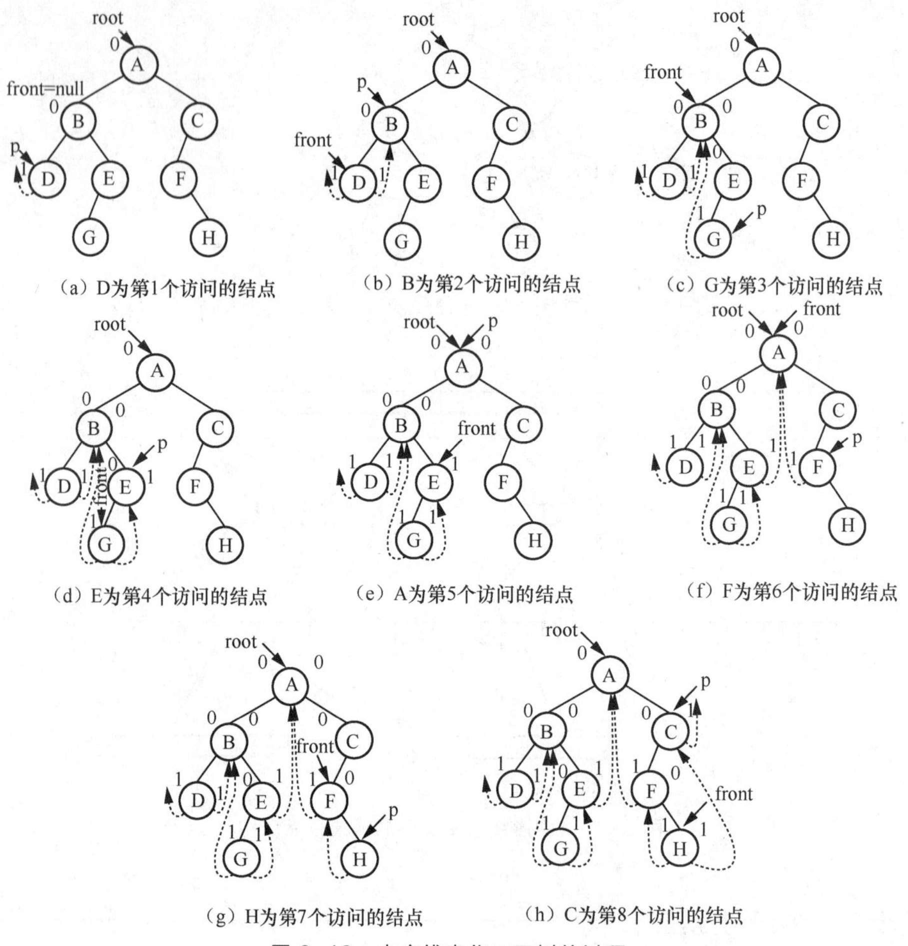

（a）D为第1个访问的结点　（b）B为第2个访问的结点　（c）G为第3个访问的结点

（d）E为第4个访问的结点　（e）A为第5个访问的结点　（f）F为第6个访问的结点

（g）H为第7个访问的结点　（h）C为第8个访问的结点

图 6-13　中序线索化二叉树的过程

③ 在图 6-13（c）中，此时 p 指向被访问的结点 G，front 指向结点 B，由于 p 的左子树为空，则将 p 的 left 链指向 front，也就是结点 B，并设置 p.ltag=1，然后将 front 指向 p，也就是指向结点 G。

④ 在图 6-13（d）中，此时 p 指向被访问的结点 E，front 指向结点 G，由于 front 结点的 right 链为空，则将 front 的 right 链指向 p，也就是结点 E，并设置 front.rtag=1，然后将 front 指向 p，也就是指向结点 E。

⑤ 在图 6-13（e）中，此时 p 指向被访问的结点 A，front 指向结点 E，由于 front 结点的 right 链为空，则将 front 的 right 链指向 p，也就是结点 A，并设置 front.rtag=1，然后将 front 指向 p，也就是指向结点 A。

⑥ 在图 6-13（f）中，此时 p 指向被访问的结点 F，front 指向结点 A，由于 p 的左子树为空，则将 p 的 left 链指向 front，也就是结点 A，并设置 p.ltag=1，然后将 front 指向 p，也就是指向结点 F。

⑦ 在图 6-13（g）中，此时 p 指向被访问的结点 H，front 指向结点 F，由于 p 的左子树为空，则将 p 的 left 链指向 front，也就是结点 F，并设置 p.ltag=1，然后将 front 指向 p，也

就是指向结点 H。

⑧ 在图 6-13（h）中，此时 p 指向被访问的结点 C，front 指向结点 H，由于 front 结点的 right 链为空，则将 front 的 right 链指向 p，也就是结点 C，并设置 front.rtag=1，然后将 front 指向 p，也就是指向结点 C。此时，就完成了这棵二叉树的中序线索化。

2．中序遍历中序线索二叉树

在中序线索二叉树中，容易查到某结点在中序下的前驱结点或者后继结点，而不必遍历整棵二叉树。

（1）查找中序下的前驱结点或者后继结点

已知中序遍历二叉树的规则：遍历左子树，访问根结点，遍历右子树。

下面以图 6-13 的中序线索二叉树为例，说明查找中序下的前驱结点或者后继结点的过程。

查找前驱结点的过程描述如下。

① 如果结点（如 G）的左子树为空，则 G 的 left 链指向其前驱结点（B）。

② 如果结点（如 A）的左子树为非空，则 A 的前驱结点是 A 左子树上最后一个中序遍历的结点（E）。或者说，E 是 A 左孩子 B 的最右边的子孙结点。

查找后继结点的过程描述如下。

① 如果结点（如 G）的右子树为空，则 G 的 right 链指向 G 的后继结点（B）。

② 如果结点（如 A）的右子树为非空，则 A 的前驱结点是 A 左子树上最后一个中序遍历的结点（F）。或者说，F 是 A 右孩子 C 的最左边的子孙结点。

（2）中序遍历

中序遍历中序线索二叉树的非递归算法描述如下。

① 寻找第一个访问结点，它是根结点 A 向下一直往左找到的子孙结点（D），将指针 p 指向结点 D。

② 访问 p 结点，之后再找到 p 的后继结点。

③ 重复执行上一步，就可以遍历整棵二叉树。

6.5 二叉排序树

所谓排序是指把一组无序的数据元素按指定的关键字的值重新组织起来，形成有序的线性序列。二叉排序树是一种特殊结构的二叉树，它利用二叉树的结构特点实现排序。

6.5.1 二叉排序树的定义

二叉排序树或者是空树，或者是具有下述性质的二叉树。

① 若其左子树非空，则其左子树上的所有结点的数据值均小于根结点的数据值；若其右子树非空，则其右子树上所有结点的数据值均大于或等于根结点的数据值。

② 左子树和右子树又各是一棵二叉排序树。

图 6-14 所示为一棵二叉排序树。对图中的二叉排序树进行中序遍历，会发现{3,5,5,8,9,10,12,14,15,17,20}是一个递增的有序序列。为使任意序列变成有序序列，可以通过将这些序列构成一棵二叉排序树来实现。

图 6-14　二叉排序树

6.5.2　二叉排序树的生成

生成二叉排序树的过程是将一系列结点连续插入的过程。对任意一组数据元素序列$\{R_1, R_2,\cdots, R_n\}$，生成一棵二叉排序树的过程如下。

① 令 R_1 为二叉树的根。

② 若 $R_2<R_1$，令 R_2 为 R_1 左子树的根结点，否则 R_2 为 R_1 右子树的根结点。

③ $R_3,\cdots,R_n$ 结点的插入方法同上。

图 6-15 所示为将序列{12,5,17,3,5,14,20,9,15,8,10}构成一棵二叉排序树的过程。

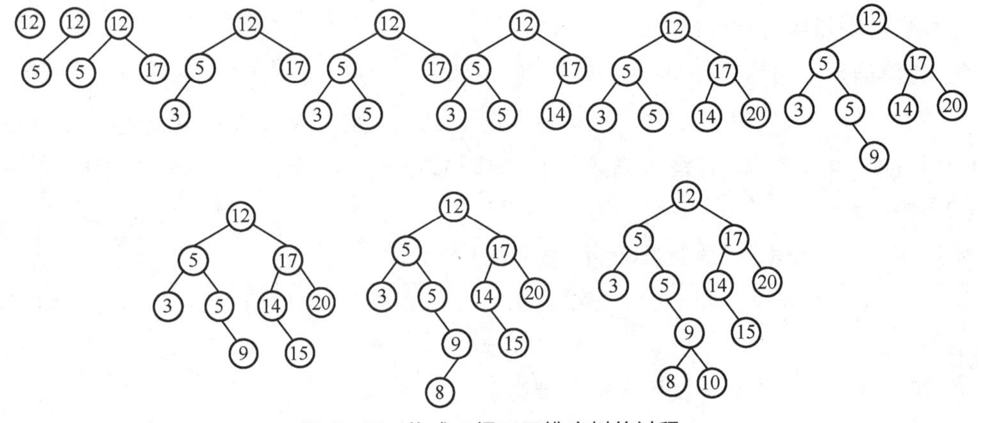

图 6-15　构成一棵二叉排序树的过程

由以上插入过程可以看出，每次插入的新结点都是二叉排序树的叶子结点，在插入操作中不必移动其他结点。这一特性可以用于需要经常进行插入和删除操作的有序表的场合。

6.5.3　删除二叉排序树上的结点

从二叉排序树上删除一个结点，要求能保持二叉排序树的特征，即删除一个结点后的二叉排序树仍是一棵二叉排序树。

算法思想：根据被删除结点在二叉排序树中的位置，删除操作应按以下 3 种情况分别处理，如图 6-16 所示。图中指针 f 指向二叉树的根结点，指针 p 指向要删除的结点。

① 被删除结点是叶子结点，只需修改其双亲结点的指针，令其 lch 或 rch 域为 null。

② 被删除结点 P 有一个孩子，即只有左子树或右子树时，应使其左子树或右子树直接成为其双亲结点 F 的左子树或右子树即可，如图 6-16（a）所示。

③ 若被删除结点 P 的左、右子树均非空，这时要循着 P 结点左子树根结点 C 的右子树分支找到结点 S，用指针 S 指向结点 S，指针 q 指向结点 S 的父结点 O，结点 S 的右子树为空。然后使 S 的左子树成为 q 指向的结点 O 的右子树，让 S 结点取代被删除的 P 结点。图 6-16（b）所示为删除前的情况，图 6-16（c）所示为删除 P 后的情况。

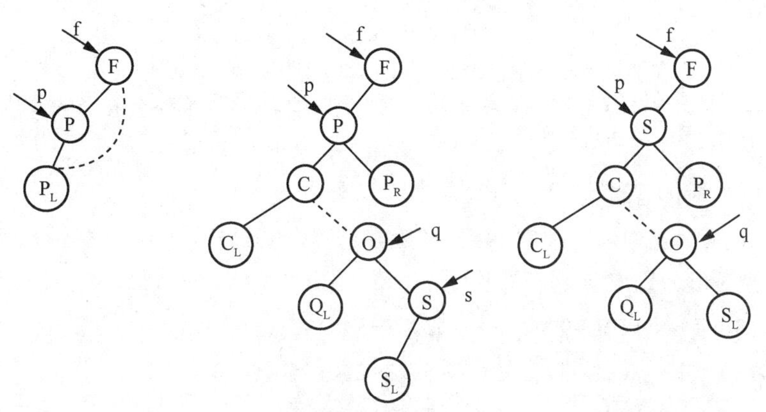

（a）删除叶子结点　（b）被删除结点有一棵子树　（c）被删除结点有两棵子树

图 6-16　删除排序二叉树结点示意

6.6 哈夫曼树和哈夫曼算法

哈夫曼树（Huffman tree）又称最优树，是一类带权路径最短的树，这种树在实际中有着广泛的应用。

6.6.1 哈夫曼树的定义

首先介绍与哈夫曼树有关的一些术语。

路径长度：树中一个结点到另一个结点之间的分支构成这两个结点之间的路径，路径上的分支数目称为这对结点之间的路径长度。

树的路径长度：树的根结点到树中每一结点的路径长度之和。如果用 PL 表示路径长度，则图 6-17 所示的两棵二叉树的路径长度分别如下。

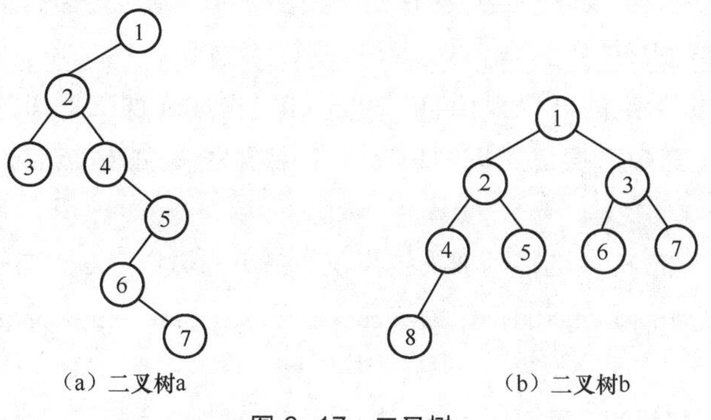

（a）二叉树a　（b）二叉树b

图 6-17　二叉树

对图 6-17（a）：PL=0+1+2+2+3+4+5=17。

对图 6-17（b）：PL=0+1+1+2+2+2+2+3=13。

带权路径长度：从根结点到某结点的路径长度与该结点上权的乘积。

树的带权路径长度：树中所有叶子结点的带权路径长度之和，记作

$$\mathrm{WPL}=\sum_{k=1}^{n}W_kL_k$$

其中，n 为二叉树中叶子结点的个数，W_k 为树中叶子结点 k 的权，L_k 为从树结点到叶子结点 k 的路径长度。

哈夫曼树（最优二叉树）：WPL 最小的二叉树。

如图 6-18 所示，3 棵二叉树，都有 4 个叶子结点 a、b、c、d，分别带权 9、5、2、3，它们的带权路径长度分别如下。

对图 6-18（a）：WPL=9×2+5×2+2×2+3×2=38。

对图 6-18（b）：WPL=3×2+9×3+5×3+2×1=50。

对图 6-18（c）：WPL=9×1+5×2+2×3+3×3=34。

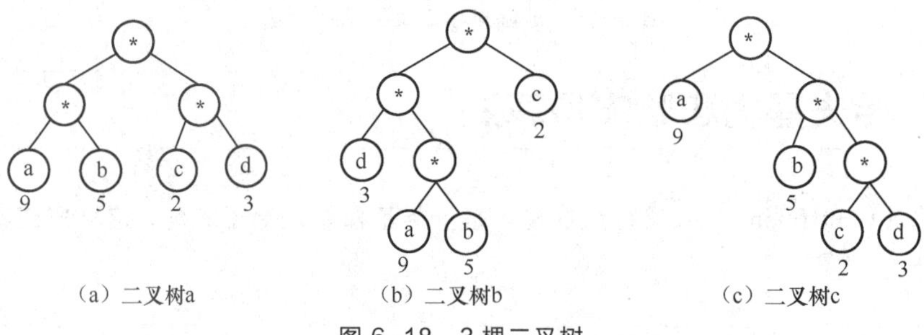

图 6-18　3 棵二叉树

由此可知，图 6-18（c）的带权路径长度值最小。路径长度最短的二叉树，其带权路径长度不一定最短；结点权值越大、离根越近的二叉树是带权路径最短的二叉树。

可以验证，图 6-18（c）为哈夫曼树。

6.6.2 构造哈夫曼树——哈夫曼算法

如何根据已知的 n 个带权叶子结点构造出哈夫曼树呢？哈夫曼最早给出了一个具有一般规律的算法，俗称哈夫曼算法，现介绍如下。

微课 6-3　构造哈夫曼树

① 初始化。根据给定的 n 个权值 $\{W_1,W_2,\cdots,W_n\}$ 构成 n 棵二叉树的集合 $F=\{T_1,T_2,\cdots,T_n\}$，其中每棵二叉树中只有一个带权为 W_i 的根结点，如图 6-19（a）所示。

② 选取与合并。在 F 中选择两棵根结点权值最小的树作为左、右子树构造一棵新的二叉树，且置新的二叉树的根结点的权值为其左、右子树上根结点的权值之和，如图 6-19（b）所示。

③ 删除与加入。将新的二叉树加入 F，去除原来两棵根结点权值最小的树，如图 6-19（c）

所示。

④ 重复第②和③步直到 F 中只含有一棵树为止，这棵树就是哈夫曼树，如图 6-19（d）所示。

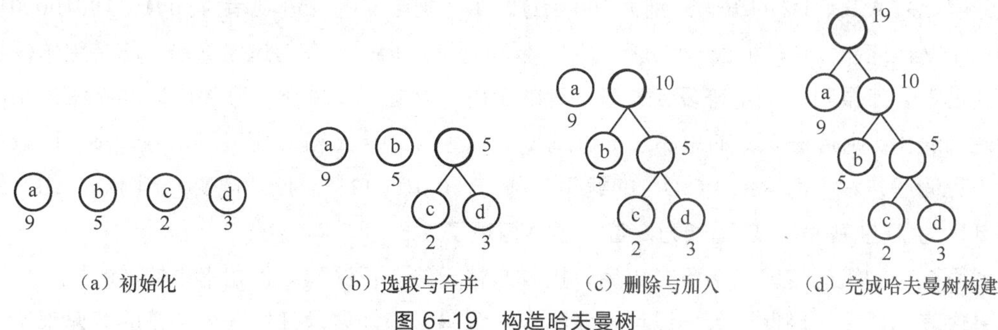

图 6-19　构造哈夫曼树

6.6.3　哈夫曼树的应用

1. 判定问题

在解决某些判定问题时，利用哈夫曼树可以得到最佳判定算法。例如，要编制一个将学生的百分制成绩按分数段转换成 A 到 E 评价的程序，其中 90 分及以上为“A”，80 至 89 分为“B”，70 至 79 分为“C”，60 至 69 分为“D”，0 至 59 分为“E”。假定理想状况为学生各分数段成绩分布均匀，利用条件语句可以简单地实现算法，例如：

```
if (a < 60) level = "E";
    else if (a < 70) level = "D"
       else if (a < 80) level = "C"
        else if (a < 90) level = "B"
            else level = "A";
```

这个判定过程可以用图 6-20（a）中所示的判定树来表示。如果需要转换的数据量很大，程序需要反复执行，则需要考虑上述程序执行的效率问题。因为在实际情况中，学生各分数段成绩分布是不均匀的。假设其分布如表 6-1 所示。

表 6-1　学生成绩分布

分数段	0~59	60~69	70~79	80~89	90~100
比例	5%	15%	40%	30%	10%

图 6-20（b）所示的判定过程，使大部分数据经过较少的比较次数就能得到结果。由于该方法的每个判定框都有两次比较，将这两次比较分开，可得到图 6-20（c）所示的判定树。按此判定树可写出最优判定的程序。假设现在有 10 000 个输入数据，若按图 6-20（a）进行判定，总共要进行 31 500 次比较，而若按图 6-20（c）所示的过程进行判定，则仅需 22 000 次比较。

2. 哈夫曼编码

电报是远距离快速通信的有效手段，它的通信原理是：将需要传送的文字转换成由二进制数 0、1 组成的字符串，即编码，并传送出去；接收方收到一系列由 0、1 组成的字符串后，把它还原成文字，即译码。

例如，需传送的电文为“ACDACAB”，其间只用到了 4 个字符，但只需两个字符的串便足以分辨。令“A,B,C,D”的编码分别为“00,01,10,11”，则电文的二进制串为：00101100100001，总码长 14 位。接收方按两位一组进行分割，便可译码。但是，在传送电文时，总希望总码长尽可能地短。如果对每个字符设计长度不等的编码，且让电文中出现频率较高的字符采用尽可能短的编码，则传送电文的总码长便可减少。上例电文中 A 和 C 出现的次数较多，可以再设计一套编码方案，即“A,B,C,D”的编码分别为“0,01,1,11”，此时电文“ACDACAB”的二进制串为 011101001，总码长为 9 位，显然缩短了。

然而这样的编码传输给接收方以后，接收方将无法进行译码。例如串中的“01”是代表 B 还是代表 AC 呢？因此，若要设计长度不等的编码，必须要求任意一个字符的编码都不是另一个字符的编码的前缀，这种编码称为前缀码。电话号码就是前缀码，例如 110 是公安报警电话的号码，其他的电话号码就不能以 110 开头了。

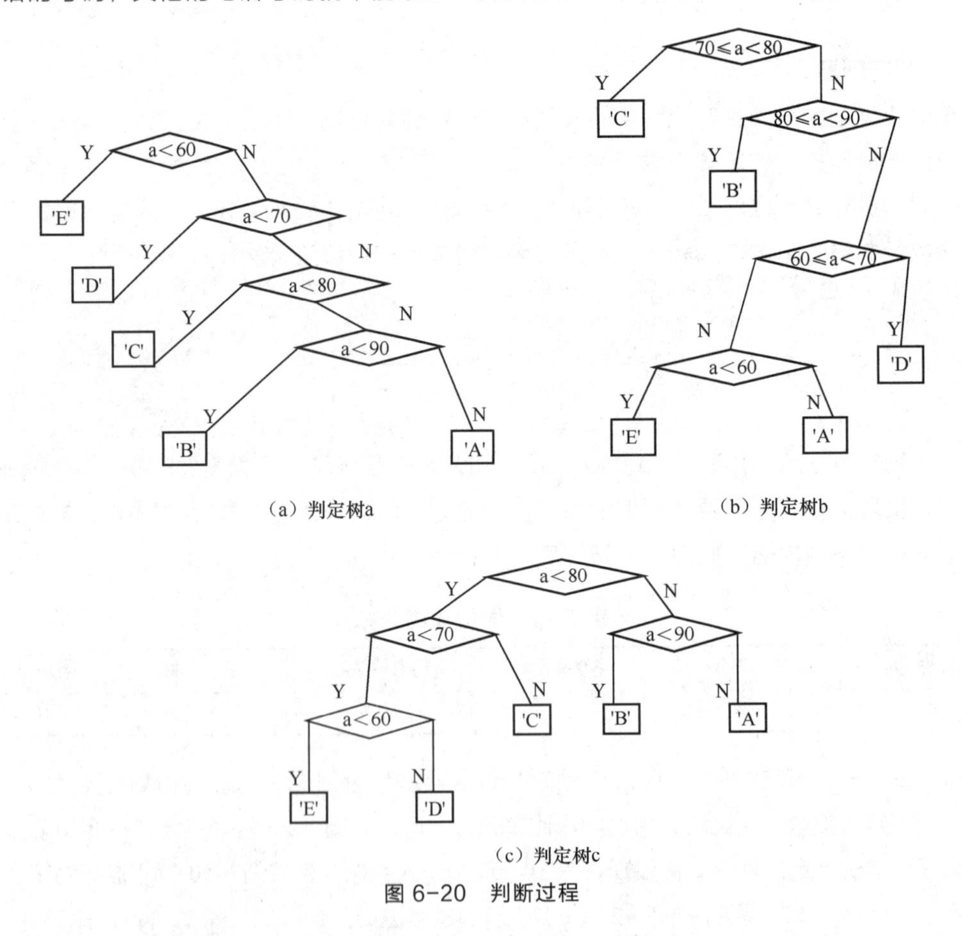

（a）判定树a

（b）判定树b

（c）判定树c

图 6-20　判断过程

利用哈夫曼树不仅能构造出前缀码，而且能使电文编码的总长度最短。方法如下：

假定电文中共使用了 n 种字符，每种字符在电文中出现的次数为 W_i（i=1,…,n）。以 W_i 作为哈夫曼树叶子结点的权值，用前面介绍的哈夫曼算法构造哈夫曼树，然后将每个结点的左分支标上“0”，右分支标上“1”，则从根结点到代表该字符的叶子结点之间，沿途路径上的分支号组成的串就是该字符的编码。

例如，在电文“ACDACAB”中，A、B、C、D这4个字符出现的次数分别为3、1、2、1，构造一棵以A、B、C、D为叶子结点，且其权值分别为3、1、2、1的哈夫曼树，按上述方法对分支进行标号，如图6-21所示，则可得到A、B、C、D的前缀码分别为0、110、10、111。

此时，电文“ACDACAB”的二进制串为0101110100110。译码也是根据图6-21所示的哈夫曼树实现的。从根结点出发，按串中“0”为左子树，“1”为右子树的规则，直到叶子结点，路径扫描到的二进制串就是叶子结点对应的字符的编码。例如对上述二进制串译码：从哈夫曼树根结点出发，0为左子树的叶子结点A，故0是A的编码；接着重新从哈夫曼树根结点出发，1为右子树，0为左子树到达叶子结点C，所以10是C的编码。以此类推，可得出111是D的编码。

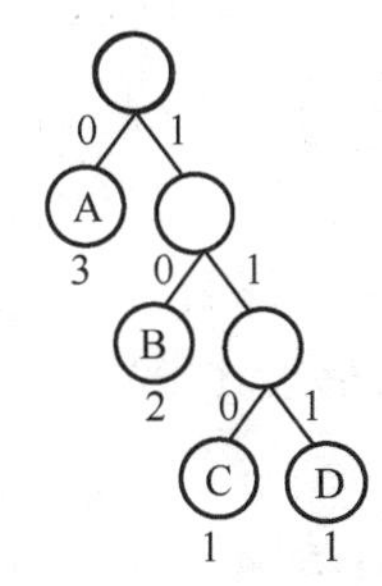

图6-21　哈夫曼树与哈夫曼编码

本章小结

本章主要介绍了树和二叉树的基本概念。树是一种重要的非线性结构，类似一棵“倒立”的树，它反映了现实生活中的一种分支的层次关系，在计算机科学中有着广泛的应用。

树由根结点和若干子树组成，树的定义是递归定义。在树形结构中，每个元素最多有一个前驱结点，可以有多个后继结点；数据元素之间的关系为一对多的层次关系，其中以二叉树最为常用。二叉树的存储结构有顺序存储结构和链式存储结构两种。顺序存储结构用数组来存储二叉树，常用于存储完全二叉树。链式存储结构用链表来存储二叉树，每个结点有3个域，分别用于存放结点数据元素、结点左孩子的位置、结点右孩子的位置。

二叉树的遍历是按照一定规则和次序访问二叉树的所有结点，并且每个结点仅被访问一次。二叉树遍历后得到一个线性序列，遍历把非线性结构转换成线性结构。根据根结点和左右子树访问的次序，可以分为前序遍历、中序遍历、后序遍历和层次遍历。同时，分别讲解了前3种遍历的递归算法。

线索化二叉树，即可方便地访问结点的左、右子树，也可以迅速找到结点的前驱和后继。在线索化二叉树创建的过程中，我们对链式存储结构的二叉树进行了调整，增加了两个标记变量。

排序是把一组无序的数据元素按照某个关键字的值排列起来，得到一组有序的序列。通常采取二叉链表作为二叉排序树的存储结构。中序遍历二叉排序树可得到一个按关键字排序的有序序列，一个无序序列可以通过构造一棵二叉排序树变成一个有序序列，构造树的过程即对无序序列进行排序的过程。

哈夫曼树是带权路径长度最短的树，权值较大的结点离根较近。本章重点讲解了哈夫曼树的构造和哈夫曼树的应用。

上机实训

1．编写一个程序，计算一棵二叉树的深度。

2．编写一个程序，输入某二叉树的前序遍历和中序遍历的结果，请重建出该二叉树（假设输入的前序遍历和中序遍历的结果中都不含重复的数字）。

习　题

一、选择题

1．假设在一棵二叉树中，双分支结点数为 15，单分支结点数为 32，则叶子结点数为（　　）。

A．15　　B．16　　C．17　　D．47

2．在一棵度为 3 的树中，度为 3 的结点数为 2，度为 2 的结点数为 1，度为 1 的结点数为 2，则度为 0 的结点数为（　　）。

A．4　　B．5　　C．6　　D．7

3．在一棵二叉树上第 4 层的结点数最多为（　　）。

A．2　　B．4　　C．6　　D．8

4．假定一棵度为 3 的树的结点数为 50，则它的最小深度为（　　）。

A．3　　B．4　　C．5　　D．6

5．已知一棵完全二叉树的结点总数为 9，则最后一层的结点数为（　　）。

A．1　　B．2　　C．3　　D．4

6．任何一棵二叉树的叶子结点在前序、中序和后序遍历的序列中的相对次序（　　）。

A．不发生改变　　B．发生改变

C．不能确定　　D．以上都不对

二、填空题

1．由带权为 3、8、6、2、5 的 5 个叶子结点构成一棵哈夫曼树，则带权路径长度为________。

2．哈夫曼树是指____________的二叉树。

3．在一棵二叉排序树上按________遍历得到的结点序列是一个有序序列。

4．在一棵二叉树中，度为 0 的结点个数为 n_0，度为 2 的结点个数为 n_2，则 n_0=________。

三、简答题

1．已知用一维数组存放的一棵完全二叉树为 ABCDEFGHIJKL，写出该二叉树的前序、中序和后序遍历序列。

2．在度为 4 的树中，若有 20 个度为 4 的结点，10 个度为 3 的结点，1 个度为 2 的结点，10 个度为 1 的结点，则树 T 的叶子结点个数是多少？

第7章 图

07

学习目标

图（graph）是一种较线性表和树更为复杂的非线性结构。在线性结构中，结点之间的关系是线性关系，除开始结点和终端结点外，每个结点只有一个直接前驱和直接后继。在树形结构中，除根结点外，每个结点可以有0个或多个孩子，但只能有一个双亲。然而在图中，结点（图中常称为顶点）之间的关联关系没有限定，即结点之间的关系是任意的，图中任意两个结点都可以相邻。本章主要介绍图的类型定义、图的各种存储结构及其构造方法、图的两种遍历算法以及最小生成树和最短路径。图的应用极为广泛，而且图的各种应用的算法都比较经典。

现在，我国的交通越来越便利，航空、高铁、高速公路等形成了非常庞大且复杂的交通网络，这个网络就是一张巨大的图。同时，我国物流业也在飞速发展，在物流运输过程中会涉及如何使用最低的成本且最快的时间将货物运达等问题。为了解决这些问题，需要我们在规划路线时使用严谨的科学精神进行探索、用工匠精神做到精益求精。

7.1 图的基本知识

7.1.1 图的定义

在日常生活中，常以图的方式来描述信息，例如交通图（顶点即地点，边即连接地点的公路）、电路图（顶点即元件，边即连接元件之间的线路）、各种产品的生产流程图（顶点即工序，边即各道工序之间的顺序关系）等。图 7-1 所示为电路图。

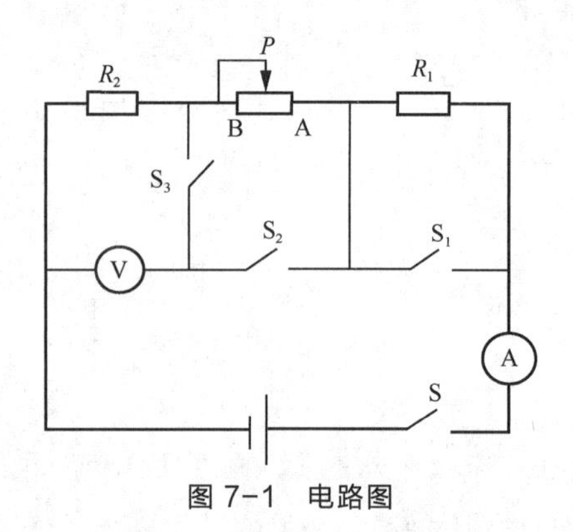

图 7-1 电路图

图由顶点的有穷非空集合和顶点之间边的集合组成。图 G 由两个集合 V(顶点)和 E(边)构成，记作：

$$G=(V, E)$$

其中，G 表示图，V 是图 G 中顶点的集合，E 是图 G 中顶点之间边的集合。

7.1.2 图的相关术语

1. 无向图

在图 G 中，若所有顶点的关系都是无方向的，则称 G 为无向图（undirected graph）。无向图中的边均是顶点的无序对，无序对通常用圆括号括起来。因此，无序对(V_i, V_j)和(V_j, V_i)表示同一条边。

例如，图 7-2 中 $G_1=(V, E)$，它们的顶点集合和边集合分别为

$$V(G_1)=\{V_1, V_2, V_3, V_4, V_5\},$$

$$E(G_1)=\{(V_1, V_2), (V_1, V_3), (V_2, V_4), (V_2, V_5), (V_3, V_5), (V_4, V_5)\}$$

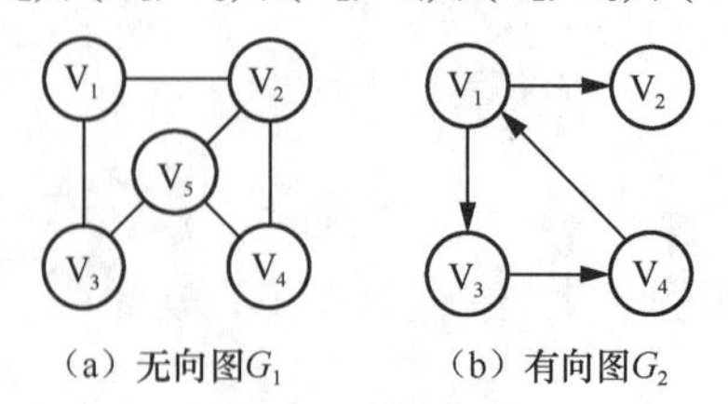

（a）无向图G_1 （b）有向图G_2

图 7-2 图的示例

2．有向图

在图 G 中，若所有顶点的关系都是有方向的，则称 G 为有向图（directed graph）。在有向图中，一条有向边是由两个顶点组成的有序对，有序对通常用尖括号表示。$<V_i, V_j>$表示一条有向边，V_i是边的始点（起点），V_j是边的终点。因此，$<V_i, V_j>$和$<V_j, V_i>$是两条不同的有向边。

例如，图 7-2 中的 G_2，$G_2=(V, E)$，它们的顶点集合和边集合分别为

$$V(G_2)=\{V_1, V_2, V_3, V_4\}$$

$$E(G_2)=\{<V_1, V_2>, <V_1, V_3>, <V_3, V_4>, <V_4, V_1>\}$$

3．无向完全图和有向完全图

（1）无向完全图

任意两顶点间都有边的图称为无向完全图。在一个含有 n 个顶点的无向完全图中，有 $n(n-1)/2$ 条边。

（2）有向完全图

任意两顶点间都有方向相反的两条弧相连的有向图称为有向完全图。在一个含有 n 个顶点的有向完全图中，有 $n(n-1)$条弧。

无向完全图 G_3 和有向完全图 G_4 如图 7-3 所示。

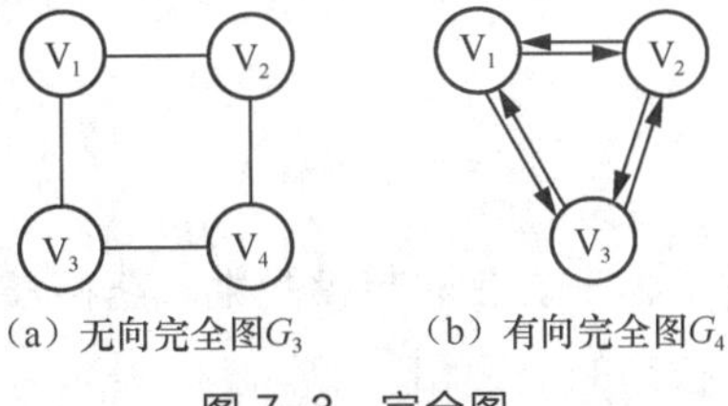

（a）无向完全图G_3　（b）有向完全图G_4

图 7-3　完全图

4．度

① 顶点的度：在无向图中，顶点 V 的度是指依附于该顶点的边数，通常记为 $D(V)$。

② 顶点的入度：在有向图中，顶点 V 的入度是指以该顶点为头的弧的数目，记为 $ID(V)$。

③ 顶点的出度：在有向图中，顶点 V 的出度是指以该顶点为尾的弧的数目，记为 $OD(V)$。

顶点 V 的度则定义为该顶点的入度和出度之和，即 $D(V) = ID(V)+OD(V)$。

例如，图 7-2 的图 G_1 中顶点 V_1的度为 2，图 G_2 中顶点 V_1 的入度为 1、出度为 2、度为 3。

无论是有向图还是无向图，顶点数 n、边数（弧数）e 和度数有如下关系：

$$e=\sum_{i=1}^{n} D(V_i)/2$$

对于有向图，各顶点的入度之和与出度之和还有如下关系：

$$\sum_{i=1}^{n} ID(V_i)=\sum_{i=1}^{n} OD(V_i)=e$$

5．子图

设 $G=(V, E)$是一个图，若 V'是 V 的子集，E'是 E 的子集，且 E'中的边所关联的顶点均

在 V'中，则 $G'=(V', E')$也是一个图，并称其为 G 的子图（subgraph）。例如图 7-4 给出了无向图 G_1的若干子图，图 7-5 给出了有向图 G_2的若干子图。

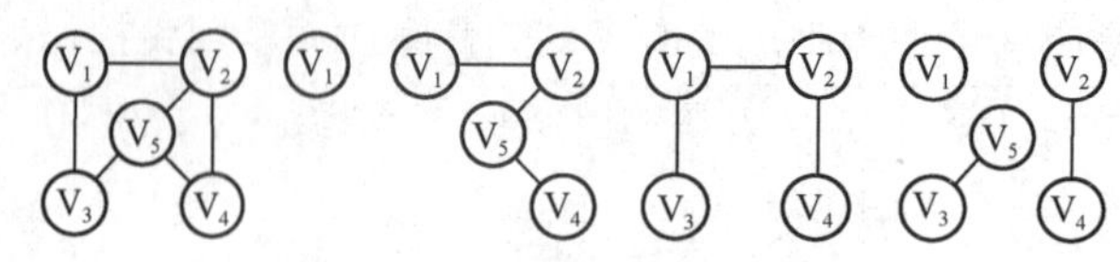

图 7-4　无向图 G_1的若干子图

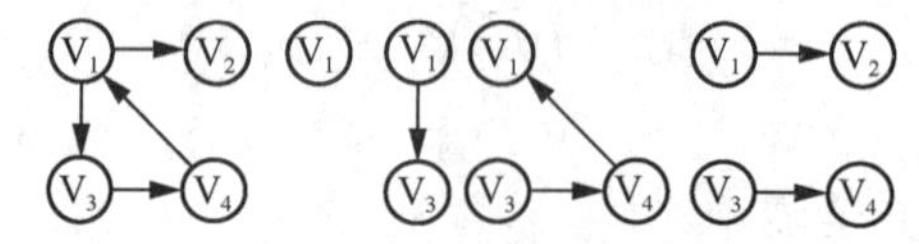

图 7-5　有向图 G_2的若干子图

6．边的权、路径、路径长度

在图的边或弧上表示数字，表示与该边相关的数据信息，这个数据信息称为该边的权（weight）。通常权是一个非负实数，权可以表示从一个顶点到另一个顶点的距离、时间或代价等含义。

在无向图 $G=(V, E)$中，从顶点 V_p 到顶点 V_q 之间的路径是一个顶点序列（$V_p=V_{i0}, V_{i1}, V_{i2}, \cdots, V_{im}=V_q$），其中，$(V_{i,j-1}, V_{ij})\in E$（$1\leqslant j\leqslant m$）。若 G 是有向图，则路径也是有方向的，顶点序列满足 $<V_{i,j-1}, V_{ij}>\in E$。

V_1 到 V_4 的路径：　$V_1\ V_2\ V_4$

$V_1\ V_2\ V_5\ V_4$

$V_1\ V_3\ V_5\ V_4$

一般情况下，图中的路径不唯一。在非带权图中，路径长度就是路径上边的条数；在带权图中，路径长度则是路径上各边的权之和。即

$$\text{路径长度}\begin{cases}\text{非带权图——路径上边的条数}\\ \text{带权图——路径上边的权之和}\end{cases}$$

7．回路、简单路径、简单回路

回路（环）：第一个顶点和最后一个顶点相同的路径。

简单路径：序列中顶点不重复出现的路径。

简单回路（简单环）：除第一个顶点和最后一个顶点外，其余顶点不重复出现的回路。

8．连通图、连通分量

连通图：在无向图中，如果从一个顶点 V_i 到另一个顶点 V_j（$i\neq j$）有路径，则称顶点 V_i 和 V_j 是连通的。如果图中任意两个顶点都是连通的，则称该图是连通图。

连通分量：非连通图的极大连通子图。

连通图和连通分量如图 7-6 所示。

9．强连通图、强连通分量

强连通图：在有向图中，对图中任意一对顶点 V_i 和 V_j（$i\neq j$），若从顶点 V_i 到顶点 V_j 和从顶点 V_j 到顶点 V_i 均有路径，则称该有向图是强连通图。

强连通分量：非强连通图的极大强连通子图。

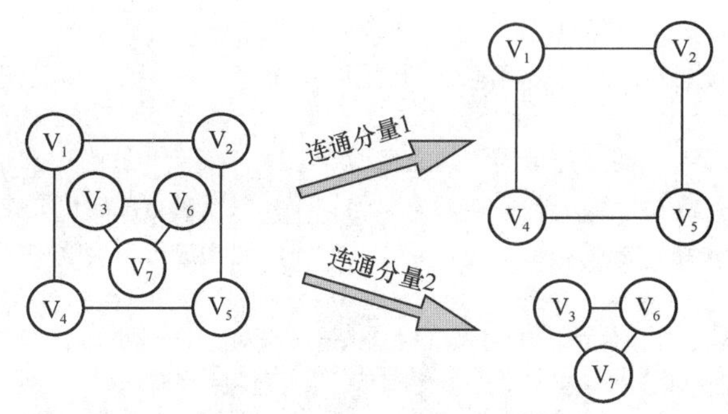

图 7-6　连通图和连通分量

强连通图和强连通分量如图 7-7 所示。

10. 网络

若将图的每条边都赋一个权，则称这种带权图为网络（network）。通常权是具有某种意义的数，例如，权可以表示两个顶点之间的距离、费用等。图 7-8 就是一个网络示例。

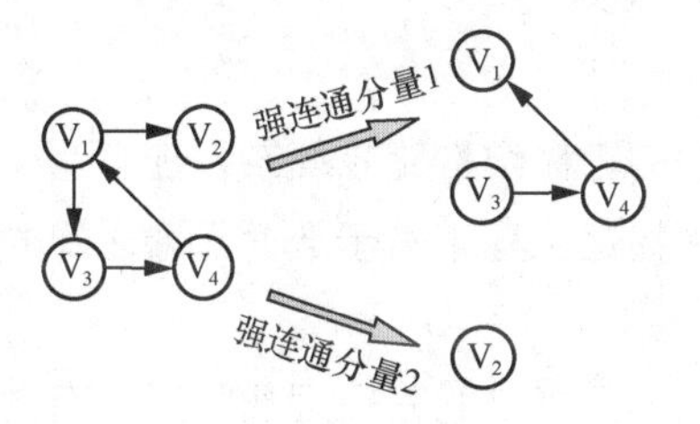

图 7-7　强连通图和强连通分量

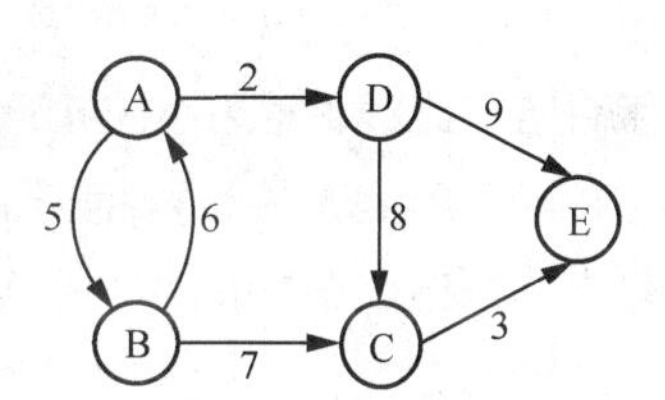

图 7-8　网络示例

7.1.3 图的基本操作

结合以上所介绍的图的相关概念可知，图中所有的操作都是围绕着顶点和边展开的。同时，在有向图和无向图中，也有一些特定的操作。接下来，本小节将结合图的抽象数据类型定义讲解图的基本操作。

```
ADT Graph {
    数据对象 D: 具有相同性质的数据元素的集合
    数据关系 R: R={<u,v>|(u,v∈D)}
    基本操作:
    1   int getType(); // 返回图的类型
    2   int getVexNum(); // 返回图的顶点数
    3   int getEdgeNum(); // 返回图的边数
    4   Iterator getVertex(); // 返回图的所有顶点
    5   Iterator getEdge(); // 返回图的所有边
    6   void remove(Vertex v); // 删除一个顶点 v
    7   void remove(Edge e); // 删除一条边 e
    8   Node insert(Vertex v); // 添加一个顶点 v
    9   Node insert(Edge e); // 添加一条边 e
    10  boolean areAdjacent(Vertex u, Vertex v);
        // 判断顶点 u、v 是否邻接，即是否有边从 u 到 v
```

```
    11  Edge edgeFromTo(Vertex u, Vertex v);
        // 返回从 u 指向 v 的边，不存在则返回 null
    12  Iterator adjVertexs(Vertex u);
        // 返回从 u 出发可以直接到达的邻接顶点
    13  Iterator DFSTraverse(Vertex v); // 对图进行深度优先搜索遍历
    14  Iterator BFSTraverse(Vertex v); // 对图进行广度优先搜索遍历
    15  Iterator shortestPath(Vertex v); // 求顶点 v 到其他顶点的最短路径
    16  void generateMST() throws UnsupportedOperation;
        // 求无向图的最小生成树，如果是有向图则不支持此操作
    17  Iterator toplogicalSort() throws UnsupportedOperation;
        // 求有向图的拓扑序列，如果是无向图则不支持此操作
    18  void criticalPath() throws UnsupportedOperation;
        // 求有向无环图的关键路径，如果是无向图则不支持此操作
} ADT Graph
```

7.2 图的存储结构

图的存储结构比线性表和树更加复杂。由于图的存储结构比较复杂，任意两个顶点之间都可能存在联系，因此无法以数据元素在内存中的物理位置来表示数据元素之间的关系，也就是说，图不可能用简单的顺序存储结构来表示。

线性表的数据元素之间仅有顺序关系，树的数据元素之间存在层次关系，而在图的存储结构中，数据元素之间的关系没有限制，任意两个数据元素都可以相邻，即每个数据元素都可以有多个前驱数据元素，多个后继数据元素。

在数据结构中，图的存储结构侧重于计算机中解决如何存储图以及如何实现图的操作和应用等问题。

7.2.1 邻接矩阵

基本思想：用一个一维数组存储图中顶点的信息，用一个二维数组（称为邻接矩阵）存储图中各顶点之间的邻接关系。

假设图 $G=(V, E)$有 n 个顶点，则邻接矩阵是一个 $n\times n$ 的方阵，定义为

$$a_{i,j}=\begin{cases}1 & (\mathrm{V}_i,\mathrm{V}_j)\in E \text{ 或 } <\mathrm{V}_i,\mathrm{V}_j>\in E\\0 & (\mathrm{V}_i,\mathrm{V}_j)\notin E \text{ 或 } <\mathrm{V}_i,\mathrm{V}_j>\notin E\end{cases}$$

例如，图 7-9 中的无向图 G_5 和有向图 G_6 的邻接矩阵分别如下。

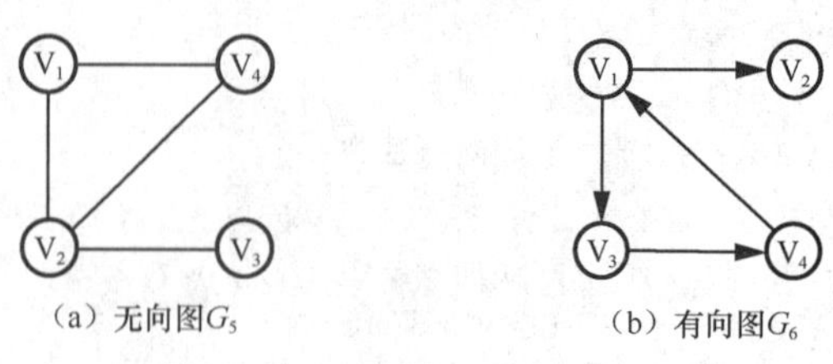

图 7-9　无向图 G_5 和有向图 G_6

$$G_5=\begin{pmatrix}0&1&0&1\\1&0&1&1\\0&1&0&0\\1&1&0&0\end{pmatrix}\begin{matrix}V_1\\V_2\\V_3\\V_4\end{matrix}\quad(\text{列：}V_1\ V_2\ V_3\ V_4)\qquad G_6=\begin{pmatrix}0&1&1&0\\0&0&0&0\\0&0&0&1\\1&0&0&0\end{pmatrix}\begin{matrix}V_1\\V_2\\V_3\\V_4\end{matrix}\quad(\text{列：}V_1\ V_2\ V_3\ V_4)$$

若 G 是网络，则邻接矩阵 $\boldsymbol{A}$ 可定义为：

$$a_{i,j}=\begin{cases}w_{ij} & 若(V_i,V_j)\in E\ 或\ <V_i,V_j>\in E\\ 0或\infty & 若(V_i,V_j)\notin E\ 或\ <V_i,V_j>\notin E\end{cases}$$

其中，w_{ij} 表示边的权值；∞表示一个计算机允许的、大于所有边的权值的数。例如，图 7-8 中网络的邻接矩阵如图 7-10 所示。

用邻接矩阵表示法表示图，除了存储用于表示顶点间相邻关系的邻接矩阵，通常还需要用一个顺序表来存储顶点信息。图的邻接矩阵表示方式的定义如算法 7.1 所示。

$$\boldsymbol{V}=\begin{pmatrix}A\\B\\C\\D\\E\end{pmatrix},\boldsymbol{A}=\begin{pmatrix}0&5&\infty&2&\infty\\6&0&7&\infty&\infty\\\infty&\infty&0&\infty&3\\\infty&\infty&8&0&9\\\infty&\infty&\infty&\infty&0\end{pmatrix}$$

图 7-10　图 7-8 中网络的邻接矩阵

【算法 7.1　图的邻接矩阵表示方式的定义】

```
public class Graph<T> {
   protected final int MAXSIZE = 100;     // 邻接矩阵可以表示的最大顶点数
   protected T[] V;                       // 图的顶点信息
   protected int[][] arcs;                // 邻接矩阵
   protected int e;                       // 图的边（弧）数
   protected int n;                       // 图的顶点数
   public Graph() {
      V = (T[]) new Object[MAXSIZE];
      Arcs = new int[MAXSIZE][MAXSIZE];
   }
}
```

7.2.2　邻接表

邻接表的基本思想：顶点信息用连续存储空间存储，边（弧）即顶点之间的关系通过单链表表示。

对于图 G 中的每一个顶点 V_i，该方法把所有邻接于 V_i 的顶点 V_j 链成一个单链表，这个单链表称为顶点 V_i 的邻接表（adjacency list）。邻接表中每个表结点均有 3 个域，一个是邻接点域，用于存放与 V_i 邻接的顶点 V_j 的序号；二是权域，用于存放与 V_i 邻接的顶点 V_j 的权值，当没有权值时，可以不使用权域；三是链域，用于将邻接表的所有表结点链在一起，并且为每个顶点 V_i 的链表设置一个具有两个域的表头结点。

1. 无向图的邻接表表示

无向图中，V_i 的邻接表中每个表结点都对应于与 V_i 相连的一条边，因此将无向图的邻接表称为边表，将邻接表的表头向量称为顶点表。例如，图 7-11 中的无向图 G_5 的邻接表表示，

其中顶点 V_1 与 V_2 和 V_4 相连，在邻接表中，V_2 和 V_4 的序号分别是 1 和 3，它们分别表示与 V_1 的两条边(V_1, V_2)、(V_1, V_4)相连。

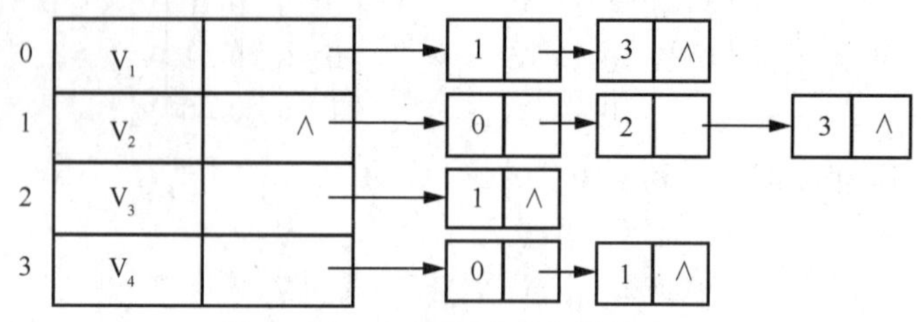

图 7-11　无向图 G_5 的邻接表表示

2．有向图的邻接表表示

有向图中，V_i 的邻接表中每个表结点都对应于以 V_i 为起点射出的一条边，因此有向图邻接表称为出边表。例如，图 7-12 中的有向图 G_6 的邻接表表示，其中顶点 V_1 的邻接表上两个表结点中的顶点序号分别为 1 和 2，它们分别表示以 V_1 为始点射出的两条边(V_1, V_2)和(V_1, V_3)。

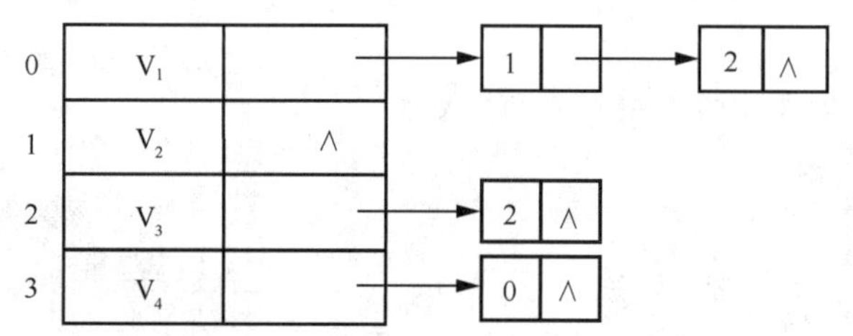

图 7-12　有向图 G_6 的邻接表表示

用邻接表来表示图，首先需要用到顶点结点的类型定义和边结点的类型定义，然后通过顶点结点数组来定义整个图。图的邻接表表示方式的定义如算法 7.2 所示。

【算法 7.2　图的邻接表表示方式的定义】

```
public class ArcNode {                     // 边结点的类型定义
    int adjVex;                            // 存放与邻接的点的序号
    ArcNode nextArc;                       // 指向 Vi 下一个邻接点的边结点
    int weight;                            // 权值
    public ArcNode(){
        adjVex = 0;
        weight = 0;
        nextArc = null;
    }
}

public class VNode<T> {                    // 顶点结点类型定义
    T data;                                // 存储顶点的名称或其相关信息
    ArcNode firstArc;                      // 指向顶点 Vi 的第一个邻接点的边结点
    public VNode() {
        data = null;
         firstArc = null;
    }
}
```

```
public class ALGraph<T> {
    protected final int MAXSIZE = 100;     // 邻接表可以表示的最大顶点数
    protected VNode[]  adjList;            // 顶点结点信息
    int n,e;                               // 图的顶点数和边数
    public ALGraph(){
        adjList = new VNode[MAXSIZE];
    }
}
```

7.3 图的遍历

前面学习了树的遍历，图的遍历也是从某个顶点出发，沿着某条搜索路径对图中所有顶点各进行一次访问。如果图是连通图，那么从图中任一顶点出发，顺着边可以访问到该图的所有顶点。但是，图的遍历比树的遍历复杂，原因是图中的任一顶点都可能和其余顶点相连接，所以当访问某个顶点后，可能顺着某条回路又回到了该顶点。为了避免重复访问同一个顶点，有必要记住每个顶点是否被访问过。所以，可以设置一个布尔向量 visited[n]，它的初值为 false，一旦访问了顶点 V_i，便将 visited[i−1]设置为 true。

本节主要介绍两种图的遍历方法：深度优先搜索遍历和广度优先搜索遍历。

7.3.1 深度优先搜索遍历

深度优先搜索遍历（Depth First Search，DFS）类似于树的前序遍历，是树的前序遍历的推广。假定图 G 的初始所有顶点都没有被访问过，则其操作步骤如下。

微课 7-1 深度优先搜索遍历

① 初始状态所有顶点都未被访问，从图中某个顶点 V 出发，访问此顶点。

② 依次从 V 的未被访问的邻接点出发深度优先搜索遍历图，直到图中所有与 V 有相通路径的顶点都被访问到。

③ 若图中尚有顶点未被访问，则从此顶点出发，重复①～②，直到所有结点都被访问为止。

上述的搜索方法是递归的，特点是尽可能对纵深方向的数据进行搜索，所以称为深度优先搜索遍历。

如图 7-13 所示，对无向图 G_7 进行深度优先搜索遍历，从顶点 A 出发后得到一个深度优先搜索序列{A, B, C, D, E}。

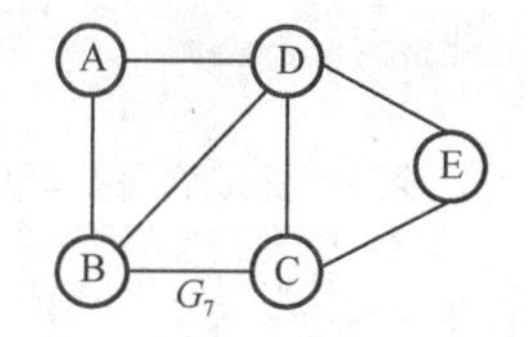

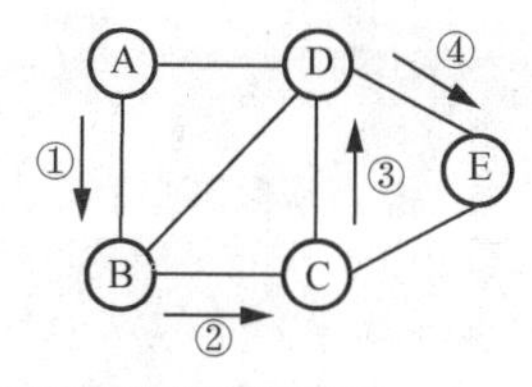

图 7-13 无向图 G_7 深度优先搜索遍历

如图 7-14 所示，对有向图 G_8 进行深度优先搜索遍历，从顶点 A 出发后得到一个深度优先搜索遍历序列{A, B, C, E, D}。

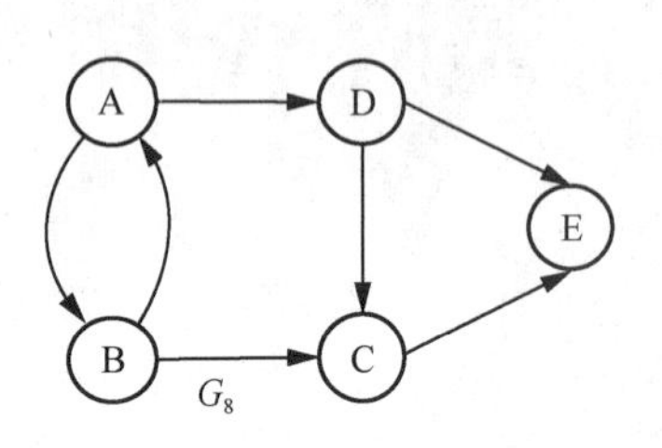

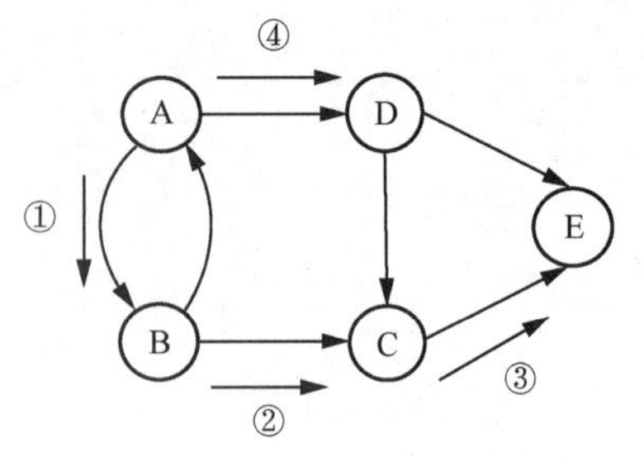

图 7-14　有向图 G_8 深度优先搜索遍历

图的深度优先搜索遍历算法如算法 7.3 所示。

【算法 7.3　图的深度优先搜索遍历算法】

```
public class Graph<T> {
    protected final int MAXSIZE = 10; // 邻接矩阵可以表示的最大顶点数
    protected T[] V;// 顶点信息
    protected int[][] arcs;// 邻接矩阵
    protected int e;// 边数
    protected int n;// 顶点数
    protected boolean[] visited;// 访问标志数组

    public Graph() {
        V = (T[]) new Object[MAXSIZE];
        arcs = new int[MAXSIZE][MAXSIZE];
        visited = new boolean[MAXSIZE];
    }

    protected void DFS(int i){ // 从第 i 个顶点出发递归地进行深度优先搜索遍历图
        int j;
        System.out.print(V[i] + " ");// 访问第 i 个顶点
        visited[i] = true;
        for (j = 0;j < n; j ++)
            if ((arcs[i][j] == 1) && (visited[j] == false))
                DFS(j); // 对 i 的尚未访问的邻接顶点 j 递归调用深度优先搜索遍历
    }
    public void DFSTraverse( ){// 对图 G 进行深度优先搜索遍历
        int v;
        for (v = 0; v < n; v ++)
            visited[v] = false; // 初始化标志数组
        for (v = 0; v < n; v ++)  // 保证非连通图的遍历
            if (!visited[v])
                DFS(v);// 从第 v 个顶点出发递归地进行深度优先搜索遍历图
    }
    public void CreateAdj() { // 创建无向图的邻接矩阵
        int i,j,k;
```

```
    T v1,v2;
    Scanner sc=new Scanner(System.in);
    System.out.println("请输入图的顶点数及边数");
    System.out.print("顶点数 n="); n = sc.nextInt();
    System.out.print("边  数 e="); e = sc.nextInt();
    System.out.print("请输入图的顶点信息: ");
    String str = sc.next();
    for (i = 0; i < n; i ++)
        V[i] = (T)(Object)str.charAt(i); // 构造顶点信息
    for (i = 0; i < n; i ++)
       for (j = 0; j < n; j ++)
          arcs[i][j] = 0; // 初始化邻接矩阵
    System.out.println("请输入图的边的信息: ");
    for (k = 0; k < e; k ++){
       System.out.print("请输入第'+(k+1)+'条边的两个顶点: ");
       str = sc.next(); // 输入一条边的两个顶点
       v1 = (T)(Object)str.charAt(0);
       v2 = (T)(Object)str.charAt(1);
       // 确定两个顶点在图 G 中的位置
       i = LocateVex(v1);
       j = LocateVex(v2); // 参考算法 6.1
       if (i >= 0 && j >= 0){
          arcs[i][j] = 1;
          arcs[j][i] = 1;
       }
    }
}
public int LocateVex(T v) {
    // 在图中查找顶点 v,找到后返回其在顶点数组中的索引号，若不存在，返回-1
    int i;
    for (i = 0; i < n; i ++)
      if (V[i] == v) return i;
    return -1;
}
public void DisplayAdjMatrix() { // 在屏幕上显示图 G 的邻接矩阵表示
    int i,j;
    System.out.println("图的邻接矩阵表示: ");
    for (i = 0; i < n; i ++){
       for (j = 0; j < n; j ++)
          System.out.print(" " + arcs[i][j]);

       System.out.println();
    }
}
public static void main(String[] args) {
    Graph<Character> G = new Graph<Character>();
    G.CreateAdj();
    System.out.println("图的深度优先搜索遍历序列");
    G.DFSTraverse();
    System.out.println();
```

```
        }
    }
```

程序运行结果如下：

```
请输入图的顶点数及边数
顶点数 n=5
边  数 e=7
请输入图的顶点信息：ABCDE
请输入图的边的信息：
请输入第 1 条边的两个顶点：AB
请输入第 2 条边的两个顶点：AD
请输入第 3 条边的两个顶点：BC
请输入第 4 条边的两个顶点：BD
请输入第 5 条边的两个顶点：CD
请输入第 6 条边的两个顶点：CE
请输入第 7 条边的两个顶点：DE
图的深度优先搜索遍历序列
A B C D E
```

7.3.2 广度优先搜索遍历

广度优先搜索遍历（Breadth First Search，BFS）类似于树的按层次遍历，其操作步骤如下。

微课 7-2 广度优先搜索遍历

① 访问顶点 V_0。

② 依次访问 V_0 的各个未被访问的邻接点 $V_1, V_2, \cdots, V_i$。

③ 分别从 $V_1, V_2, \cdots, V_i$ 出发依次访问它们未被访问的邻接点，并使“先被访问顶点的邻接点”先于“后被访问顶点的邻接点”被访问。直至图中所有与顶点 V_0 有路径相通的顶点都被访问到。

如图 7-15 所示，对无向图 G_7 进行广度优先搜索遍历，从顶点 A 出发后得到一个广度优先搜索遍历序列{A, B, D, C, E}。其中，图中虚线所示表示从顶点 A 开始进行优先搜索遍历时的各顶点的层次关系。

如图 7-16 所示，对有向图 G_8 进行广度优先搜索遍历，从顶点 B 出发后得到一个广度优先搜索遍历序列{B, A, C, D, E}。

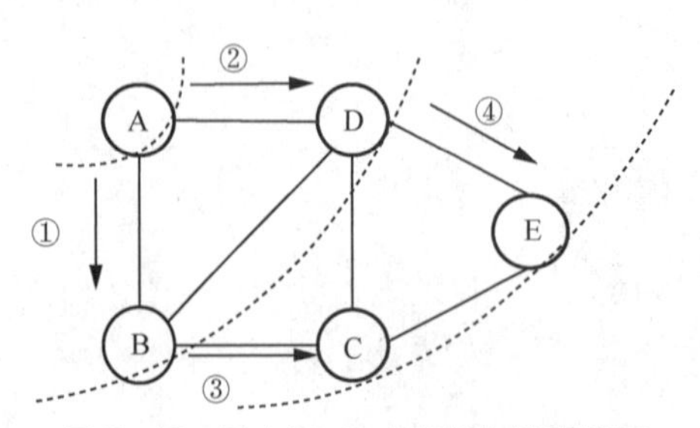

图 7-15 无向图 G_7 广度优先搜索遍历

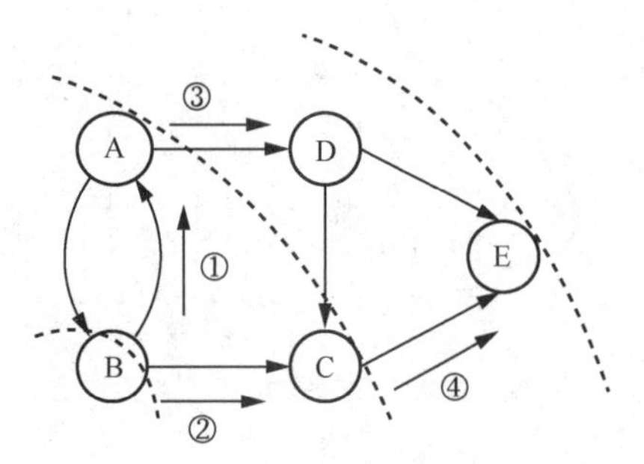

图 7-16 有向图 G_8 广度优先搜索遍历

图的广度优先搜索遍历算法如算法 7.4 所示。

【算法 7.4　图的广度优先搜索遍历算法】

```
public class Graph<T> {
    protected final int MAXSIZE = 10; // 邻接矩阵可以表示的最大顶点数
    protected T[]  V; // 顶点信息
    protected int[][] arcs; // 邻接矩阵
    protected int e; // 边数
    protected int n; // 顶点数
    protected boolean[] visited; // 访问标志数组
    public Graph() {
        V = (T[]) new Object[MAXSIZE];
        arcs = new int[MAXSIZE][MAXSIZE];
        visited = new boolean[MAXSIZE];
    }
    protected void BFS(int k) { // 从第 k 个顶点出发递归地进行广度优先搜索遍历图
        int i,j;
        Queue<Integer> Q = new LinkedList<Integer>(); // 循环队列
        System.out.print(V[k] + " "); // 访问第 k 个顶点
        visited[k] = true;
        Q.offer(k); // 第 k 个顶点入队
        while (!Q.isEmpty()) { // 队列非空
            i = Q.poll(); // 出队
            for (j = 0; j < n; j ++) {
                // 访问第 i 个顶点的未曾访问的顶点
                if((arcs[i][j] == 1) && (visited[j] == false)) {
                    System.out.print(V[j] + " ");
                    visited[j] = true;
                    Q.offer(j); // 第 j 个顶点入队
                }
            }
        }
    }
    public void BFSTraverse() // 对图进行广度优先搜索遍历
    {
        int v;
        for (v = 0; v < n; v ++)
             visited[v] = false; // 初始化标志数组
        for (v = 0; v < n; v ++)  // 保证非连通图的遍历
            if (!visited[v])
                BFS(v); // 从第 v 个顶点出发递归地进行广度优先搜索遍历图
    }
    public void CreateAdj(){ // 创建无向图的邻接矩阵
        int i,j,k;
        T v1,v2;
        Scanner sc = new Scanner(System.in);
        System.out.println("请输入图的顶点数及边数");
        System.out.print("顶点数 n = "); n = sc.nextInt();
```

```
        System.out.print("边  数 e = "); e = sc.nextInt();
        System.out.print("请输入图的顶点信息: ");
        String str = sc.next();
        for (i = 0; i < n; i ++)
            V[i] = (T)(Object)str.charAt(i); // 构造顶点信息
        for (i = 0; i < n; i ++)
            for (j = 0; j < n; j ++)
                arcs[i][j] = 0; // 初始化邻接矩阵
        System.out.println("请输入图的边的信息: ");
        for (k = 0; k < e; k ++)
        {
            System.out.print("请输入第" + (k+1) + "条边的两个顶点: ");
            str = sc.next(); // 输入一条边的两个顶点
            v1 = (T)(Object)str.charAt(0);
            v2 = (T)(Object)str.charAt(1);
            // 确定两个顶点在图 G 中的位置
            i = LocateVex(v1);
            j = LocateVex(v2); // 参考算法 6.1
            if (i >= 0 && j >= 0) {
                arcs[i][j] = 1;
                arcs[j][i] = 1;
            }
        }
    }
    public int LocateVex(T v){
        // 在图中查找顶点 v，找到后返回其在顶点数组中的索引号，若不存在，返回-1
        int i;
        for (i = 0; i < n; i ++)
             if (V[i] == v)
                      return i;
        return -1;
    }
    public void DisplayAdjMatrix() { // 在屏幕上显示图 G 的邻接矩阵表示
        int i, j;
        System.out.println("图的邻接矩阵表示: ");
        for (i = 0; i < n; i ++ ) {
            for(j = 0; j < n; j ++)
                System.out.print(" " + arcs[i][j]);

            System.out.println();
        }
    }
    public static void main(String[] args) {
        Graph<Character> G = new Graph<Character>();
        G.CreateAdj();
        System.out.println("图的广度优先搜索遍历序列");
        G.BFSTraverse();
        System.out.println();
    }
}
```

程序运行结果如下：

```
请输入图的顶点数及边数
顶点数 n=5
边  数 e=7
请输入图的顶点信息：ABCDE
请输入图的边的信息：
请输入第 1 条边的两个顶点：AB
请输入第 2 条边的两个顶点：AD
请输入第 3 条边的两个顶点：BC
请输入第 4 条边的两个顶点：BD
请输入第 5 条边的两个顶点：CD
请输入第 6 条边的两个顶点：CE
请输入第 7 条边的两个顶点：DE
图的广度优先搜索遍历序列
A B D C E
```

以图 7-10 的邻接矩阵为例，图的深度优先搜索遍历和广度优先搜索遍历的实现，如算法 7.5 所示。

【算法 7.5　图的深度优先搜索遍历和广度优先搜索遍历的实现】

```
public class Graph{
    // 顶点表及邻接矩阵数据依据“第 7 章  图.doc”图 7-10 编写
    static public char vexs[] = {'A', 'B', 'C', 'D', 'E'};    // 顶点表
    static public int arcs[][] =                              // 邻接短阵
    {
        {0, 5, 0, 2, 0},
        {6, 0, 7, 0, 0},
        {0, 0, 0, 0, 3},
        {0, 0, 8, 0, 9},
        {0, 0, 0, 0, 0},
    };

    // 深度优先搜索遍历
    static public void DFS(int idx, boolean visited[])
    {
        if(visited[idx])
             return;

        System.out.println(vexs[idx]);
        visited[idx] = true;

        for(int n = 0; n < vexs.length; n ++)
            if(arcs[idx][n] != 0)
                DFS(n, visited);
    }

    // 广度优先搜索遍历
    static public void BFS(int idx, boolean visited[])
    {
```

```
        int search_queue[] = new int [25];
        int sdx = 0;
        int sqlen = 0;
        search_queue[sqlen ++] = idx;

        while (sdx < sqlen)
        {
            idx = search_queue[sdx ++];
            if (visited[idx])
                continue;

            System.out.println(vexs[idx]);
            visited[idx] = true;

            for(int n = 0; n < vexs.length; n ++)
                if(arcs[idx][n] != 0)
                    search_queue[sqlen ++] = n;
        }
    }

    static public void main(String[] args)
    {
        System.out.println("深度优先搜索遍历");
        boolean visited[] = new boolean [vexs.length];
        DFS(0, visited);

        System.out.println("广度优先搜索遍历");
        visited = new boolean [vexs.length];
        BFS(0, visited);
    }
}
```

程序运行结果如下：

```
深度优先搜索遍历
A
B
C
E
D
广度优先搜索遍历
A
B
D
C
E
```

7.4 最小生成树

在图论中，时常将树定义为一个无回路连通图。如果图 T 是连通图 G 的一个子图，且图 T 是一棵包含图 G 的所有顶点的树，则图 T 称为图 G 的生成树（spanning tree）。图 G 的生

成树 T 包含图 G 中的所有结点和尽可能少的边。对于有 n 个顶点的连通图 G，它的生成树 T 必然包含 n 个结点和 n−1 条边。

由于有 n 个顶点的连通图至少有 n−1 条边，而所包含 n−1 条边及 n 个顶点的连通图都是无回路的树，所以生成树是连通图的极小连通子图。所谓极小是指边数最少，若在生成树中去掉任何一条边，都会使之变为非连通图，若在生成树上任意添加一条边，就必定出现回路。

极小连通子图：该子图是图 G 的连通子图，在该子图中删除任何一条边，子图不再连通。

T 是图 G 的生成树当且仅当 T 满足如下条件。

① T 是图 G 的连通子图。

② T 包含图 G 的所有顶点。

③ T 中无回路。

生成树：包含连通图 G 所有顶点的极小连通子图称为图 G 的生成树。图 7-17 所示为无向图 G_9 及其生成树。

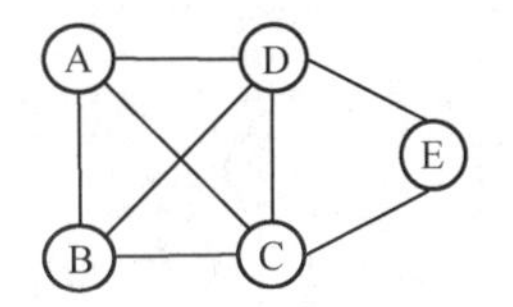

（a）无向图G_9

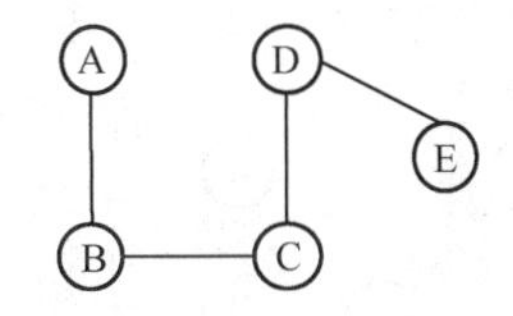

（b）图G_9的深度优先搜索生成树

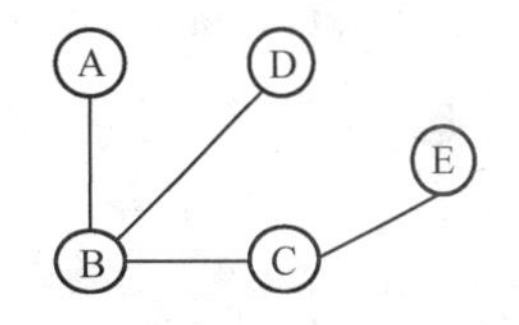

（c）图G_9的广度优先搜索生成树

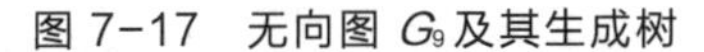

图 7-17　无向图 G_9 及其生成树

生成树的权：生成树各边的权值的总和。

最小生成树：权最小的生成树称为最小生成树。

图 7-18 所示为带权无向图 G_{10} 及其最小生成树。

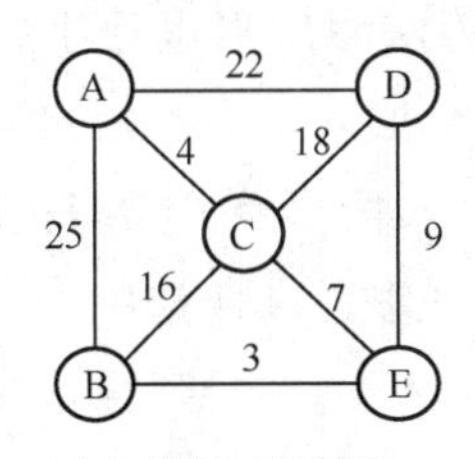

（a）带权无向图 G_{10}

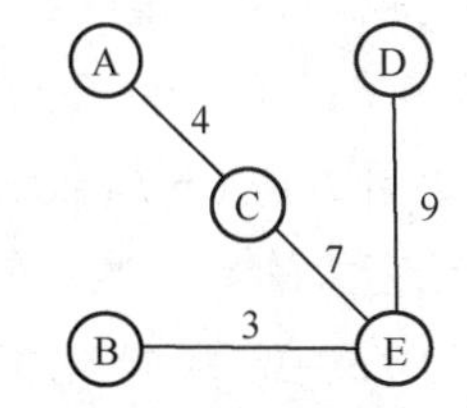

（b）最小生成树权值为23

图 7-18　带权无向图 G_{10} 及其最小生成树

那么如何构造最小生成树，下面主要介绍两种算法：普里姆算法（Prim’s algorithm）和克鲁斯卡尔算法（Kruskal’s algorithm）。

7.4.1　普里姆算法

微课 7-3　普里姆算法

普里姆算法过程如下。

① 对于连通图 $G=(V, E)$，首先设置两个新的集合 U 和 TE，其中 U 用于存放连通图 G 生成树中的顶点，TE 用于存放连通图 G 生成树中的边。

② 从连通图 G 中的某一顶点 u_0 出发，先将 u_0 加入生成树的顶点集 U 中，然后选择与它关联且权值最小的边(u_0, v)，并将边(u_0, v)加入生成树的边集 TE 中，将其顶点 v 加入生成树的顶点集 U 中。

③ 在所有的 $u \in U$，$v \in V-U$（表示 v 在集合 V 中，但不在顶点集 U 中）中选择权值最小的边(u, v)，把该边加入生成树的边集 TE 中，把顶点 v 加入顶点集 U 中。

④ 如此重复执行，直到连通图中的所有顶点都加入生成树顶点集 U 中为止。

图 7-19 所示为图 G_{10} 用普里姆算法构造最小生成树的过程。

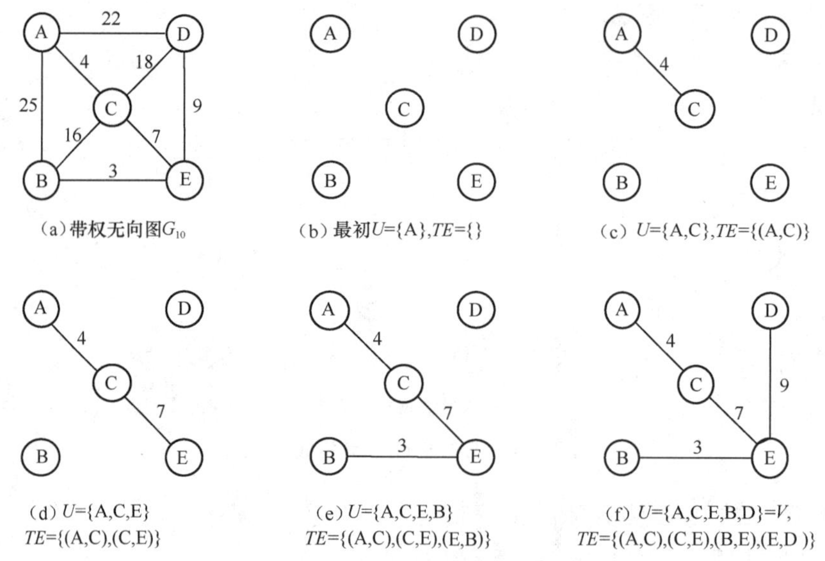

图 7-19　用普里姆算法构造最小生成树的过程

对于图 7-19（a）所示的连通网络，按照上述算法思想形成最小生成树 U 的过程如图 7-19（b）~ 图 7-19（f）所示。开始时，取顶点 A 加入 U，初始的候选边集是与另外 4 个点关联的最短边，如图 7-19（b）所示。其中，顶点 A 同顶点 E 没有关联边，故 A 与 E 关联的最短边的长度是无穷大的。显然，在这与顶点 A 关联的 4 条边中，(A, C)的长度最短，因此，选择该边扩充到 TE 中，即把该边及其顶点 C 加入 U，调整后如图 7-19（c）所示。同理，顶点 C 关联的原最短边(C, E)的长度为 7，因此选择该边扩充到 TE 中，即把该边及其顶点 E 加入 U，调整后如图 7-19（d）所示；之后，顶点 E 关联的原最短边(E, B)的长度为 3，因此选择该边扩充到 TE 中，即把该边及其顶点 B 加入 U，调整后如图 7-19（e）所示。如此按规律进行下去，最终得到的生成树 TE 即所求的最小生成树，如图 7-19（f）所示。

算法 7.6 对应图 7-19 中的图用普里姆算法构造最小生成树的实现。

【算法 7.6　用普里姆算法构造最小生成树的实现】

```
public class Prim
{
    private char[] mVexs; // 顶点集
    private int[][] mMatrix; // 邻接矩阵
    private static final int INF = Integer.MAX_VALUE; // 最大值
```

```
/*
 * 创建图(用已提供的矩阵)
 *
 * 参数说明：vexs 表示顶点数组，matrix 表示矩阵(数据)
 */
public Prim(char[] vexs, int[][] matrix)
{

    // 初始化“顶点数”和“边数”
    int vlen = vexs.length;

    // 初始化“顶点”
    mVexs = new char[vlen];
    for (int i = 0; i < mVexs.length; i ++)
        mVexs[i] = vexs[i];

    // 初始化“边”
    mMatrix = new int[vlen][vlen];
    for (int i = 0; i < vlen; i ++)
        for (int j = 0; j < vlen; j ++)
            mMatrix[i][j] = matrix[i][j];
}

/*
 * 用普里姆算法构造最小生成树
 *
 * 参数说明：start 表示从图中的第 start 个元素开始，生成最小生成树
 */
public void prim(int start)
{
    int num = mVexs.length; // 顶点个数
    int index = 0; // 用普里姆算法构造的最小树的索引，即 prims 数组的索引
    char[] prims = new char[num]; // 用普里姆算法构造的最小生成树的结果数组
    int[] weights = new int[num]; // 顶点间边的权值

    // 用普里姆算法构造的最小生成树中第一个数是“图中第 start 个顶点”，因为是从 start 开始的
    prims[index++] = mVexs[start];

    // 初始化“顶点的权值数组”
    // 将每个顶点的权值初始化为“第 start 个顶点”到“该顶点”的权值
    for (int i = 0; i < num; i ++)
        weights[i] = mMatrix[start][i];
    // 将第 start 个顶点的权值初始化为 0
    // 可以理解为“第 start 个顶点到它自身的距离为 0”
    weights[start] = 0;

    for (int i = 0; i < num; i ++)
    {
```

```
            // 由于是从 start 开始的，因此不需要再对第 start 个顶点进行处理
            if (start == i)
                continue;

            int j = 0;
            int k = 0;
            int min = INF;
            // 在未被加入最小生成树的顶点中，找出权值最小的顶点
            while (j < num)
            {
                // 若 weights[j]=0，意味着“第 j 个结点已经被排序过”（或者说已经加入了
最小生成树中）
                if (weights[j] != 0 && weights[j] < min)
                {
                    min = weights[j];
                    k = j;
                }
                j ++;
            }

            // 经过上面的处理后，在未被加入最小生成树的顶点中，权值最小的顶点是第 k 个顶点
            // 将第 k 个顶点加入最小生成树的结果数组中
            prims[index ++] = mVexs[k];
            // 将“第 k 个顶点的权值”标记为 0，意味着第 k 个顶点已经排序过了(或者说已经加
入最小生成树的结果中)
            weights[k] = 0;
            // 当第 k 个顶点加入最小生成树的结果数组中之后，更新其他顶点的权值
            for (j = 0; j < num; j ++)
            {
                // 当第 j 个结点没有被处理，并且需要更新时才被更新
                if (weights[j] != 0 && mMatrix[k][j] < weights[j])
                    weights[j] = mMatrix[k][j];
            }
        }

        // 计算最小生成树的权值
        int sum = 0;
        for (int i = 1; i < index; i ++)
        {
            int min = INF;
            // 获取 prims[i]在 mMatrix 中的位置
            int n = getPosition(prims[i]);
            // 在 vexs[0...i]中，找出到 j 的权值最小的顶点
            for (int j = 0; j < i; j ++)
            {
                int m = getPosition(prims[j]);
                if (mMatrix[m][n] < min)
                    min = mMatrix[m][n];
            }
            sum += min;
```

```
        }
        // 输出最小生成树
        System.out.printf("PRIM(%c)=%d: ", mVexs[start], sum);
        for (int i = 0; i < index; i ++)
            System.out.printf("%c ", prims[i]);
        System.out.printf("\n");
    }

    /*
     * 返回 ch 位置
     */
    private int getPosition(char ch)
    {
        for (int i = 0; i < mVexs.length; i ++)
            if (mVexs[i] == ch)
                return i;
        return -1;
    }

    public static void main(String[] args)
    {
        char[] vexs = { 'A', 'B', 'C', 'D', 'E'};
        int matrix[][] =
        {
        /* A *//* B *//* C *//* D *//* E */
        /* A */{ 0, 25, 4, 22, INF},
        /* B */{ 25, 0, 16, INF, 3},
        /* C */{ 4, 16, 0, 18, 7},
        /* D */{ 22, INF, 18, 0, 9},
        /* E */{ INF, 3, 7, 9, 0}};

        Prim pG = new Prim(vexs, matrix);

        // 从第一个元素开始，也就是从'A'开始
        pG.prim(0); // 使用普里姆算法生成最小生成树
    }
}
```

程序运行结果如下：

```
PRIM(A)=23: A C E B D
```

7.4.2 克鲁斯卡尔算法

克鲁斯卡尔算法过程如下。

① 设一个有 n 个顶点的连通图 $G=(V, E)$，先构造一个只有 n 个顶点，没有边的非连通图 $T=\{V, \varnothing\}$，图中每个顶点自成一个连通分量。

② 当在 E 中选到一条具有最小权值的边时，若该边的两个顶点落在不同的连通分量上，则将此边加入 TE；否则将此边舍去，重新选择一条权值最小的边。

③ 如此重复下去，直到所有顶点在同一个连通分量上为止。

图 7-20 所示为图 G_{10} 用克鲁斯卡尔算法构造最小生成树的过程。

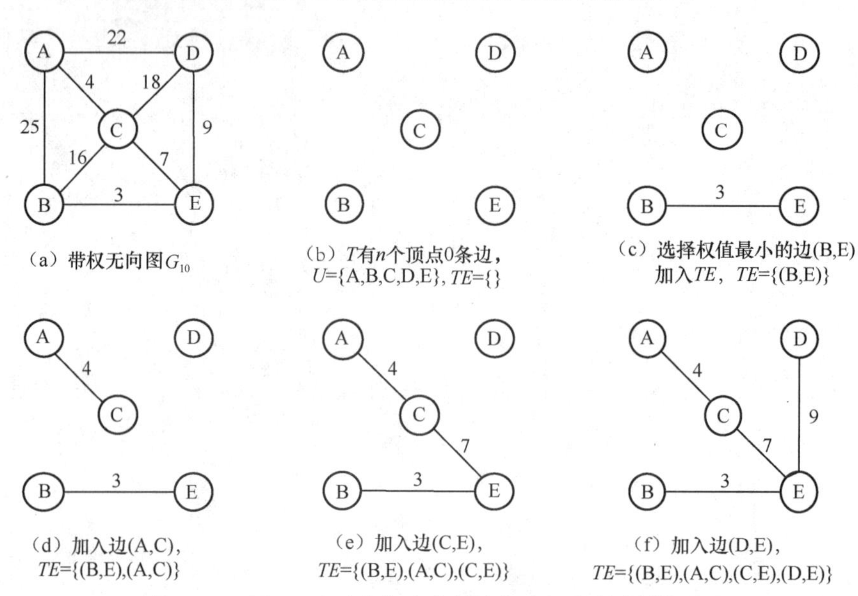

图 7-20　图 G_{10} 用克鲁斯卡尔算法构造最小生成树的过程

对于图 7-20（a）中的连通网络，按克鲁斯卡尔算法构造的最小生成树，其过程如图 7-20 所示。按长度递增顺序，依次考虑边(B, E)、(A, C)、(C, E)、(D, E)、(B, C)、(C, D)、(A, D)、(A, B)。因为前 4 条边最短，且都连通了两个不同的连通分量，故依次将它们添加到 *TE* 中，如图 7-20（b）~图 7-20（f）所示。之后考虑当前最短边(B, C)，因为该边的两个顶点在同一个连通分量上，若将此边加入 *TE*，将会出现回路，故舍去这条边。最后便得到图 7-20（f）所示的连通分量 *TE*，它就是所求的一棵最小生成树。

算法 7.7 对应图 7-20 中的图用克鲁斯卡尔算法构造最小生成树的实现。

【算法 7.7　用克鲁斯卡尔算法构造最小生成树的实现】

```
public class Kruskal {
    private int mEdgNum; // 边的数量
    private char[] mVexs; // 顶点集
    private int[][] mMatrix; // 邻接矩阵
    private static final int INF = Integer.MAX_VALUE; // 最大值

    /*
     * 创建图（用已提供的矩阵）
     *
     * 参数说明：vexs 表示顶点数组，matrix 表示矩阵（数据）
     */
    public Kruskal(char[] vexs, int[][] matrix)
    {

        // 初始化“顶点数”和“边数”
        int vlen = vexs.length;
```

```
        // 初始化“顶点”
        mVexs = new char[vlen];
        for (int i = 0; i < mVexs.length; i ++)
            mVexs[i] = vexs[i];

        // 初始化“边”
        mMatrix = new int[vlen][vlen];
        for (int i = 0; i < vlen; i ++)
            for (int j = 0; j < vlen; j ++)
                mMatrix[i][j] = matrix[i][j];

        // 统计“边”
        mEdgNum = 0;
        for (int i = 0; i < vlen; i ++)
            for (int j = i + 1; j < vlen; j ++)
                if (mMatrix[i][j] != INF)
                    mEdgNum ++;
    }

    /*
     * 返回 ch 位置
     */
    private int getPosition(char ch)
    {
        for (int i = 0; i < mVexs.length; i ++)
            if (mVexs[i] == ch)
                return i;
        return -1;
    }

    /*
     * 获取图中的边
     */
    private EData[] getEdges()
    {
        int index = 0;
        EData[] edges;

        edges = new EData[mEdgNum];
        for (int i = 0; i < mVexs.length; i ++)
        {
            for (int j = i + 1; j < mVexs.length; j ++)
            {
                if (mMatrix[i][j] != INF)
                    edges[index++] = new EData(mVexs[i], mVexs[j], mMatrix[i][j]);
            }
        }

        return edges;
    }

    /*
```

```
     * 对边按照权值大小进行排序（由小到大）
     */
    private void sortEdges(EData[] edges, int elen)
    {
        for (int i = 0; i < elen; i ++)
        {
            for (int j = i + 1; j < elen; j ++)
            {
                if (edges[i].weight > edges[j].weight)
                {
                    // 交换“边i”和“边j”
                    EData tmp = edges[i];
                    edges[i] = edges[j];
                    edges[j] = tmp;
                }
            }
        }
    }

    /*
     * 用克鲁斯卡尔算法构造最小生成树
     */
    public void kruskal()
    {
        int index = 0; // rets数组的索引
        int[] vends = new int[mEdgNum]; // 用于保存“已有最小生成树”中每个顶点在该
最小生成树中的终点
        EData[] rets = new EData[mEdgNum]; // 结果数组，保存用克鲁斯卡尔算法构造的
最小生成树的边
        EData[] edges; // 图对应的所有边

        edges = getEdges(); // 获取“图中所有的边”
        sortEdges(edges, mEdgNum); // 将边按照“权”的大小进行排序(从小到大)

        for (int i = 0; i < mEdgNum; i ++)
        {
            int p1 = getPosition(edges[i].start); // 获取第i条边的“起点”的序号
            int p2 = getPosition(edges[i].end); // 获取第i条边的“终点”的序号
            int m = getEnd(vends, p1); // 获取p1在“已有的最小生成树”中的终点
            int n = getEnd(vends, p2); // 获取p2在“已有的最小生成树”中的终点
            // 如果m!=n，意味着"边i"与"已经添加到最小生成树中的顶点"没有形成回路
            if (m != n)
            {
                vends[m] = n; // 设置m在“已有的最小生成树”中的终点为n
                rets[index ++] = edges[i]; // 保存结果
            }
        }

        // 统计并输出“kruskal最小生成树”的信息
```

```
        int length = 0;
        for (int i = 0; i < index; i ++)
            length += rets[i].weight;
        System.out.printf("Kruskal=%d: ", length);
        for (int i = 0; i < index; i ++)
            System.out.printf("(%c,%c) ", rets[i].start, rets[i].end);
        System.out.printf("\n");
    }

    /*
     * 获取 i 的终点
     */
    private int getEnd(int[] vends, int i)
    {
        while (vends[i] != 0)
            i = vends[i];
        return i;
    }

    // 边的结构体
    private static class EData
    {
        char start; // 边的起点
        char end; // 边的终点
        int weight; // 边的权值

        public EData(char start, char end, int weight)
        {
            this.start = start;
            this.end = end;
            this.weight = weight;
        }
    };

    public static void main(String[] args)
    {
        char[] vexs = { 'A', 'B', 'C', 'D', 'E'};
        int matrix[][] =
        {
        /* A *//* B *//* C *//* D *//* E */
        /* A */{ 0, 25, 4, 22, INF},
        /* B */{ 25, 0, 16, INF, 3},
        /* C */{ 4, 16, 0, 18, 7},
        /* D */{ 22, INF, 18, 0, 9},
        /* E */{ INF, 3, 7, 9, 0}};

        Kruskal pG = new Kruskal(vexs, matrix);

        // 用克鲁斯卡尔算法生成最小生成树
        pG.kruskal();
    }
}
```

程序运行结果如下：

```
Kruskal=23: (B,E) (A,C) (C,E) (D,E)
```

7.5 最短路径

现实生活中常常提出这样的问题：两地之间是否有路连通？在有多条通路的情况下，哪一条路最短？求两个顶点之间的最短路径，不是指路径上边数之和最少，而是指路径上各边的权值之和最小。若两个顶点之间没有边，则认为两个顶点无直接通路，但有可能有间接通路（通过其他顶点中转后到达）。路径上的开始顶点（出发点）称为源点，路径上的最后一个顶点称为终点，并假定讨论的权值不能为负数。

7.5.1 单源点最短路径

单源点最短路径是指给定一个有向图 $G=(V, E)$，并给定其中的一个点为出发点（单源点），求出该源点到其他各顶点之间的最短路径。

图 7-21 所示为有向图 G_{11} 的路径。

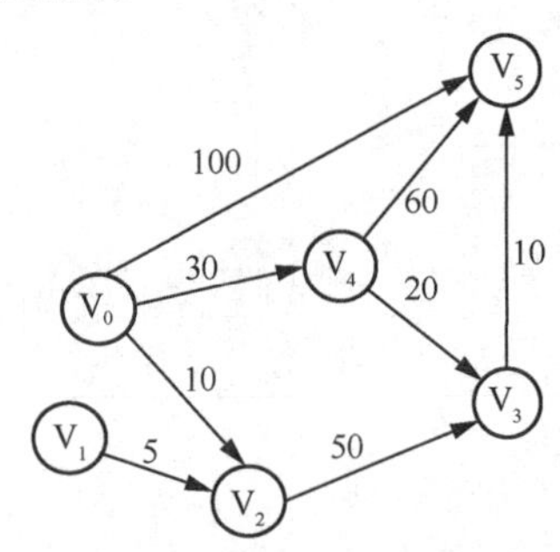

图 7-21　有向图 G_{11} 的路径

从源点 V_0 到终点 V_5 存在如下多条路径。

① (V_0, V_5)的长度为 100。

② (V_0, V_4, V_5)的长度为 90。

③ (V_0, V_4, V_3, V_5)的长度为 60。

④ (V_0, V_2, V_3, V_5)的长度为 70。

从源点 V_0 到各终点的最短路径如下。

① V_0 到终点 V_1 不存在路径。

② (V_0, V_2)的最短路径长度为 10。

③ (V_0, V_4, V_3)的最短路径长度为 50。

④ (V_0, V_4)的最短路径长度为 30。

⑤ (V_0, V_4, V_3, V_5)的最短路径长度为 60。

解决这类某个源点到其余各顶点的最短路径问题，最常用的是迪杰斯特拉算法

（Dijkstra's algorithm），下面进行详细介绍。

迪杰斯特拉算法思想：用于求解某个源点到其余各顶点的最短路径，“按最短路径长度递增的次序”求解类似于普里姆算法，每一条最短路径必定只有两种情况：一是由源点直接到达终点；二是只经过已经求得最短路径的顶点到达终点。该思想的解决方法是每次选出当前的一条最短路径，算法中需要引入一个辅助向量 D，它的每个分量 $D[i]$存放当前所找到的从源点到各个终点 V_i 的最短路径的长度。

迪杰斯特拉算法描述如下。

① 令 $S=\{V_0\}$，其中 V_0 为源点，S 表示已经找到最短路径的顶点集。

② 设定 $D[i]$的初始值为 $D[i] = |V_0, V_i|$。

③ 选择顶点 V_j 使得 $D[j] = \min V_i \in V-S \{D[i]\}$，并将顶点并入集合 S。

④ 对集合 $V-S$ 中所有顶点 V_k，若 $D[j]+|V_j, V_k|<D[k]$，则修改 $D[k]$的值为 $D[k]=D[j] + |V_j,V_k|$。

⑤ 重复操作②～③共 $n-1$ 次，由此求得从源点到所有其他顶点的最短路径是依路径长度递增的序列。

算法 7.8 对应图 7-22 中的图用迪杰斯特拉算法求最短路径的实现。

【算法 7.8　用迪杰斯特拉算法求最短路径的实现】

```
import java.io.IOException;
import java.util.ArrayList;
import java.util.TreeMap;

public class Dijkstra
{
    public static void main(String[] args)throws IOException {
        ArrayList<Point> point_arr = new ArrayList<Point>(); // 存储顶点集合
        // 顶点个数
        int sum = 5;
        // 定义第一行数据
        Point p1 = new Dijkstra().new Point(sum);
        p1.setId(0);
        TreeMap<Integer,  Integer>  thisPointMap1  =  new  TreeMap<Integer,
Integer>(); // 该顶点到各顶点的距离
        thisPointMap1.put(0, 0);
        thisPointMap1.put(1, 3);
        thisPointMap1.put(2, Integer.MAX_VALUE);
        thisPointMap1.put(3, Integer.MAX_VALUE);
        thisPointMap1.put(4, 30);
        p1.setThisPointMap(thisPointMap1);
        point_arr.add(p1);

        // 定义第二行数据
        Point p2 = new Dijkstra().new Point(sum);
        p2.setId(1);
        TreeMap<Integer,  Integer>  thisPointMap2  =  new  TreeMap<Integer,
Integer>(); // 该顶点到各顶点的距离
        thisPointMap2.put(0, Integer.MAX_VALUE);
        thisPointMap2.put(1, 0);
        thisPointMap2.put(2, 25);
```

```
        thisPointMap2.put(3, 8);
        thisPointMap2.put(4, Integer.MAX_VALUE);
        p2.setThisPointMap(thisPointMap2);
        point_arr.add(p2);

        // 定义第三行数据
        Point p3 = new Dijkstra().new Point(sum);
        p3.setId(2);
        TreeMap<Integer,  Integer>  thisPointMap3  =  new  TreeMap<Integer,
Integer>(); // 该顶点到各顶点的距离
        thisPointMap3.put(0, Integer.MAX_VALUE);
        thisPointMap3.put(1, Integer.MAX_VALUE);
        thisPointMap3.put(2, 0);
        thisPointMap3.put(3, 4);
        thisPointMap3.put(4, 10);
        p3.setThisPointMap(thisPointMap3);
        point_arr.add(p3);

        // 定义第四行数据
        Point p4 = new Dijkstra().new Point(sum);
        p4.setId(3);
        TreeMap<Integer, Integer> thisPointMap4 = new TreeMap<Integer, Integer>();
        // 该顶点到各顶点的距离
        thisPointMap4.put(0, 20);
        thisPointMap4.put(1, Integer.MAX_VALUE);
        thisPointMap4.put(2, 4);
        thisPointMap4.put(3, 0);
        thisPointMap4.put(4, 12);
        p4.setThisPointMap(thisPointMap4);
        point_arr.add(p4);

        // 定义第五行数据
        Point p5 = new Dijkstra().new Point(sum);
        p5.setId(4);
        TreeMap<Integer, Integer> thisPointMap5 = new TreeMap<Integer, Integer>();
        // 该顶点到各顶点的距离
        thisPointMap5.put(0, 30);
        thisPointMap5.put(1, Integer.MAX_VALUE);
        thisPointMap5.put(2, Integer.MAX_VALUE);
        thisPointMap5.put(3, Integer.MAX_VALUE);
        thisPointMap5.put(4, 0);
        p5.setThisPointMap(thisPointMap5);
        point_arr.add(p5);

        // 开始遍历的顶点，从第一个顶点开始
        int start = 0;
        showDijkstra(point_arr, start);// 使用迪杰斯特拉算法求单源点最短路径
    }

    public static void showDijkstra(ArrayList<Point> arr, int i){
        System.out.print("顶点" + (i + 1));
        arr.get(i).changeFlag();
        Point p1 = getTopointMin(arr, arr.get(i));
```

```
        if (p1 == null)
            return;
        int id = p1.getId();
        showDijkstra(arr, id);
    }

    public static Point getTopointMin(ArrayList<Point> arr, Point p)
    {
        Point temp = null;
        int minLen = Integer.MAX_VALUE;
        for (int i = 0; i < arr.size(); i ++)
        {
            // 当已访问或者是自身或者无该路径时跳过
            if (arr.get(i).isVisit() || arr.get(i).getId() == p.getId() || p.len
ToPointId(i) < 0)
                continue;
            else
            {
                if (p.lenToPointId(i) < minLen)
                {
                    minLen = p.lenToPointId(i);
                    temp = arr.get(i);
                }
            }
        }
        if (temp == null)
            return temp;
        else
            System.out.print("  @--" + minLen + "--> ");
        return temp;
    }

    class Point
    {
        private int id; // 顶点的 id
        private boolean flag = false; // 标志是否被遍历
        int sum; // 记录总的顶点个数

        private TreeMap<Integer, Integer> thisPointMap = new TreeMap<Integer,
Integer>(); // 该顶点到各顶点的距离

        public Point(int sum)
        {
            this.sum = sum;
        }

        public TreeMap<Integer, Integer> getThisPointMap()
        {
            return thisPointMap;
        }

        public void setThisPointMap(TreeMap<Integer, Integer> thisPointMap)
        {
            this.thisPointMap = thisPointMap;
```

```
            }

            // 计算当前顶点到顶点 id 的距离
            public int lenToPointId(int id)
            {
                return thisPointMap.get(id);
            }

            public void changeFlag() { // 修改访问状态
                this.flag = true;
            }

            public boolean isVisit() { // 查看访问状态
                return flag;
            }

            public void setId(int id) { // 设置顶点 id
                this.id = id;
            }

            public int getId() { // 获得顶点 id
                return this.id;
            }
        }
    }
```

程序运行结果如下：

```
顶点 1  @--3--> 顶点 2  @--8--> 顶点 4  @--4--> 顶点 3  @--10--> 顶点 5
```

用迪杰斯特拉算法求得的最短路径的过程及结果如图 7-22 所示。从图 7-22 可知，1 到 2 的最短距离为 3，路径为 1→2；1 到 3 的最短距离为 15，路径为 1→2→4→3；1 到 4 的最短距离为 11，路径为 1→2→4；1 到 5 的最短距离为 23，路径为 1→2→4→5。

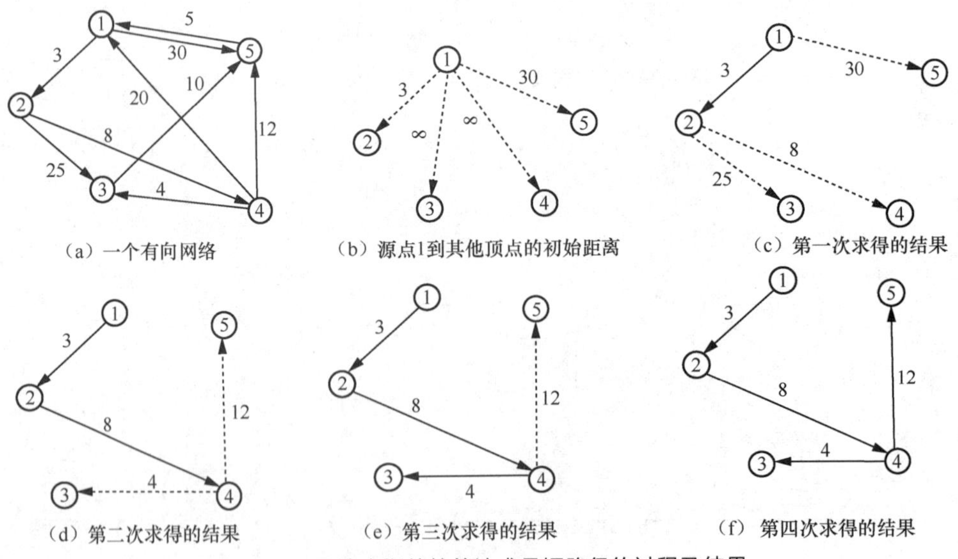

图 7-22　用迪杰斯特拉算法求最短路径的过程及结果

7.5.2 所有顶点对之间的最短路径

所有顶点对之间的最短路径是指：对于给定的有向图 $G=(V, E)$，要对 G 中任意一对顶点有序对 v、w（$v \neq w$），找出 v 到 w 的最短距离和 w 到 v 的最短距离。解决此问题的一个有效方法是：依次以图 G 中的每个顶点为源点，求每个结点的单源最短路径。由此知道，重复执行迪杰斯特拉算法 n 次，即可求得每一对顶点之间的最短路径，下面将介绍用弗洛伊德算法（Floyd's algorithm）来实现此功能。

弗洛伊德算法的基本思想：首先定义一个 n 阶方阵序列 $D(k)$（$-1 \leqslant k \leqslant n-1$），然后将问题分解成两个部分：① 用方阵 $D(-1)$记录每一对顶点的初始最短距离；② 依次扫描每一个顶点 V_k（$0 \leqslant k \leqslant n-1$），并以其为中间顶点再遍历每一对顶点 $D(k)$的值，若通过该中间顶点让这对顶点间的距离更小，则更新 $D(k)$中对应的值并将该路径记录下来保存到 $P(k)$（$-1 \leqslant k \leqslant n-1$）。

求解上述基本思想中 n 阶方阵序列 $D(k)$的步骤如下。

① $D(-1)[i][j]$表示从顶点 V_i 出发，不经过其他顶点直接到达顶点 V_j 的路径长度。

② $D(k)[i][j]$表示从 V_i 到 V_j 的中间只可能经过 $V_0, V_1, \cdots, V_k$ 而不可能经过 $V_{k+1}, V_{k+2}, \cdots, V_{n-1}$ 等顶点的最短路径长度。

③ $D(n-1)[i][j]$就是从顶点 V_i 到顶点 V_j 的最短路径的长度。

弗洛伊德算法的关键操作如下：

```
if (D[i][k]+D[k][j]<D[i][j]){
    D[i][j]=D[i][k]+D[k][j]; // 更新最短路径长度
    P[i][j]=P[i][k]+P[k][j]; // 更新最短路径
}
```

其中：k 表示在路径中新增的顶点序号，i 为路径的源点，j 为路径的终点。

图 7-23 所示为有向带权图 G_{12}，用弗洛伊德算法进行计算，所得结果如图 7-24 所示，其中 D 存储的是顶点间最短路径长度，P 用来保存顶点间最短路径，上标则表示在求最短路径时经过的顶点编号（-1 代表不经过其他顶点）。

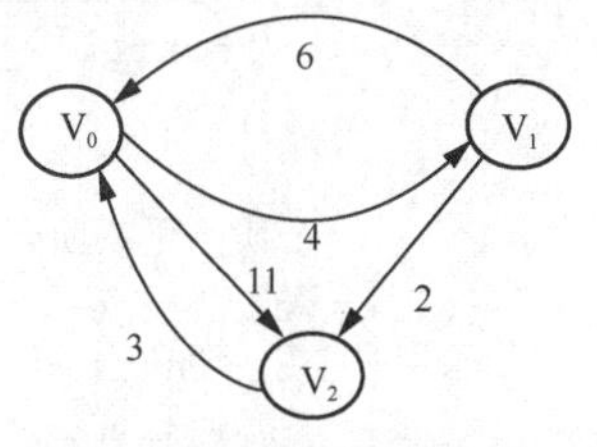

图 7-23 有向带权图 G_{12}

D	$D^{(-1)}$（直接路径）			$D^{(0)}$（经过V_0的最短路径）			$D^{(1)}$（经过V_1的最短路径）			$D^{(2)}$（经过V_2的最短路径）		
	V_0	V_1	V_2	V_0	V_1	V_2	V_0	V_1	V_2	V_0	V_1	V_2
V_0	0	4	11	0	4	11	0	4	6	0	4	6
V_1	6	0	2	6	0	2	6	0	2	5	0	2
V_2	3	∞	0	3	7	0	3	7	0	3	7	0
P	$P^{(-1)}$			$P^{(0)}$			$P^{(1)}$			$P^{(2)}$		
	V_0	V_1	V_2	V_0	V_1	V_2	V_0	V_1	V_2	V_0	V_1	V_2
V_0	—	V_0V_1	V_0V_2	—	V_0V_1	V_0V_2	—	V_0V_1	$V_0V_1V_2$	—	V_0V_1	$V_0V_1V_2$
V_1	V_1V_0	—	V_1V_2	V_1V_0	—	V_1V_2	V_1V_0	—	V_1V_2	$V_1V_2V_0$	—	V_1V_2
V_2	V_2V_0	—	—	V_2V_0	$V_2V_0V_1$	—	V_2V_0	$V_2V_0V_1$	—	V_2V_0	$V_2V_0V_1$	—

图 7-24 用弗洛伊德算法求解的结果

用弗洛伊德算法求最短路径的实现如算法 7.9 所示。

【算法 7.9　用弗洛伊德算法求最短路径的实现】

```
package lib.algorithm.chapter7.n05;

/**
 * Java：弗洛伊德算法获取最短路径(邻接矩阵)
 */

import java.io.IOException;
import java.util.Scanner;

public class FLOYD {

    private int mEdgNum;          // 边的数量
    private char[] mVexs;         // 顶点集
    private int[][] mMatrix;      // 邻接矩阵
    private static final int INF = Integer.MAX_VALUE;   // 最大值

    /*
     * 创建图（自己输入数据）
     */
    public FLOYD() {

        // 输入"顶点数"和"边数"
        System.out.printf("input vertex number: ");
        int vlen = readInt();
        System.out.printf("input edge number: ");
        int elen = readInt();
        if ( vlen < 1 || elen < 1 || (elen > (vlen * (vlen - 1)))) {
            System.out.printf("input error: invalid parameters!\n");
            return ;
        }

        // 初始化"顶点"
        mVexs = new char[vlen];
        for (int i = 0; i < mVexs.length; i ++) {
            System.out.printf("vertex(%d): ", i);
            mVexs[i] = readChar();
        }

        // 1. 初始化"边"的权值
        mEdgNum = elen;
        mMatrix = new int[vlen][vlen];
        for (int i = 0; i < vlen; i ++) {
            for (int j = 0; j < vlen; j ++) {
                if (i == j)
                    mMatrix[i][j] = 0;
                else
                    mMatrix[i][j] = INF;
            }
```

```
    }
    // 2. 初始化"边"的权值：根据用户的输入进行初始化
    for (int i = 0; i < elen; i ++) {
        // 读取边的源点、终点、权值
        System.out.printf("edge(%d):", i);
        char c1 = readChar();       // 读取"源点"
        char c2 = readChar();       // 读取"终点"
        int weight = readInt();     // 读取"权值"

        int p1 = getPosition(c1);
        int p2 = getPosition(c2);
        if (p1 == -1 || p2 == -1) {
            System.out.printf("input error: invalid edge!\n");
            return ;
        }

        mMatrix[p1][p2] = weight;
        mMatrix[p2][p1] = weight;
    }
}


public FLOYD(char[] vexs, int[][] matrix)
{
    // 初始化"顶点数"和"边数"
    int vlen = vexs.length;

    // 初始化"顶点"
    mVexs = new char[vlen];
    for (int i = 0; i < mVexs.length; i ++)
        mVexs[i] = vexs[i];

    // 初始化"边"
    mMatrix = new int[vlen][vlen];
    for (int i = 0; i < vlen; i ++)
        for (int j = 0; j < vlen; j ++)
            mMatrix[i][j] = matrix[i][j];

    // 统计"边"
    mEdgNum = 0;
    for (int i = 0; i < vlen; i ++)
        for (int j = i + 1; j < vlen; j ++)
            if (mMatrix[i][j] != INF)
                mEdgNum ++;
}

/*
 * 返回 ch 位置
 */
private int getPosition(char ch) {
    for (int i = 0; i < mVexs.length; i ++)
```

```
            if (mVexs[i] == ch)
                return i;
        return -1;
    }

    /*
     * 读取一个输入字符
     */
    private char readChar() {
        char ch='0';
        do {
            try {
                ch = (char)System.in.read();
            } catch (IOException e) {
                e.printStackTrace();
            }
        } while(!((ch >= 'a' && ch <= 'z') || (ch >= 'A' && ch <= 'Z')));

        return ch;
    }

    /*
     * 读取一个输入字符
     */
    private int readInt() {
        Scanner scanner = new Scanner(System.in);
        return scanner.nextInt();
    }

    /*
     * 返回顶点 v 的第一个邻接顶点的索引，失败则返回-1
     */
    private int firstVertex(int v) {

        if (v < 0 || v > (mVexs.length - 1))
            return -1;

        for (int i = 0; i < mVexs.length; i ++)
            if (mMatrix[v][i] != 0 && mMatrix[v][i] != INF)
                return i;

        return -1;
    }

    /*
     * 返回顶点 v 相对于 w 的下一个邻接顶点的索引，失败则返回-1
     */
    private int nextVertex(int v, int w) {

        if (v < 0 || v > (mVexs.length - 1) || w < 0 || w > (mVexs.length - 1))
            return -1;

        for (int i = w + 1; i < mVexs.length; i ++)
```

```
            if (mMatrix[v][i] != 0 && mMatrix[v][i] != INF)
                return i;

        return -1;
    }


    /*
     * 输出矩阵
     */
    public void print() {
        System.out.printf("Martix Graph:\n");
        for (int i = 0; i < mVexs.length; i ++) {
            for (int j = 0; j < mVexs.length; j ++)
                System.out.printf("%10d ", mMatrix[i][j]);
            System.out.printf("\n");
        }
    }
    public void floyd(int[][] path, int[][] dist) {

        // 初始化
        for (int i = 0; i < mVexs.length; i ++) {
            for (int j = 0; j < mVexs.length; j ++) {
                dist[i][j] = mMatrix[i][j];
                // “顶点i”到“顶点j”的路径长度为“i到j的权值”
                path[i][j] = j; // “顶点i”到“顶点j”的最短路径是经过顶点j
            }
        }

        // 计算最短路径
        for (int k = 0; k < mVexs.length; k ++) {
            for (int i = 0; i < mVexs.length; i ++) {
                for (int j = 0; j < mVexs.length; j ++) {
                    // 如果经过下标为k的顶点路径比原两点间路径更短，则更新dist[i][j]
和path[i][j]
                    int tmp = (dist[i][k]==INF || dist[k][j]==INF) ? INF :
(dist[i][k] + dist[k][j]);
                    if (dist[i][j] > tmp) {
                        // “i到j最短路径”对应的值设，为更小的一个（即经过k）
                        dist[i][j] = tmp;
                        // “i到j最短路径”对应的路径，经过k
                        path[i][j] = path[i][k];
                    }
                }
            }
        }

        // 输出用弗洛伊德算法得到的最短路径的结果
        System.out.printf("floyd: \n");
        for (int i = 0; i < mVexs.length; i ++) {
            for (int j = 0; j < mVexs.length; j ++)
                System.out.printf("%2d  ", dist[i][j]);
            System.out.printf("\n");
```

```
        }
    }

    // 边的结构体
    private static class EData {
        char start; // 边的起点
        char end;   // 边的终点
        int weight; // 边的权值

        public EData(char start, char end, int weight) {
            this.start = start;
            this.end = end;
            this.weight = weight;
        }
    };

    public static void main(String[] args) {
        char[] vexs =
        { 'A', 'B', 'C', 'D', 'E'};
        int matrix[][] =
        {
        /* A *//* B *//* C *//* D *//* E */
        /* A */{ 0, 25, 4, 22, INF},
        /* B */{ 25, 0, 16, INF, 3},
        /* C */{ 4, 16, 0, 18, 7},
        /* D */{ 22, INF, 18, 0, 9},
        /* E */{ INF, 3, 7, 9, 0}};
        FLOYD pG;

        // 采用已有的“图”
        pG = new FLOYD(vexs, matrix);

        int[][] path = new int[pG.mVexs.length][pG.mVexs.length];
        int[][] floy = new int[pG.mVexs.length][pG.mVexs.length];
        // 用弗洛伊德算法获取各个顶点之间的最短距离
        pG.floyd(path, floy);
    }
}
```

程序运行结果如下：

```
floyd:
 0  14  4   20  11
14  0   10  12  3
 4  10  0   16  7
20  12  16  0   9
11  3   7   9   0
```

7.6 拓扑排序

现实生活中，常会出现这类问题。有向图表示一个工程的施工图或程序的数据流图，图中不允许出现回路。检查有向图中是否存在回路的方法之一是对有向图进行拓扑排序。

一个无环的有向图称为有向无环图（Directed Acyclic Graph，DAG）。

通常用一个有向图中的顶点表示活动，边表示活动间的先后关系，这样的有向图称为顶点活动网（Activity on Vertex Network，简称 AOV 网）。在 AOV 网中不允许出现环，出现环则说明该工程的施工设计图存在问题。若 AOV 网表示的是数据流图，出现环则表明存在死循环。

例如，假定一个计算机专业的学生必须完成表 7-1 列出的全部课程。在这里，课程代表活动，学习一门课程就表示进行一项活动，学习每门课程的先决条件是学完它的全部先修课程。如数据结构课程必须安排在学完它的两门先修课程程序设计基础和离散数学之后。高等数学课程则可以随时安排，因为它是基础课程，没有先修课程。若用 AOV 网来表示这种课程安排的先后关系，则如图 7-25 所示。图中的每个顶点代表一门课程，每条有向边代表起点对应的课程是终点对应课程的先修课程。从图中可以清楚地看出各课程之间的先修和后续关系。如课程 C_7 的先修课程为 C_0，后续课程为 C_9 和 C_{10}。

表 7-1　学生课程

课程编号	课程名称	先修课
C_0	计算机文化基础	无
C_1	高等数学	无
C_2	线性代数	无
C_3	程序设计基础	C_0
C_4	离散数学	C_3
C_5	数值分析	C_1，C_2，C_3
C_6	数据结构	C_3，C_4
C_7	计算机组成原理	C_0
C_8	数据库原理	C_3，C_6
C_9	操作系统	C_6，C_7
C_{10}	编译原理	C_3，C_6，C_7
C_{11}	计算机网络	C_3，C_6，C_9

如图 7-25 所示，根据学生课程开设工程图 AOV 网可以得到多个拓扑有序序列，如 C_0、C_1、C_2、C_3、C_4、C_5、C_6、C_7、C_8、C_9、C_{10}、C_{11} 和 C_0、C_1、C_2、C_7、C_3、C_5、C_4、C_6、C_9、C_8、C_{11}、C_{10}。

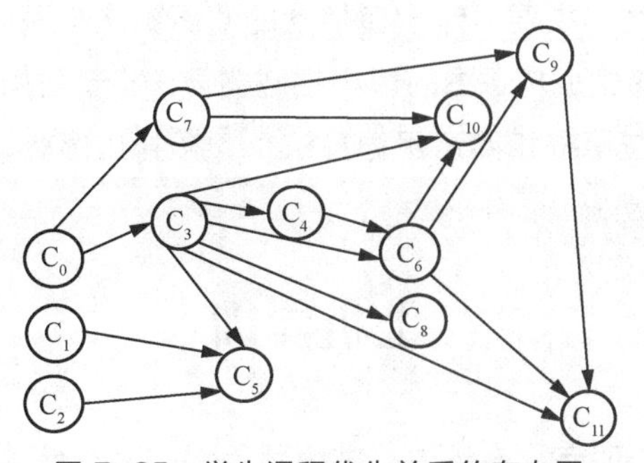

图 7-25　学生课程优先关系的有向图

拓扑排序是判断有向图中是否存在有向环的方法：针对 AOV 网进行“拓扑排序”，构造一个包含图中所有顶点的“拓扑有序序列”，若在 AOV 网中存在一条从顶点 *u* 到顶点 *v* 的弧，则在拓扑有序序列中顶点 *u* 必然优先于顶点 *v*；若在 AOV 网中顶点 *u* 和顶点 *v* 之间没有弧，则在拓扑有序序列中这两个顶点的先后次序可以随意排列。

拓扑排序步骤如下。

① 在 AOV 网中选择一个没有前驱的顶点并输出；

② 从 AOV 网中删除该顶点以及从它出发的弧；

③ 重复步骤①、步骤②直至 AOV 网为空（即已输出所有的顶点），或者剩余子图中不存在没有前驱的顶点。后一种情况说明该 AOV 网中存在有向环，拓扑排序不成功。

例如，对某 AOV 网进行拓扑排序，写出一个拓扑序列。AOV 网的拓扑排序过程如图 7-26 所示。

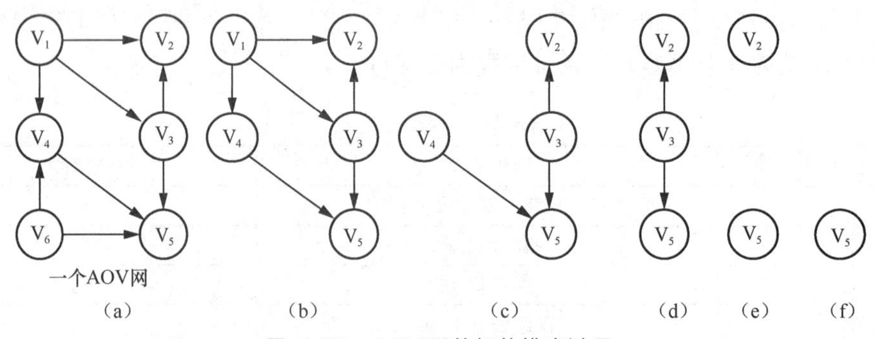

图 7-26　AOV 网的拓扑排序过程

操作过程：在图 7-26（a）中选择一个入度为 0 的顶点 V_6，删除 V_6 及与其关联的两条边，如图 7-26（b）所示；再选择一个入度为 0 的顶点 V_1，删除 V_1 及与其关联的边，如图 7-26（c）所示；再选择一个入度为 0 的顶点 V_4，删除 V_4 及与其关联的边，如图 7-26（d）所示；再选择一个入度为 0 的顶点 V_3，删除 V_3 及与其关联的边，如图 7-26（e）所示；再选择一个入度为 0 的顶点 V_2，删除 V_2，如图 7-26（f）所示；最后选取顶点 V_5，即得到该图的一个拓扑序列：V_6,V_1,V_4,V_3,V_2,V_5。

本章小结

本章在介绍图的基本概念的基础上，介绍了图的两种常用的存储结构，即邻接矩阵和邻接表。然后本章还讲述了图的主要算法，包括图的遍历算法（深度优先搜索遍历算法和广度优先搜索遍历算法）、图的生成树、图的最小生成树算法（普里姆算法和克鲁斯卡尔算法）、最短路径算法（迪杰斯特拉算法和弗洛伊德算法）、拓扑排序等，并将这些算法与实际应用联系起来解决问题。

上机实训

1．设无向图 *G* 有 *n* 个顶点，*m* 条边。试编写用邻接表存储该图的算法。

2．给出以十字链表作为存储结构，建立图的算法，输入(i,j,v)，其中i,j为顶点号，v为权值。

3．试写一算法，判断以邻接表方式存储的有向图中是否存在由顶点V_i到顶点V_j的路径（$i!=j$）。注意：算法中涉及的图的基本操作必须在存储结构上实现。

4．在有向图G中，如果r到G中的每个结点都有路径可达，则称结点r为G的根结点。编写一个算法判断有向图G是否有根，若有，则打印出所有根结点的值。

5．设图用邻接表表示，写出求从指定顶点到其余各顶点的最短路径的迪杰斯特拉算法。

要求：

① 对所用的辅助数据结构，邻接表结构给出必要的说明。

② 写出算法描述。

6．设计算法，求出无向连通图中距离顶点V_0的最短路径长度（最短路径长度以边数为单位计算）为k的所有的结点，要求尽可能地节省时间。

7．欲用4种颜色对地图上的国家涂色，有相邻边界的国家不能用同一种颜色（点相交不算相邻）。

① 试用一种数据结构表示地图上各国相邻的关系。

② 描述涂色过程的算法。（不要求证明。）

习　　题

一、选择题

1．图中有关路径的定义是（　　）。

A．由顶点和相邻顶点序偶构成的边形成的序列

B．由不同顶点形成的序列

C．由不同边形成的序列

D．上述定义都不是

2．设无向图的顶点个数为n，则该图最多有（　　）条边。

A．$n-1$　　B．$n(n-1)/2$　　C．$n(n+1)/2$　　D．0　　E．n^2

3．一个有n个顶点的连通无向图，其边的条数至少为（　　）。

A．$n-1$　　B．n　　C．$n+1$　　D．$n\log n$

4．要连通具有n个顶点的有向图，至少需要（　　）条边。

A．$n-1$　　B．n　　C．$n+1$　　D．$2n$

5．具有n个结点的完全有向图含有边的数目为（　　）。

A．$n\times n$　　B．$n(n+1)$　　C．$n/2$　　D．$n(n-1)$

6．一个有n个结点的图，最少有（　　）个连通分量，最多有（　　）个连通分量。

A．0　　B．1　　C．$n-1$　　D．n

7．在一个无向图中，所有顶点的度数之和等于所有边数的（　　）倍；在一个有向图中，所有顶点的入度之和等于所有顶点出度之和的（　　）倍。

A．1/2　　B．2　　C．1　　D．4

8．用 DFS 遍历一个无环有向图，并在 DFS 出栈返回时输出相应的顶点，则输出的顶点序列是(　　)。

A．逆拓扑有序　B．拓扑有序　C．无序的

9．无向图 $G=(V,E)$，其中：$V=\{a,b,c,d,e,f\}$，$E=\{(a,b),(a,e),(a,c),(b,e),(c,f),(f,d),(e,d)\}$，对该图进行深度优先搜索遍历，得到的顶点序列正确的是（　　）。

A．a,b,e,c,d,f　　B．a,c,f,e,b,d　　C．a,e,b,c,f,d　　D．a,e,d,f,c,b

10．① 求从指定源点到其余各顶点的迪杰斯特拉算法中弧上权值不能为负的原因是在实际应用中无意义；

② 利用迪杰斯特拉算法求每一对不同顶点之间的最短路径的算法时间是 $O(n^3)$；（图用邻接矩阵表示。）

③ 用弗洛伊德算法求每对不同顶点对的算法中允许弧上的权值为负，但不能有权值之和为负的回路。

上面不正确的是（　　）。

A．①,②,③　　B．①　　C．①,③　　D．②,③

11．已知有向图 $G=(V,E)$，其中

$V=\{V_1,V_2,V_3,V_4,V_5,V_6,V_7\}$

$E=\{<V_1,V_2>,<V_1,V_3>,<V_1,V_4>,<V_2,V_5>,<V_3,V_5>,<V_3,V_6>,<V_4,V_6>,<V_5,V_7>,<V_6,V_7>\}$

G 的拓扑序列是（　　）。

A．$V_1,V_3,V_4,V_6,V_2,V_5,V_7$　　B．$V_1,V_3,V_2,V_6,V_4,V_5,V_7$

C．$V_1,V_3,V_4,V_5,V_2,V_6,V_7$　　D．$V_1,V_2,V_5,V_3,V_4,V_6,V_7$

二、填空题

1．对于一个具有 n 个顶点、e 条边的无向图的邻接表，则表头向量大小为_______，邻接表的边结点个数为_______。

2．已知一无向图 $G=(V,E)$，其中 $V=\{a,b,c,d,e\}$，$E=\{(a,b),(a,d),(a,c),(d,c),(b,e)\}$现用某一种图遍历方法从顶点 a 开始遍历图，得到的序列为 abecd，则采用的是名为________的遍历方法。

3．构造连通图最小生成树的两个典型算法是______________________________。

4．求图的最小生成树有两种算法，_______________算法适用于求稀疏图的最小生成树。

三、简答题

1．对于如图 7-27 所示的有向图，试给出：

① 每个顶点的入度和出度；

② 邻接矩阵；

③ 邻接表；

④ 逆邻接表；

⑤ 强连通分量。

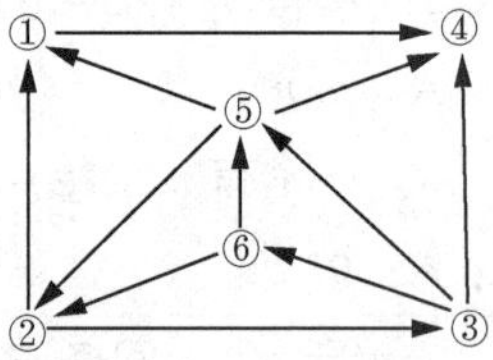

图 7-27　简答题第 1 题

2．请回答下列关于图的一些问题。

① 有 n 个顶点的有向强连通图最多有多少条边？最少有多少条边？

② 表示有 1000 个顶点、1000 条边的有向图的邻接矩阵有多少个矩阵元素？是否为稀疏矩阵？

③ 对于一个有向图，不用拓扑排序，如何判断图中是否存在环？

3．已知无向图 G，$V(G)=\{1,2,3,4\}$，$E(G)=\{(1,2),(1,3),(2,3),(2,4),(3,4)\}$，试画出 G 的邻接表，并说明若已知点 i，如何根据邻接表找到与点 i 相邻的点 j？

4．设有数据逻辑结构为

$B = (K, R)$

$K = \{k_1, k_2, \cdots, k_9\}$

$R = \{\langle k_1, k_3\rangle, \langle k_1, k_8\rangle, \langle k_2, k_3\rangle, \langle k_2, k_4\rangle, \langle k_2, k_5\rangle, \langle k_3, k_9\rangle,$
$\langle k_5, k_6\rangle, \langle k_8, k_9\rangle, \langle k_9, k_7\rangle, \langle k_4, k_7\rangle, \langle k_4, k_6\rangle\}$

① 画出这个逻辑结构的图；

② 相对于关系 R，指出所有的开始接点和终端结点；

③ 分别对关系 R 中的开始结点，举出一个拓扑序列的例子；

④ 分别画出该逻辑结构的正向邻接表和逆向邻接表。

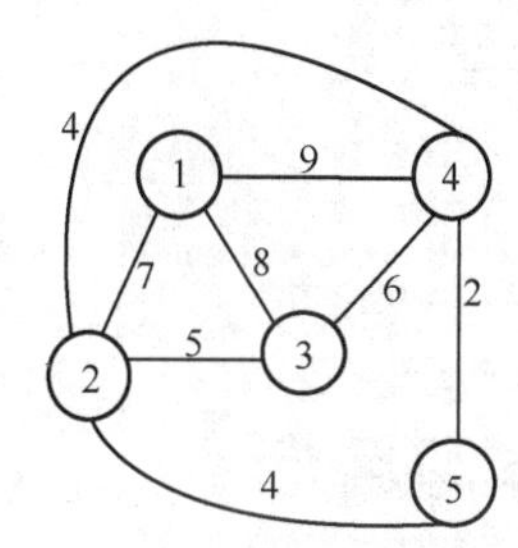

图 7-28　简答题第 5 题

5．$G=(V,E)$是一个带有权的连通图，则：

① 请回答什么是 G 的最小生成树；

② G 如图 7-28 所示，请找出 G 的所有最小生成树。

6．给出图 G，如图 7-29 所示。

① 画出 G 的邻接表表示图；

② 根据你画出的邻接表，以顶点①为根，画出 G 的使用深度优先搜索的生成树和广度优先搜索的生成树。

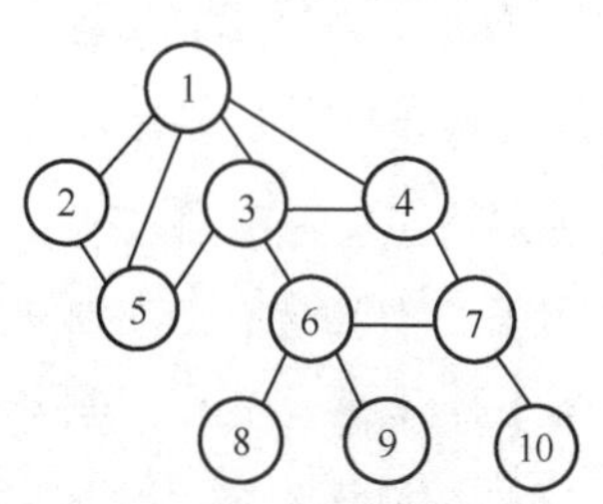

图 7-29　简答题第 6 题

7．在什么情况下，普里姆算法与克鲁斯卡尔算法生成不同的最小生成树？

8．试写出用克鲁斯卡尔算法构造图 7-30 的一棵最小生成树的过程。

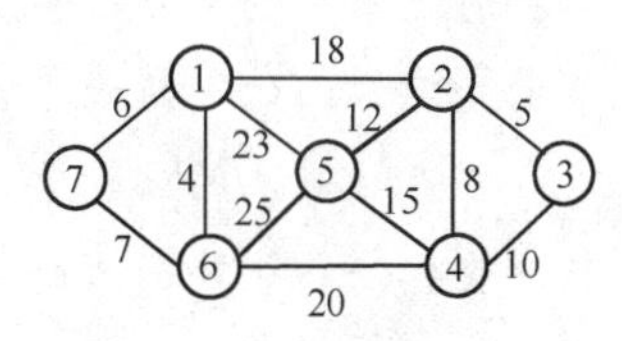

图 7-30　简答题第 8 题

第8章

查找

学习目标

在非数值运算问题中，数据的存储量很大，为了在大量信息中找到某些数据，需要用到查找技术。在日常生活中，我们经常需要进行查找，例如，电话号码查询、高考分数查询、互联网上文献资料检索、在英汉词典中查找某个英文单词的中文释义、在图书馆中查找一本书等。查找的数据处理量占有非常大的比例，故查找的有效性直接影响算法的性能，因而查找技术是重要的处理技术。

本章将系统地介绍各种查找方法，并通过对它们的效率分析来比较各种查找方法的优劣。通过本章的学习，学生应该掌握静态查找表的顺序查找和有序表的折半查找，掌握哈希表的处理方法的思想和各种查找方法的处理过程。

在查找算法的设计中，对于无序数组可以使用顺序查找法，而对于有序数组，可以使用折半查找法，这样能提高查找的算法效率。由此可见秩序的重要性，建设和谐、有序的法治社会有利于提升社会效率。同时，折半查找法体现了分而治之的思想理念，复杂的问题通过分而治之的方法可以拆解为容易解决的简单问题。分而治之的思想可以追溯到《孙子兵法》中分化敌人各个击破的战术，红军也曾采用“集中兵力，各个击破，运动战中歼敌人”的类似战术取得胜利。由分而治之的思想可以引申出历史故事，可以有效地激发读者的学习兴趣，从而更加深刻地理解算法的基本原理，同时也能使读者“润物细无声”地接受爱国主义教育。

8.1 查找的基本概念

所谓查找，是指根据给定的某个值，在查找表中确定一个关键字等于给定值的记录或数据元素的过程。若表中存在这样的记录，称查找成功；若表中不存在关键字等于给定值的记录，称查找不成功。不同的表结构（查找表）采用不同的查找方法。简单起见，本章涉及的关键字均指主关键字，且假设关键字的类型为 Comparable 接口类。

数据项（也称项或字段）：数据项是具有独立含义的标识单位，是数据不可分割的最小单位，如学号、姓名等。数据项有名和值之分，名是数据项的标识，用变量定义，而值是数据项的一个可能取值。

数据元素（记录）：数据元素是由若干数据项构成的数据单位，是在某一问题中作为整体进行考虑和处理的基本单位。数据元素有类型和值之分，表中数据项名的集合，即表头部分就是数据元素的类型，而学生表中一个学生对应的一行数据就是一个数据元素的值，表中全体学生即数据元素的集合。

主关键字：数据元素（或记录）中某个数据项的值，用它可以标识（识别）一个数据元素（或记录）。

次关键字：通常不能唯一区分各个不同数据元素的关键字。

查找表：是一种以同一类型的记录构成的集合的逻辑结构，以查找为核心运算的数据结构。由于“集合”中的数据元素之间存在着松散的关系，因此查找表是一种应用灵活的结构。

查找：根据给定的某个值，在查找表中寻找一个关键字等于给定值的数据元素。

查找成功：若查找表中存在这样一条记录，则称“查找成功”。查找结果给出整个记录的信息，或指示该记录在查找表中的位置。

查找不成功：若在查找表中不存在这样的记录，则称“查找不成功”，查找结果给出“空记录”或“空指针”。

静态查找：在查找过程中，查找表本身的结构不发生变化，只确定是否存在数据元素的关键字与给定的关键字相等或找出相应数据元素的属性。

动态查找：在查找过程中，查找表本身的结构将发生变化，包括插入元素（查找不成功时，在查找表中插入关键字为给定值的记录）或删除元素（查找成功时，将查找表中关键字为给定值的记录删除）。

静态查找表：仅进行查找和读表元操作的查找表。

动态查找表：需进行修改操作的查找表。在查询之后，还需要将“查询”结果为“不在查找表中”的数据元素插入查找表，或者从查找表中删除其“查询”结果为“在查找表中”的数据元素。

平均查找长度（Average Search Length，ASL）：为确定数据元素在查找表中的位置，需要和给定的值进行比较的关键字个数的期望值，称为查找算法在查找成功时的平均查找长度。

需要注意，这里的平均查找长度是在查找成功的情况下进行讨论的，换言之，这里认为每次查找都是成功的。前面提到查找可能成功也可能失败，但是在实际应用的大多数情况下，查找成功的可能性要比不成功的可能性大得多，特别是当查找表中数据元素个数 n 较大时，查找不成功的概率几乎可以忽略不计。由于查找算法的基本运算是关键字之间的比较操作，所以平均查找长度可以用来衡量查找算法的性能。在一个结构中查找某个数据元素的过程依赖于这个数据元素在此结构中所处的位置。因此，对表进行查找的方法取决于表中数据元素以何种关系组织在一起，该关系是为了进行查找而存在的。

从上述定义中可以看到，在查找表中除了可以完成查找操作，还可以动态地改变查找表中的数据元素，即可以进行插入和删除的操作。为此，算法 8.1 给出查找表的接口定义。

【算法 8.1　查找表接口定义】

```
public interface SearchTable {
    //查询查找表当前的规模
    public int getSize();
    //判断查找表是否为空
    public boolean isEmpty();
    //返回查找表中关键字与元素 ele 相同的元素位置；否则，返回 null
    public Node search(Object ele);
    //返回所有关键字与元素 ele 相同的元素位置
    public Iterator searchAll(Object ele);
}
```

8.2　静态查找表

在对查找表进行操作过程中，只进行查找操作的查找表为静态查找表。静态查找表一般以线性表表示。线性表结构可以是顺序表结构，也可以是单链表结构。在不同的表示方法中，实现查找操作的方法也不同，静态查找表主要有 3 种结构：顺序表、有序顺序表、索引顺序表。

静态查找表的类型描述：

```
typedef  struct{
    ElemType  *elem;  //数据元素存储空间的首地址，建表时按实际长度分配，0 号单元不存记录
    int  length;      // 静态查找表的长度
} SqList ;
```

8.2.1　顺序查找

顺序查找（sequence search）又称线性查找（linear search），其基本思想是：从静态查找表的一端开始，将给定记录的关键字与表中各记录的关键字逐一比较，若表中存在要查找的记录，则查找成功，并给出该记录在表中的位置。反之，若直至另一端，其给定记录的关键字与表中各记录的关键字比较都不相等，则表明表中没有所查记录，查找不成功。

如图 8-1 所示，以查找关键字为 64 的数据元素为例，从静态查找表的第一个数据元素的

关键字开始，依次将表中的数据元素的关键字和给定值 64 进行比较，直到表中下标为 6 所对应的数据元素的关键字和给定值 64 相等，则说明查找成功。

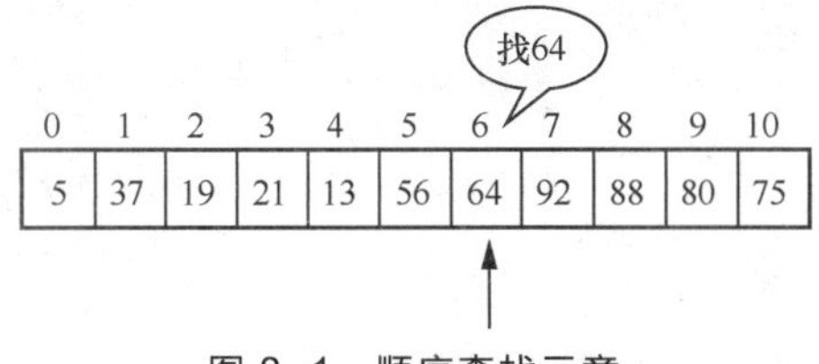

图 8-1 顺序查找示意

查找函数设计如下：

```
public int seqSearch(Comparable key) {
        int i = 1, n = length();
        while (i < n + 1 && r[i].getKey().compareTo(key) != 0)
            i ++;

        if (i < n + 1) {    //查找成功则返回该元素的下标 i，否则返回-1
            return i;
        } else {
            return -1;
        }
    }
```

查找的过程就是将给定的关键字值与文件中各记录的关键字项进行比较的过程。所以用比较次数的平均值来评估算法的优劣。这个平均值称为平均查找长度。对于含有 n 个记录的表，查找成功时的平均查找长度为

$$\text{ASL}=\sum_{i=1}^{n}P_iC_i$$

其中，P_i 为查找表中第 i 个记录被查找到的概率；C_i 为查找到第 i 个记录需比较的次数。

假设每个记录的查找概率相等，即 $P_i=1/n$，则顺序查找的平均查找长度为

$$\text{ASL}=[n+(n-1)+\cdots+2+1]/n=(n+1)/2$$

假设每个记录的查找概率不相等，则

$$\text{ASL}=nP_1+(n-1)P_2+\cdots+2P_{n-1}+P_n$$

取得极小值的情形是

$$P_1\leqslant P_2\leqslant\cdots\leqslant P_{n-1}\leqslant P_n$$

若假设查找“成功”和“不成功”的概率相等，查找成功时，每个记录的查找概率相等，即 $P_i=1/(2n)$，则

$$\text{ASL}=[n+(n-1)+\cdots+2+1]/(2n)+(n+1)/2=3(n+1)/4$$

物理意义：假设每一元素被查找的概率相同，则查找每一元素所需的比较次数之总和再取平均，即 ASL。

平均查找长度算法：查找第 n 个元素所需的比较次数为 1；查找第 $n-1$ 个元素所需的比较次数为 2；……查找第 1 个元素所需的比较次数为 n。

总计全部比较次数为 $1+2+\cdots+n=(1+n)n/2$。

若求某一个元素的平均查找次数，还应当除以 n（等概率），即 $ASL_{cc}=(1+n)/2$（在查找成功的情况下），时间复杂度为 $O(n)$。

顺序查找的优点是算法简单，对表结构无特殊要求，无论采用顺序存储结构，还是采用链式存储结构，也无论结点之间是否按关键字有序或无序排列，它都同样适用。顺序查找的缺点是查找效率较低，特别是当 n 较大时，不宜采用顺序查找，而必须选用更优的查找方法。

8.2.2 折半查找

折半查找（binary search）又称二分查找，它是一种效率较高的查找方法。但折半查找有一定的条件限制：要求线性表必须采用顺序存储结构，表中元素必须按关键字有序（升序或降序均可）排列。在下面的讨论中，不妨假设线性表是升序排列的。

微课 8-1 折半查找

折半查找的基本思想是：在有序表中，取中间的记录作为比较对象，如果要查找记录的关键字等于中间记录的关键字，则查找成功。若要查找记录的关键字大于中间记录的关键字，则在中间记录的右半区继续查找；若要查找记录的关键字小于中间记录的关键字，则在中间记录的左半区继续查找。不断重复上述查找过程，直到查找成功；或有序表中没有所要查找的记录，查找失败。具体操作过程如下。

假设顺序表 ST 是有序的。设两个指示器：一个是 low，指示查找表第 1 个记录的位置，low=0；另一个是 high，指示查找表最后一个记录的位置，high=ST.length−1。设要查找记录的关键字为 key，当 low ≤high 时，反复执行以下步骤。

① 计算中间记录的位置 mid，mid=(low+high)/2。

② 将待查记录的关键字 key 和 elem.get(mid).key 进行比较。

a. 若 key=elem.get(mid).key，查找成功，mid 所指元素即要查找的元素。

b. 若 key<elem.get(mid).key，说明若存在要查找的元素，该元素一定在查找表的前半部分。修改查找范围的上界：high=mid−1，转①。

c. 若 key>elem.get(mid).key，说明若存在要查找的元素，该元素一定在查找表的后半部分。修改查找范围的下界：low=mid+1，转①。

重复以上过程，当 low>high 时，表示查找失败。

算法如下：

```
public static int BiSearch(DataType a[], int n, KeyType key)
//在有序表 a[0]--a[n-1]中折半查找关键字为 key 的数据元素
//查找成功时返回该元素的下标序号；失败时返回-1
{
   int low = 0, high = n - 1;          //确定初始查找区间上下界
   int mid;
```

```
    while (low <= high)
    {
      mid = (low + high) / 2;                    //确定查找区间中心下标

      if (a[mid].key == key)  return mid;        //查找成功
      else if (a[mid].key < key)  low = mid + 1;
      else high = mid - 1;
    }
    return -1;                                   //查找失败
}
```

采用折半查找法查找 key=4 和 key=70 的记录的过程如图 8-2 所示。

	0	1	2	3	4	5	6	7	8	9	10	11
①	low 4	8	12	15	21	32 mid	38	41	55	67	78	high 90
②	low 4	8	12 mid	15	high 21	32	38	41	55	67	78	90
③	low 4 mid	high 8	12	15	21	32	38	41	55	67	78	90

	0	1	2	3	4	5	6	7	8	9	10	11
④	low 4	8	12	15	21	32 mid	38	41	55	67	78	high 90
⑤	4	8	12	15	21	32	low 38	41	55 mid	67	78	high 90
⑥	4	8	12	15	21	32	38	41	55	low 67	78 mid	high 90
⑦	4	8	12	15	21	32	38	41	55	low high 67 mid	78	90
⑧	4	8	12	15	21	32	38	41	55	high 67	low 78	90

图 8-2　折半查找示意

假设查找表中各记录的关键字为{4, 8, 12, 15, 21, 32, 38, 41, 55, 67, 78, 90}。其中 mid=(low+high)/2，当 high<low 时，表示不存在这样的子表，查找失败。

为了分析折半查找，可以用二叉树来描述二分查找过程。从折半查找的过程看，以有序表的中间记录作为比较对象，并以中间记录将表分割为两个子表，把当前查找区间的中间结点 mid 作为根结点，左半区间和右半区间分别作为根的左子树和右子树，左半区间和右半区间再按类似的方法类推，由此得到的二叉树称为折半查找的判定树。

折半查找法的查找过程的折半查找判定树表示：树中结点对应记录，结点值不是记录值，而是记录在表中的位置序号。根结点对应表中的中间记录，左子树为前子表，右子树为后子表。长度为 n 的折半查找判定树的构造方法如下。

① 当 n=0 时，折半查找判定树为空。

② 当 n＞0 时，折半查找判定树的根结点是有序表中序号为 mid=(n+1)/2 的记录，根结点的左子树是与有序表 r[1]～r[mid−1]相对应的折半查找判定树，根结点的右子树是与 r[mid+1]～r[n]相对应的折半查找判定树。

在图 8-3 中，长度为 12 的折半查找判定树的具体生成过程如下。

① 在长度为 12 的有序表中进行折半查找，不论查找哪个记录，都必须先和中间记录进行比较，而中间记录的序号为(1+12)/2=6.5（注意是整除即向下取整），即判定树的根结点是 6。

② 考虑判定树的左子树，即将查找区间调整到左半区，此时的查找区间是[1,5]，左分支上为根结点的值减 1，代表查找区间的高端 high，此时，根结点的左孩子是(1+5)/2=3。

③ 考虑判定树的右子树，即将查找区间调整到右半区，此时的查找区间是[7,12]，右分支上为根结点的值加 1，代表查找区间的低端 low，此时，根结点的右孩子是(7+12)/2=9.5，向下取整，即为 9。

④ 重复步骤②、步骤③，依次确定每个结点的左右孩子。

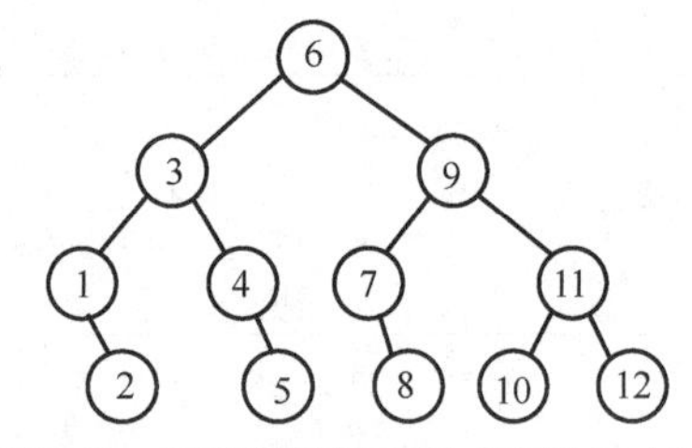

图 8-3　折半查找判定树（表长为 12）

一般情况下，表长为 n 的折半查找判定树的深度和含有 n 个结点的完全二叉树的深度相同。假设 $n=2^k-1$ 并且查找概率相等，则

$$ASL_{bs}=\frac{1}{n}\sum_{i=0}^{n-1}C_i=\frac{1}{n}\left[\sum_{j=1}^{k}j\times 2^{j-1}\right]=\frac{n+1}{n}\log_2(n+1)-1$$

当 n>50 时，可得近似结果为

$$ASL_{bs}\approx\log_2(n+1)-1$$

顺序查找和折半查找算法的实现和测试如算法 8.2 所示。

【算法 8.2　顺序查找和折半查找算法的实现和测试】

```
package lib.algorithm.chapter8.n01;
import lib.algorithm.chapter8.RecordNode;
@SuppressWarnings("rawtypes")
public class SeqList {
    private RecordNode[] r;  //顺序表记录结点数组
    private int curlen;      //顺序表长度，即记录个数
```

```
    public int length() {
        return curlen;
    }

    public int getCurlen() {
        return curlen;
    }

    public void setCurlen(int curlen) {
        this.curlen = curlen;
    }

    /**
     * 构造方法：构造一个存储空间容量为 maxSize 的顺序表
     * @param maxSize
     */
    public SeqList (int maxSize) {
         this.r = new RecordNode[maxSize];  // 为顺序表分配 maxSize 个存储单元
         this.curlen = 0;      // 置顺序表的当前长度为 0
    }

    /**
     * 插入元素：在自定 i 位置插入 x 类型元素
     * @param i
     * @param x
     * @throws Exception
     */
    public void  insert(int i , RecordNode x) throws Exception {
        if( curlen == r.length - 1)
            throw new Exception("表已满，无法加入!!");

        if( i < 0 || i > curlen + 1)
            throw new Exception("无法插入，无此位置!!");

        for( int j = curlen ; j > i; j --)
            r[j + 1] = r[j];

        r[i] = x ;

        this.curlen ++ ;
    }

    /**
     * 顺序查找：从顺序表 r[1]到 r[n]的 n 个元素中顺序查找出关键字为 key 的记录，成功则返
回下标值，否则返回-1
     * @param key
     * @return
     */
    @SuppressWarnings("unchecked")
    public int seqSearch (Comparable key) {
```

```
        int i = 0, n = length();
        while (i < n && r[i].getKey().compareTo(key) != 0)
            i ++;

        if (i < n)
              return i;
         else
             return -1;
    }

    /**
     * 折半查找：从顺序表 r[1]到 r[n]的 n 个元素中间位置开始查找出关键字为 key 的记录，成
功则返回下标值，否则返回-1
     * @param key
     * @return
     */
    @SuppressWarnings("unchecked")
    public int binarySearch(Comparable key) {
        if( length() > 0 ) {
            int startIndex = 1;//开始位置
            int endIndex = length();//结束位置

            while( startIndex <= endIndex ) {
                int midIndex = ( startIndex + endIndex ) / 2; //取中间位置
                if ( r[midIndex].getKey().compareTo(key) == 0){
                    return midIndex;
                } else if ( r[midIndex].getKey().compareTo(key) > 0 ){
                    endIndex = midIndex - 1; //后半段查找
                } else {
                    startIndex = midIndex + 1; //前半段查找
                }
            }
        }
        return -1;
    }

    /**
     * 测试
     * @param args
     * @throws Exception
     */
    public static void main(String[] args) throws Exception {
        int[] iArray = new int[] { 23, 45, 65, 67, 34, 19 };
        SeqList list = new SeqList(10);

        for(int i = 0; i < iArray.length; i ++ ){
            RecordNode x = new RecordNode(iArray[i]);
            list.insert(i, x);
        }
```

```
        //顺序查找
        System.out.println("seqSearch("+ 67 +") : " + list.seqSearch(67));
        //折半查找
        System.out.println("binarySearch("+ 45 +") : " + list.binarySearch(45));
    }
}
```

程序运行结果如下：

```
seqSearch(67) : 3
binarySearch(45) : 1
```

折半查找判定树有一特点：它的中序序列是一个有序序列，即折半查找的初始序列。在折半查找判定树中，所有的根结点值大于左子树而小于右子树，因此在折半查找判定树上查找很方便。与根结点比较时，若相等，则查找成功；若待查找的值小于根结点，则进入左子树继续查找，否则进入右子树查找；若在叶子结点没有找到所需元素，则查找失败。

折半查找的优点是比较次数较顺序查找要少，查找速度较快，执行效率较高。缺点是表的存储结构只能为顺序存储结构，不能为链式存储结构，且表中元素必须是有序的。

8.2.3 分块查找

分块查找利用了索引顺序表，索引顺序表包括存储数据的顺序表（称为主表）和索引表两部分。顺序表被分为若干子表（又称块），整个顺序表有序或分块有序。将每个子表中的最大关键字取出，再加上指向该关键字记录所在子表第一个元素的指针，可构成一个索引项，再将这些索引项按关键字增序排列，就构成了索引表。

把线性表顺序划分为若干个子表后满足：

① 子表递增（或递减）有序——后一子表的每一项大于前一子表的所有项。

② 子表内元素可以无序。

表结构的建立过程如下。

① 把线性表均匀划分为若干个子表，使子表有序。

② 建立索引表（有序表），包含以下两项。

- 关键字项：每个子表元素的最大值。
- 指针项：子表中第一个元素在线性表中的位置。

分块查找的基本过程如下。

① 首先，将待查关键字 K 与索引表中的关键字进行比较，以确定待查记录所在的子表。具体可用顺序查找法或折半查找法进行。

② 进一步用顺序查找法，在相应子表内查找关键字为 K 的元素。

例如查找 36，首先将 36 与索引表中的关键字进行比较，因为 $25<36\leqslant58$，所以 36 在第二个子表中，然后在第二个子表中顺序查找，最后在第二个子表中找到 36。分块查找示例如图 8-4 所示。

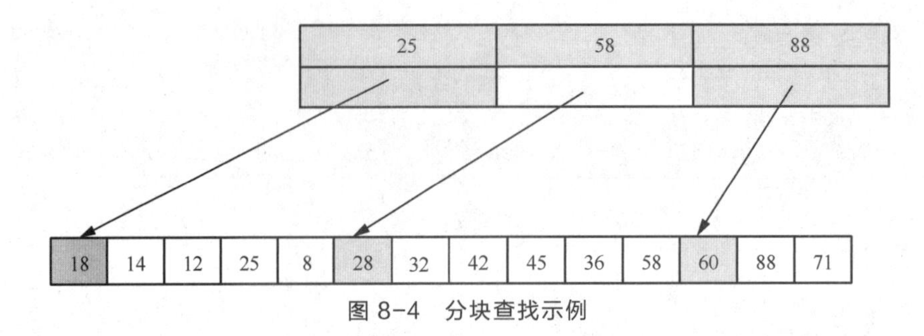

图 8-4　分块查找示例

分块查找的平均查找长度为

$$ASL_{bs}=L_B+L_w$$

L_B：查找索引表时的平均查找长度。

L_w：在相应子表内进行顺序查找的平均查找长度。

假定将长度为 n 的表分成 b 个子表，且每个子表含 s 个元素，则 $b=n/s$。又假定表中每个元素的查找概率相等，则每个索引项的查找概率为 $1/b$，子表中每个元素的查找概率为 $1/s$。

若用顺序查找确定待查找元素所在的子表，则有以下两种方式

以折半查找确定子表：

$$ASL_{blk}\approx\log_2(n/s+1)+s/2$$

以顺序查找确定子表：

$$ASL_{blk}=(s^2+2s+n)/2s=1/2(n/s+s)+1$$

时间复杂度为 $O(\sqrt{n})$。

对上述 3 种查找方法比较得出以下结论。

① 平均查找长度：折半查找最小，分块查找次之，顺序查找最大。

② 表的结构：顺序查找对有序表、无序表均适用；折半查找仅适用于有序表；分块查找要求表中元素是子表与子表之间的记录且按关键字有序排序。

③ 存储结构：顺序查找和分块查找对向量和线性链表结构均适用；折半查找只适用于向量存储结构的表。

8.3 动态查找表

静态查找表一旦生成后，所含记录在查找过程中一般固定不变。动态查找表表结构本身是在查找过程中动态生成的。对于给定值 key，若表中存在关键字等于 key 的数据元素，查找成功；对于给定值 key，若表中不存在关键字等于 key 的数据元素，则插入关键字等于 key 的数据元素。在动态查找表中，经常需要对表中记录进行插入和删除操作，所以动态查找表采用灵活的存储方法来组织查找表中的记录，以便高效地实现查找、插入和删除等操作。

微课 8-2　动态查找表

动态查找表的建立由不断地执行查找操作来完成。动态查找表存储结构主要采用链式存储结构，并且经常采用树形结构表示（在动态查找表中要频繁地执行插入或删除操作）。

动态查找表的抽象数据类型：

```
ADT DynamicsearchTable {
  数据对象 D：具有同一特性和类型的元素的集合、可唯一标识数据元素的关键字
  数据关系 R：数据集合
  基本操作 P：initDSTable(&DT,n)            // 构造查找表
            destroyDSTable(&DT)             // 销毁查找表
            searchDSTable(DT,ch)            // 查找表中指定元素
            traverseDSTable(DT,visit())     // 遍历表
} ADT DynamicsearchTable
```

动态查找表包括二叉排序树、平衡二叉树、B 树、B+树以及键树等数据结构，本书第 6.5 节已经对二叉树进行了介绍，这里就以二叉排序树为例，对动态查找表的查找和插入进行介绍。

1. 二叉排序树的查找

二叉排序树又称二叉查找树，通常取二叉链表作为其存储结构。在二叉排序树上进行查找，是一个从根结点开始，沿某一个分支逐层向下进行比较、判断的过程。它可以是一个递归的过程。

假设想要在二叉排序树中查找关键字为 x 的元素，查找过程从根结点开始。如果根指针为 null，则查找不成功；否则用给定值 x 与根结点的关键字进行比较。

① 如果给定值等于根结点的关键字，则查找成功。

② 如果给定值小于根结点的关键字，则继续递归查找根结点的左子树。

③ 如果均不满足前两个条件，递归查找根结点的右子树。

二叉排序树查找算法：

```
public static void  searchBST(BiTreeNode p, Comparable key) {
  //在二叉排序树中查找关键字值为 key 的结点，若查找成功，则返回结点值；否则返回 null
  if (p != null) {
      if (key.compareTo(((RecordNode)p.getData()).getKey()) == 0)  //查找成功
          return p.getData();
      if (key.compareTo(((RecordNode) p.getData()).getKey()) < 0)
          return searchBST( p.getLchild() , key);
                                                       //在左子树中查找
      else
          return searchBST( p.getRchild() , key);
                                                       //在右子树中查找
   }
}
```

2. 二叉排序树的插入

二叉排序树的插入操作的基本步骤（用递归的方法）：如果已知二叉排序树是空树，则插入的结点成为二叉排序树的根结点；如果待插入结点的关键字值小于根结点的关键字值，则将结点插入左子树；如果待插入结点的关键字值大于根结点的关键字值，则将结点插入右子树。

二叉排序树的插入算法：

```
//在二叉排序树中插入关键字为 keyt 的结点，若插入成功返回 true，否则返回 false
    public boolean insertBST(int key) {
        if (root == null) {
            root = new BiTreeNode(key); //建立根结点
            return true;
        }
        return insertBST(root, key);
    }
    //将关键字为 keyt 的结点插入以 p 为根的二叉排序树的递归算法
    private boolean insertBST(BiTreeNode p, int key) {
        if (key == p.getKey()) {
            return false;              //不插入关键字重复的结点
        }
        if (key < p.getKey()) {
            if (p.getLchild() == null) {         //若 p 的左子树为空
                p.setLchild(new BiTreeNode(key));  //建立叶子结点作为 p 的左孩子
                return true;
            } else {                         //若 p 的左子树非空
                return insertBST(p.getLchild(), key);   //将结点插入 p 的左子树
            }
        } else if (p.getRchild() == null) {     //若 p 的右子树为空
            p.setRchild(new BiTreeNode(key));    //建立叶子结点作为 p 的右孩子
            return true;
        } else {                             //若 p 的右子树非空
            return insertBST(p.getRchild(), key);   //将结点插入 p 的右子树
        }
}
```

二叉排序树的插入和查找算法如算法 8.3 所示。

【算法 8.3　二叉排序树的插入和查找算法】

```
package lib.algorithm.chapter8.n02;

import lib.algorithm.chapter8.BiTreeNode;
import lib.algorithm.chapter8.RecordNode;

@SuppressWarnings({"unchecked", "rawtypes"})
public class BSTree {
    private BiTreeNode root;

    /**
     * 二叉排序树插入：在二叉排序树中插入关键字为 key 的结点，若插入成功返回 true，否则返
回 false
     * @param key
     * @param theElement
     * @return
     */
    public boolean insertBST( Comparable key, Object theElement) {
        if (key == null || !(key instanceof Comparable)) {
            // 不能插入空对象或不可比较大小的对象
            return false;
```

```
        }
        if (root == null) {
            root = new BiTreeNode(new RecordNode(key, theElement)); // 建立根
结点
            return true;
        }
        return insertBST(root, key, theElement);
    }

    /**
     * 二叉排序树插入：将关键字为 key 的结点插入以 p 为根的二叉排序树的递归算法
     * @param p
     * @param key
     * @param theElement
     * @return
     */
    private boolean insertBST(BiTreeNode p, Comparable key, Object theElement)
    {
        if (key.compareTo(((RecordNode) p.getData()).getKey()) == 0)
            return false;
        if (key.compareTo(((RecordNode) p.getData()).getKey()) < 0) {
            if (p.getLchild() == null) { // 若 p 的左子树为空
                p.setLchild(new BiTreeNode(new RecordNode(key, theElement)));
// 建立叶子结点作为 p 的左孩子
                return true;
            } // 若 p 的左子树非空
            return insertBST(p.getLchild(), key, theElement);
        } else if (p.getRchild() == null) { // 若 p 的右子树为空
            p.setRchild(new BiTreeNode(new RecordNode(key, theElement)));
            // 建立叶子结点作为 p 的右孩子
            return true;
        } else
            // 若 p 的右子树非空
            return insertBST(p.getRchild(), key, theElement); // 插入 p 的右子树
    }

    /**
     * 二叉排序树查找
     * @param key
     * @return
     */
    public Object searchBST(Comparable key) {
        if (key == null || !(key instanceof Comparable))
            return null;

        return searchBST(root, key);
    }

    /**
     * 二叉排序树查找：在二叉排序树中查找关键字值为 key 的结点，若查找成功，则返回结点
值；否则返回 null
```

```
     * @param p
     * @param key
     * @return
     */
    public Object searchBST(BiTreeNode p, Comparable key) {
        if (p != null) {
            if (key.compareTo(((RecordNode) p.getData()).getKey()) == 0) // 查
找成功
                return p.getData();
            if (key.compareTo(((RecordNode) p.getData()).getKey()) < 0)
                return searchBST(p.getLchild(), key);
            // 在左子树中查找
            else
                return searchBST(p.getRchild(), key);
            // 在右子树中查找
        }
        return null;
    }

    /**
     * 测试
     * @param args
     */
    public static void main(String[] args) {
        BSTree bstree = new BSTree();
        int[] k = { 60, 15, 68, 9, 56, 92, 7, 17, 28, 89 };
        String[] item = { "Wang", "Li", "Zhang", "Liu", "Chen", "Yang",
                "Huang", "Zhao", "Wu", "Zhou" };

        for (int i = 0; i < k.length; i ++) {
            if (bstree.insertBST(k[i], item[i]))
                System.out.print("[" + k[i] + "," + item[i] + "]" + "\n");

        }

        RecordNode found = (RecordNode) bstree.searchBST(7);
        if (found != null) {
            System.out.println("查找关键字: " + 7 + ", 成功! 对应姓氏为: "
                    + found.getElement());
        }else {
            System.out.println("查找关键字: " + 7 + ", 失败!" );
        }
    }
}
```

程序运行结果如下：

```
[60,Wang]
[15,Li]
[68,Zhang]
[9,Liu]
[56,Chen]
[92,Yang]
```

```
    [7,Huang]
    [17,Zhao]
    [28,Wu]
    [89,Zhou]
    查找关键字: 7, 成功! 对应姓氏为: Huang
```

8.4 哈希表

本节将讨论哈希表的基本概念、哈希函数的构造方法、哈希冲突的解决方法和哈希表的查找性能分析。

8.4.1 哈希表和哈希函数的定义

哈希（Hash）表是一种重要的存储方法。它的基本思想是：以结点的关键字 k 为自变量，通过一个确定的函数 H，计算出对应的函数值 $H(k)$，作为结点的存储位置，将结点存入 $H(k)$ 所指的存储位置上。

哈希查找是一种常见的查找方法，查找时根据要查找的关键字用同样的函数 H 计算地址，然后到相应的单元去取要查找的结点。顺序查找、折半查找、树的查找都是建立在比较基础上的查找方法，而哈希查找是直接查找方法。

关于哈希表的常用术语如下。

哈希函数：为某一数据元素的关键字 key 及其在哈希表中存储位置 p 之间建立一个对应关系 H，即 p=H(key)，则称关系 H 为哈希函数。

哈希地址：根据哈希函数求得某一数据元素的存储位置 p，将其称作哈希地址。

冲突和同义词：若某个哈希函数 H 对于不同的关键字 key1 和 key2 得到相同的哈希地址，这种现象称为冲突，而发生冲突的这两个关键字称为该哈希函数的同义词。

例如：为每年招收的 1000 名新生建立一张查找表，其关键字为学号，其值的范围为 xx000～xx999（前两位为年份）。若以下标为 000～999 的有序表表示，则查找过程可以简单进行，取给定值（学号）的后三位，直接可确定学生记录在查找表中的位置，不需要经过比较即可确定待查找关键字。

哈希查找算法如算法 8.4 所示。

【算法 8.4　哈希查找算法】

```
package lib.algorithm.chapter8.n03;

import lib.algorithm.chapter8.RecordNode;

/**
 * 开放地址哈希表
 *
 */
public class HashTable {
    // 对象数组
```

```
    private RecordNode[] table;

    // 构造指定大小哈希表
    public HashTable(int maxSize) {
        table = new RecordNode[maxSize];
        for (int i = 0; i < table.length; i ++)
            table[i] = new RecordNode(0);
    }

    public int hash(int key) { // 用除留余数法构造哈希函数，除数是哈希表长度
        return key % table.length;
    }

    /**
     * 开放地址哈希表查找
     *
     * @param key
     * @return
     */
    @SuppressWarnings("unchecked")
    public RecordNode hashSearch(int key) {
        int i = hash(key); // 求哈希地址
        int j = 0;
        while ((table[i].getKey().compareTo(0) != 0)
                && (table[i].getKey().compareTo(key) != 0)
                && (j < table.length)) { // 该位置不为空并且关键字与 key 不相等
            j ++;
            i = (i + j) % 20; // 用线性探测法求得下一个探测地址
        } // i 指示查找到的记录在表中的存储位置或指示插入位置
        if (j >= table.length) { // 如果表已满
            System.out.println("哈希表已满");
            return null;
        } else
            return table[i];
    }

    /**
     * 开放地址哈希表插入
     *
     * @param key
     * @return
     */
    @SuppressWarnings("unchecked")
    public void hashInsert(int key) {
        RecordNode p = hashSearch(key);
        if (p.getKey().compareTo(0) == 0)
            p.setKey(key); // 插入
        else
            System.out.println(" 此关键字记录已存在或哈希表已满");
    }
```

```
    /**
     * 测试
     * @param args
     */
    @SuppressWarnings("unchecked")
    public static void main(String[] args) {
        HashTable hashTable = new HashTable(20);
        int[] k = { 56, 18, 67, 7, 35, 70, 4, 12, 15, 78 };
        for (int i = 0; i < k.length; i++) {
            hashTable.hashInsert(k[i]);
        }
        int searchKey = 12;
        RecordNode found = (RecordNode) hashTable.hashSearch(searchKey);
        if ((found.getKey()).compareTo(searchKey) == 0) {
            System.out.println("查找" + searchKey + "成功!");
        } else {
            System.out.println("查找" + searchKey + "失败!");
        }
    }
}
```

程序运行结果如下：

```
查找 12 成功!!
```

8.4.2 哈希函数的构造

构造哈希函数的目标：使关键字的哈希地址尽可能地均匀分布在哈希空间上；计算哈希函数值应该尽可能简单，否则会影响查找的效率。

构造哈希函数的方法有很多种，应该根据具体问题选用具体的哈希函数。这里只介绍一些常用的、计算简便的方法。

1. 构造“好”的哈希函数要考虑的因素

① 哈希表的长度。

② 关键字的长度和分布情况。

③ 哈希函数的复杂程度。

④ 关键字所在记录的查找频率。

2. 几种常用的构造哈希函数的方法

（1）直接定址法

用直接定址法构造哈希函数的思路是将关键字或关于关键字的某个线性函数值作为哈希地址，即

$$H(\text{key}) = \text{key} \quad 或 \quad H(\text{key}) = a \cdot \text{key} + b$$

其中，a 和 b 为常数。

直接定址所得地址集的大小和关键字集的大小相同，关键字和地址一一对应，此法仅适用于地址集合的大小等于关键字集合的大小的情况，并且关键字的分布基本连续，否则空位较多，将造成空间浪费。直接定址法计算简单，且不会发生冲突，适用于关键字分布基本连续的情况。

（2）数字分析法

取关键字中某些取值较分散的数字位作为哈希地址。设关键字是以 r 为基的数，且哈希表中可能出现的关键字都是事先知道的，取关键字的若干数字位组成哈希地址。例如：990101001，990101002，990203030，990204031，990504010，990504011。

（3）平方取中法

取关键字平方的中间某些位作为哈希地址。具体位数依实际需要而定。一个数的平方的中间某些位和数的每一位都有关，即得到的哈希地址与关键字的每一位都有关，这样就比较分散。平方取中法适用于每一位都不够分散或较分散的位数不满足实际需要的情况。

（4）除留余数法

关键字 k 除以哈希表长度 m 所得的余数作为哈希地址。

哈希函数为：$h(k)=k\%m$。

最重要的是选择模数 m 即哈希表长度，使每一个关键字经函数转换后，映射到哈希空间上任一地址的概率都相等。通常选择不大于哈希表长度 m 的最大素数。

优点：计算简单，适用范围广。

关键：选好哈希表长度 m。

技巧：哈希表长度 m 取素数时效果最好。

例如，已知 6 个记录的关键字序列为{6,8,12,17,21,30}，设哈希表长度 m=7，哈希函数为 H(key)=key % 7，则构造的哈希表中记录的哈希地址情况如图 8-5 所示。

keys={6, 8, 12, 17, 21, 30}

H(key) = key % 7

哈希表

0	1	2	3	4	5	6
21	8	30	17		12	6

图 8-5　除留余数法示例

8.4.3　处理冲突的方法

对于不同的关键字 key1 和 key2，如果 key1 不等于 key2，但 H(key1) = H(key2)，这种现象称为“哈希冲突”，称 key1 和 key2 为同义词。冲突会使查找效率降低，所以需要处理哈希冲突。冲突不能避免时，应选定一个处理冲突的方法。常用的处理冲突的方法有开放定址法、链地址法、公共溢出法、再哈希法等。

微课 8-3　处理冲突的方法

发生冲突与下列 3 个因素有关。

① 装载因子（load factor）α：$\alpha = n/m$。

m 为哈希表的长度，n 为填入的记录数。

α 越大，发生冲突的可能性越大。

α 越小，发生冲突的可能性越小，但空间的利用率会变低。

② 与采用的哈希函数有关。

③ 与处理冲突的方法有关。

选择不同的方法也将减少或增加发生冲突的可能性。

1. 开放定址法

开放定址法就是表中有尚未被占用的地址，当新插入的记录所选地址已被占用时，转而寻找其他尚未开放的地址。即

$$H_i=(H(\text{key})+d_i) \bmod m \text{（}i=1,2,\cdots,k\text{，直到不冲突为止）}$$

其中，$H(\text{key})$为哈希函数；d_i 为增量序列；m 为哈希表表长。

（1）线性探测法

设哈希函数 $H(\text{key})=\text{key} \bmod m$（$1\leqslant i<m$），线性探测法的增量序列 d_i 为

$$d_i=1,2,3,\cdots,m-1$$

若发生冲突，则从发生冲突的地址单元开始，向后依次探测空闲的地址单元；若探测到最后一个地址单元仍未找到空闲的地址单元，则从哈希表的第一个地址单元开始继续查找，直至冲突解决。

例如，有关键字集合{ 19, 01, 23, 14, 55, 68, 11, 82, 36 }，设哈希表长度 m=11，哈希函数为 $H(\text{key}) = \text{key} \% 11$ ，用线性探测法处理冲突，构建的哈希表如图 8-6 所示。

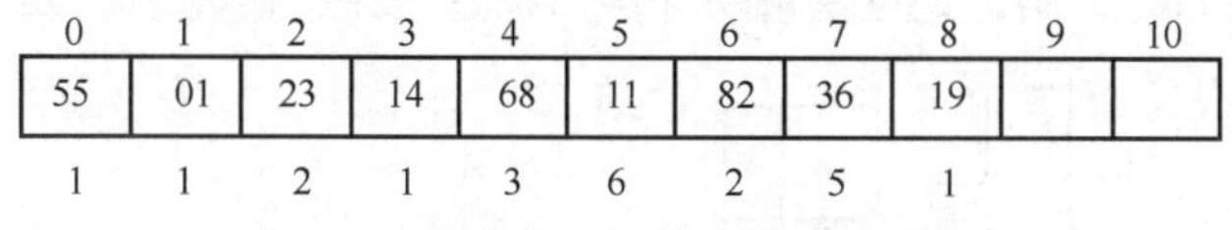

0	1	2	3	4	5	6	7	8	9	10
55	01	23	14	68	11	82	36	19		
1	1	2	1	3	6	2	5	1		

图 8-6　构造的哈希表（线性探测法）

上述例子中，关键字下方的数字表示求得哈希地址计算的次数，如 11 下方的 6 表示根据哈希函数计算 11 的哈希地址为 0，但 0 的位置已有元素 55，有冲突，需要计算新的地址序列 H_1，H_1 为 1，表示该位置已有元素 1。继续计算下一地址序列，经过 5 次地址序列 H_1、H_2、H_3、H_4、H_5 的计算，最后得出哈希地址为 5。这会使得在处理同义词冲突时加入非同义词的冲突，从而降低查找效率。

线性探测法的优点是：处理冲突简单，若哈希表未满，则总能探测到哈希表的空闲地址单元。但使用线性探测法容易发生“聚集”现象，即哈希地址不同的关键字试图占用同一个新的地址单元。

（2）平方探测法

使用平方探测法对应的探测地址序列的计算公式为

$$H_i=(H(\text{key})+d_i) \bmod m$$

其中，$H(\text{key})$为哈希函数，$H(\text{key})=\text{key} \bmod m$。

使用平方探测法的增量序列 d_i 为：

$$d_i=1^2,-1^2,2^2,-2^2,3^2,\cdots,k^2\ (k\leqslant m/2)$$

线性探测法可能使第 i 个哈希地址的同义词存入第 $i+1$ 个哈希地址，这样本应存入第 $i+1$ 个哈希地址的元素变成了第 $i+2$ 个哈希地址的同义词。因此，可能会使很多元素在相邻的哈希地址上堆积起来，大大降低查找效率。故人们引入平方探测法，以改善线性探测法带来的问题。

例如，有关键字集合{ 19, 01, 23, 14, 55, 68, 11, 82, 36 }，设哈希表长度 $m=11$，哈希函数为 $H(\text{key}) = \text{key}\ \%\ 11$，用平方探测法处理冲突，构造的哈希表如图 8-7 所示。

0	1	2	3	4	5	6	7	8	9	10
55	01	23	14	36	82	68		19		11
1	1	2	1	2	1	4		1		3

图 8-7　构造的哈希表（平方探测法）

容易看出，使用平方探测法会降低“二次聚集”发生的概率。二次聚集是指使哈希地址不同的记录又产生新的冲突。

2．链地址法

链地址法是把只有相同哈希地址的关键字的值放在同一个链表中。若选定的哈希表长度为 m，则可将哈希表定义为一个由 m 个头指针组成的指针数组 T，凡是哈希地址为 i 的结点，均插入以 $T[i]$为头结点的单链表。T 中各分量的初值均应为空。

例如，给定关键字集合{ 19, 01, 23, 14, 55, 68, 11, 82, 36 }，取哈希表长度 $m=7$，哈希函数为 $H(\text{key}) = \text{key} \bmod 7$，用链地址法解决冲突所构造出来的哈希表，如图 8-8 所示。

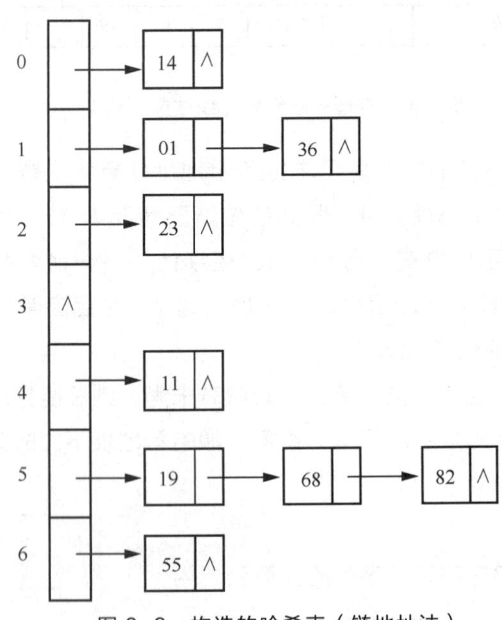

图 8-8　构造的哈希表（链地址法）

① 链地址哈希表的查找操作算法：

```
//在哈希表中查找指定对象，若查找成功，返回结点；否则返回 null
public Object hashSearch(int key)throws Exception {
    int i = hash(key);    //计算哈希地址
    int index = table[i].indexOf(key);          // 返回数据元素在单链表中的位置
    if (index >= 0)
        return ((Object)table[i].get(index));  // 返回单链表中找到的结点
    else
        return null;
}
```

② 链地址哈希表的插入操作算法：

```
public void hashInsert(int key) throws Exception { // 在哈希表中插入指定的数据元素
      int i = hash(key);                              // 计算哈希地址
      table[i].insert(0, new KeyType(key));           // 将指定数据元素插入相应的链表
    }
```

其中，indexOf 和 insert 分别是 LinkList 类中的一个查找方法和插入方法。哈希查找算法如算法 8.5 所示。

【算法 8.5　哈希查找算法】

```
package lib.algorithm.chapter8.n04;

import lib.algorithm.chapter8.LinkList;

/**
 *
 * 链地址哈希表
 *
 */
public class LinkHashTable {

    private LinkList[] table;

    public LinkHashTable(int size) { // 构造指定大小的哈希表
        this.table = new LinkList[size];
        for (int i = 0; i < table.length; i ++) {
            table[i] = new LinkList();
        }// 构造空链表
    }

    public int hash(int key) { // 用除留余数法构造哈希函数，除数是哈希表长度
        return key % table.length;
    }

    /**
     * 链地址哈希表查找：在哈希表中查找指定对象，若查找成功，返回结点；否则返回 null
     * @param element
     * @return
```

```
     * @throws Exception
     */
    public Object hashSearch(Object element) throws Exception {
        int key = element.hashCode();
        int i = hash(key);
        int index = table[i].indexOf(element);
        // 返回数据元素在单链表中的位置
        if (index >= 0) {
            return ((Object) table[i].get(index));
        } else {  //返回单链表中找到的结点
            return null;
        }
    }

    /**
     * 链地址哈希表插入
     * @param o
     * @throws Exception
     */
    public void hashInsert(Object o) throws Exception { // 在哈希表中插入指定的
数据元素
        int key = o.hashCode();
        int i = hash(key); // 计算哈希地址
        table[i].insert(0, o); // 将指定数据元素插入相应的链表
    }

    /**
     * 输出哈希表中各单链表的数据元素
     */
    public void printHashTable() {
        for (int i = 0; i < table.length; i ++) {
            System.out.print("table[" + i + "] = ");
            table[i].display();
        }
    }

    /**
     * 测试
     * @param args
     * @throws Exception
     */
    public static void main(String[] args) throws Exception {
        String[] item = { "Yao", "Li", "Qian", "Liu", "Sun", "Yang",
                "Wu", "Huang", "Tang", "Fu" };
        LinkHashTable table = new LinkHashTable(20);
        for (int i = 0; i < item.length; i ++) {
            table.hashInsert(item[i]);
        }
        table.printHashTable();
        System.out.println(table.hashSearch("Wu"));
```

```
    }
}
```

程序运行结果如下：

```
table[0]=Sun
table[1]=Li
table[2]=
table[3]=
table[4]=
table[5]=
table[6]=
table[7]=FuYao
table[8]=Liu
table[9]=HuangYang
table[10]=
table[11]=
table[12]=
table[13]=Qian
table[14]=TangWu
table[15]=
table[16]=
table[17]=
table[18]=
table[19]=
Wu
```

3．公共溢出法

基本思想是：除基本的存储区（称为基本表）外，另建一个公共溢出区（称为溢出表）。当不发生冲突时，数据元素可存入基本表中；当发生冲突时，不管哈希地址是什么，数据元素都存入溢出表。查找时，对给定值 k 通过哈希函数计算出哈希地址 i，先与基本表对应的存储单元相比较，若相等，则查找成功；否则，再到溢出表中进行查找。

4．再哈希法

主要思想是：当发生冲突时，用另一个哈希函数得到一个新的哈希地址，若再发生冲突，则再使用另一个哈希函数，直至不发生冲突为止。

其缺点是：虽然再哈希法不易发生聚集，但每次冲突都要重新计算哈希，增加了计算时间。

8.4.4 哈希表的查找及其性能分析

对于使用开放定址法和链地址法构造哈希表，当关键字序列一样时，若采用相同的哈希函数，则无论查找成功或失败，它们的平均查找长度均不同。

假定在哈希表中每个关键字的查找概率相等，则当查找成功时，ASL 为

$$\mathrm{ASL}=\frac{1}{n}\sum_{i=1}^{n}C_i$$

其中，n 为哈希表中关键字的个数，C_i 为查找第 i 个关键字时所需的比较次数。

假定计算得到每个哈希函数值的概率相等，则查找失败时，ASL 为

$$\mathrm{ASL}=\frac{1}{t}\sum_{i=1}^{n}C_i$$

其中，t 为哈希函数所有可能的取值个数，C_i 为哈希函数值为 i 时查找失败时所需的比较次数。

结合图 8-7、图 8-8 和图 8-9，如果假定查找每一个记录是等概率的，则 3 种冲突处理的 ASL 分别如下。

① 使用线性探测法处理冲突，在查找概率相同的情况下，查找成功和失败时的 ASL 分别为

$$\mathrm{ASL}_{\mathrm{succ}}=(1\times4+2\times2+3+5+6)/9=22/9$$
$$\mathrm{ASL}_{\mathrm{unsucc}}=(9+8+7+6+5+4+3+2+1)/11=45/11$$

② 使用平方探测法处理冲突，在查找概率相同的情况下，查找成功和失败时的 ASL 分别为

$$\mathrm{ASL}_{\mathrm{succ}}=(1\times5+2\times2+3+4)/9=16/9$$
$$\mathrm{ASL}_{\mathrm{unsucc}}=(9+8+7+6+5+4+3+2+1)/11=45/11$$

③ 使用链地址法处理冲突，在查找概率相同的情况下，查找成功和失败时的 ASL 分别为

$$\mathrm{ASL}_{\mathrm{succ}}=(1\times6+2\times2+3)/9=13/9$$
$$\mathrm{ASL}_{\mathrm{unsucc}}=(1\times4+2+3)/7=9/7$$

哈希表查找性能的分析：从查找过程可知，哈希表查找的平均查找长度实际上并不等于 0。影响哈希表查找的 ASL 的因素有如下 3 点。

① 选用的哈希函数。

② 选用的处理冲突的方法。

③ 装载因子 $\alpha=n/m$ 值的大小（n——记录数，m——表的长度），α 标志着哈希表的装满程度。

α 越小，则哈希表中已插入的关键字越小，此时再插入关键字时发生冲突的可能性越小。在这种情况下，要查找关键字，需要比较的次数就越少；反之，α 越大，再插入关键字时发生冲突的可能性越大。此时，要查找关键字，需要比较的次数就越多。

哈希表的 ASL 是处理冲突方法和装载因子的函数，只是不同处理冲突的方法有不同的函数。在等概率的情况下，采用不同的处理冲突办法构造哈希表，在查找成功时的平均查找长度有下列结果。

① 线性探测法：

$$S_{\mathrm{nl}}\approx\frac{1}{2}\left(1+\frac{1}{1-\alpha}\right)$$

② 平方探测法：

$$S_{\mathrm{nr}}\approx-\frac{1}{\alpha}\ln(1-\alpha)$$

③ 链地址法：

$$S_{nc} \approx 1+\frac{\alpha}{2}$$

从以上结果可见，哈希表的 ASL 是 α 的函数，而不是 n 的函数。这说明用哈希表构造查找表时，可以选择一个适当的装载因子 α，使得 ASL 限定在某个范围内。这是哈希表特有的特点。

本章小结

本章介绍了数据结构的一种重要的操作——查找，并介绍了操作的基本概念；讨论了多种经典查找方法，包括线性表的顺序查找、折半查找和分块查找，以及动态查找表中二叉排序树的查找方法以及哈希表的查找方法；还讨论了各种方法适用于哪种数据存储结构，并比较了各种方法的运行效率。学习本章后，读者应理解“查找表”的结构特点以及各种表示方法的适用性；熟练掌握以顺序表或有序表表示静态查找表时的查找方法；熟悉静态查找表的构造方法和查找算法，理解静态查找表和折半查找的关系；熟练掌握二叉排序树的构造和查找方法。

查找方法是程序设计和数据处理中经常使用的一种技术。查找又称为检索，它是计算机科学中的重要研究课题之一，简单地说查找是指从一组数据元素集合中找出满足给定条件的数据元素。查找的方法有多种，对于不同的数据结构，有不同的查找方法，并有不同的查找效率。特别是当涉及的数据量较大时，查找方法的选择就显得格外重要。

查找不是一种数据结构，而是基于数据结构对数据进行处理时经常使用的一种操作。查找的方法有很多，而且与数据的结构密切相关，查找方法的优劣对计算机系统的运行效率影响很大。

上机实训

1．编程实现哈希表的基本功能，要求处理冲突的方法为线性探测法。

2．写出折半查找的递归算法。

习　　题

一、选择题

1．若查找每个记录的概率相等，则在具有 n 个记录的连续顺序文件中采用顺序查找法查找一个记录，其平均查找长度为（　　）。

A．$(n-1)/2$　　B．$n/2$　　C．$(n+1)/2$　　D．n

2. 下面关于折半查找的叙述正确的是（　　）。

A. 表必须有序，表可以采用顺序方式存储，也可以采用链表方式存储

B. 表必须有序，而且只能从小到大排列

C. 表必须有序且表中数据必须是整型、实型或字符型

D. 表必须有序，且表只能以顺序方式存储

3. 用折半查找查找表的元素的速度比用顺序查找的（　　）。

A. 必然快　　B. 必然慢　　C. 相等　　D. 不能确定

4. 具有 12 个关键字的有序表，折半查找的平均查找长度为（　　）。

A. 3.1　　B. 4　　C. 2.5　　D. 5

5. 当采用分块查找时，数据的组织方式为（　　）。

A. 数据分成若干块，每块内数据有序

B. 数据分成若干块，每块内数据不必有序，但块间必须有序，每块内最大（或最小）的数据组成索引块

C. 数据分成若干块，每块内数据有序，每块内最大（或最小）的数据组成索引块

D. 数据分成若干块，每块（除最后一块外）中数据个数需相同

6. 二叉排序树的查找效率与二叉树的（　①　）有关，在（　②　）时其查找效率最低。

① A. 深度　　B. 结点的多少　　C. 形状　　D. 结点的位置

② A. 结点太多　　B. 完全二叉树　　C. 呈单枝树　　D. 结点太复杂

7. 分别以下列序列构造二叉排序树，与用其他 3 个序列所构造的结果不同的是（　　）。

A.（100, 80, 90, 60, 120, 110, 130）　　B.（100, 120, 110, 130, 80, 60, 90）

C.（100, 60, 80, 90, 120, 110, 130）　　D.（100, 80, 60, 90, 120, 130, 110）

8. 设有一组记录的关键字为{19, 14, 23, 1, 68, 20, 84, 27, 55, 11, 10, 79}，用链地址法构造哈希表，哈希函数为 $H(\text{key})=\text{key} \bmod 13$，哈希地址为 1 的链中有（　　）个记录。

A. 1　　B. 2　　C. 3　　D. 4

9. 关于哈希查找说法不正确的有（　　）个。

① 采用链地址法处理冲突时，查找一个元素的时间是相同的

② 采用链地址法处理冲突时，若插入规定总是在链首，则插入任一个元素的时间是相同的

③ 采用链地址法处理冲突易产生聚集

④ 采用再哈希法不易产生聚集

A. 1　　B. 2　　C. 3　　D. 4

10. 设哈希表长为 14，哈希函数是 $H(\text{key})=\text{key}\%11$，表中已有数据的关键字为 15, 38, 61, 84 共 4 个，现要将关键字为 49 的结点加到表中，用平方探测法解决冲突，则放入的位置是（　　）。

A. 8　　B. 3　　C. 5　　D. 9

11. 假定哈希查找中 k 个关键字具有同一哈希值，若用线性探测法把这 k 个关键字存入哈希表中，至少要进行（　　）次探测。

A. $k-1$　　B. k　　C. $k+1$　　D. $k(k+1)/2$

12．好的哈希函数有一个共同的性质，即函数值应当以（　　）取其值域的每个值。

A．最大概率　　B．最小概率　　C．平均概率　　D．同等概率

13．将 10 个元素哈希到有 100 000 个单元的哈希表中，则（　　）产生冲突。

A．一定会　　B．一定不会　　C．仍可能会　　D．以上选项都不对

二、判断题

1．采用线性探测法处理哈希时的冲突，当从哈希表删除一个记录时，不应将这个记录的所在位置置空，因为这会影响以后的查找。（　　）

2．在哈希查找中，“比较”操作一般是不可避免的。（　　）

3．哈希表的平均查找长度与处理冲突的方法无关。（　　）

4．再哈希法的平均检索长度不随表中结点数目的增加而增加，而是随装载因子的增大而增大。（　　）

5．在索引顺序表中，实现分块查找，在等概率查找的情况下，其平均查找长度不仅与表中元素个数有关，而且与每块中元素个数有关。（　　）

6．就平均查找长度而言，分块查找最小，折半查找次之，顺序查找最大。（　　）

7．在查找树（二叉排序树）中插入一个新结点，总是插入到叶子结点下面。（　　）

8．二叉树中除叶子结点外，任一结点 X，其左子树根结点的值小于该结点的值；其右子树根结点的值大于或等于该结点的值，则此二叉树一定是二叉排序树。（　　）

9．有 n 个数存放在一维数组 $A[1,\cdots,n]$中，在进行顺序查找时，这 n 个数排列有序或无序，则它们的平均查找长度不同。（　　）

10．有 n 个结点的二叉排序树有多种，其中树的深度最小的二叉排序树是最佳的。（　　）

11．在任意一棵非空二叉排序树中，删除某结点后又将其插入，则所得二排序叉树与原二排序叉树相同。（　　）

三、填空题

1．在有序表 $A[1,\cdots,12]$中，采用折半查找法查找等于 $A[12]$的元素，所比较的元素下标依次为__________。

2．在有序表 $A[1,\cdots,20]$中，按折半查找法进行查找，查找长度为 5 的元素个数是__________。

3．在哈希函数 $H(\text{key})=\text{key}\ \%\ p$ 中，p 值最好取__________。

四、简答题

1．名词解释

① 哈希表。

② 哈希函数。

③ 平均查找长度。

2．设有一组关键字序列{9,1,23,14,55,20,84,27}，采用哈希函数 $H(\text{key})=\text{key} \bmod 7$，表长为 10，用开放定址法的平方探测法处理冲突，$H_i = (H(\text{key})+d_i) \bmod 10$ (d_i = 12, 22, 32, …)。对该关键字序列构造哈希表，并确定其装载因子、查找成功所需的平均查找次数。

3．假定对有序表（3,4,5,7,24,30,42,54,63,72,87,95）进行折半查找，试回答下列问题。

① 画出描述折半查找过程的判定树。

② 若查找元素 54，需依次与哪些元素比较？

③ 若查找元素 90，需依次与哪些元素比较？

④ 假定每个元素的查找概率相等，求查找成功时的平均查找长度。

第9章 排序

09

学习目标

排序是数据处理和程序设计中经常使用的一种重要运算。如何进行排序，特别是如何进行高效率的排序是计算机领域研究的重要课题之一。采用好的排序算法对于提高数据处理的工作效率是很重要的。本章将介绍排序过程中的“稳定”与“不稳定”的含义，各种简单排序、快速排序、堆排序、归并排序等算法的排序方法、算法描述和性能分析，以及各种排序方法的比较。

对排序后的数据进行折半查找是程序设计中最常用的操作之一，折半查找的原理简单、容易理解，但是据统计，在足够的时间内，只有大约10%的专业程序员可以把折半查找程序写对。虽然早在1946年就有人将折半查找的方法公之于世，但直到1962年才有人写出没有bug的折半查找程序。因此，我们要牢固树立求真务实的观念，保持严谨细致的工作作风和生活作风，无论在何种岗位从事何种工作，都必须认真对待，拼搏实干，锐意进取，以实际行动践行党的二十大精神。

9.1 排序概述

排序（sorting）就是将一组任意序列的数据元素按一定的规律进行排列，使之成为有序序列（递增或递减）。它是对数据元素序列建立某种有序序列的过程，是将一个数据元素的任意序列，重新排列成一个按关键字有序的序列，是计算机程序设计中的一个重要操作。为了讨论方便，本章的介绍中使用整型数据作为排序关键字，以顺序表（即一维数组）为存储结构。

下面介绍排序中的几个基本概念。

数据表（datalist）：待排序数据对象的有限集合。

关键字（key）：通常数据对象有多个属性域，某一个或几个可以区分对象的属性域称作关键字。每个数据表用哪个属性域作为关键字，要视具体的应用需要而定。即使是同一个表，在解决不同问题的场合也可能取不同的属性域作为关键字。

主关键字：数据表中各个对象的关键字可能不相同，这种关键字即主关键字。按照主关键字进行排序，排序的结果是唯一的。

次关键字：数据表中有些对象的关键字可能相同，这种关键字称为次关键字。按照次关键字进行排序，排序的结果可能不唯一。若某关键字是主关键字，则任何一个记录的无序序列经排序后得到的结果是唯一的；若某关键字是次关键字，则排序的结果不唯一，因为待排序的序列中可能存在两个或两个以上关键字相同的数据。如表 9-1 所示，学生档案表中主关键字为学号，次关键字为姓名、年龄、性别。

表 9-1　学生档案表

学号	姓名	年龄	性别
99001	张三	18	男
99002	李四	19	男
99003	王五	17	女
99004	赵六	18	女
99005	孙七	20	男
99006	周八	16	女

排序算法的稳定性：如果在对象序列中有两个对象 $R[i]$和 $R[j]$，它们的关键字 $K[i] = K[j]$，且在排序之前，对象 $R[i]$排在 $R[j]$前面。如果在排序之后，对象 $R[i]$仍在对象 $R[j]$的前面，则称这个排序方法是稳定的，否则称这个排序方法是不稳定的。

衡量排序算法的标准：排序时所需要的平均比较次数越少越好，排序时所需要的平均移动次数越少越好，排序时所需要的平均辅助存储空间越少越好。

内排序与外排序：内排序是指在排序期间数据对象全部存放在内存的排序；外排序是指在排序期间全部对象个数太多，不能同时存放在内存，必须根据排序过程的要求，不断在内、外存之间移动的排序。

排序的分类：基于不同的扩大有序序列长度的方法，内部排序方法大致可分下列几种类型——插入排序（如直接插入排序、希尔排序等）、交换排序（如冒泡排序、快速排序等）、选择排序（如简单选择排序、堆排序等）、归并排序（通过“归并”两个或两个以上的有序子序列，逐步增加记录有序序列的长度）等。

9.2 插入排序

插入排序（insertion sort）的基本思想是每次将一个待排序的记录，按其关键字的大小插入到前面已经排好序的子序列中的适当位置，直到全部记录插入完成为止。根据查找插入记录位置的方法不同，插入排序的方法有多种，本节主要介绍两种较简单也较基本的插入排序：直接插入排序和希尔排序。

9.2.1 直接插入排序

直接插入排序的基本思想是：把待排序的数据元素按其值的大小插入到已排序数据元素子集的适当位置。子集的数据元素个数从只有一个数据元素开始逐次增大。当子集大小最终和原集合大小相同时，排序完毕。

微课 9-1 直接插入排序

图 9-1 所示为直接插入排序示例，设有一组关键字序列为{32, 26,87, 72,26,17}，这里 $n = 6$，即有 6 个记录。请将其按由小到大的顺序排序。

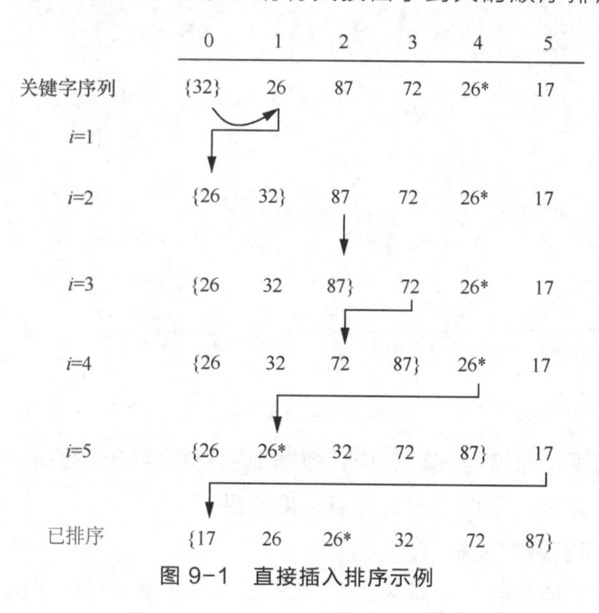

图 9-1 直接插入排序示例

在具体实现 K_i 向前面插入时，有两种方法。一种方法是让 K_i 与 $K_0,K_1,\cdots$ 顺序比较，另一

种方法是让 K_i 与 $K_{i-1}, K_{i-2}, \cdots$ 逆序比较。这里选用的是第二种方法。直接插入排序算法的 Java 语言实现如算法 9.1 所示。

【算法 9.1　直接插入排序算法的 Java 语言实现】

```
// 直接插入排序算法
package lib.algorithm.chapter9.n01;

public class InsertSort {
    public void Sort(int[] list)
    {
        int nTemp = 0;
        int j = 0;
        for (int i = 1; i < list.length; i ++)
        {
            nTemp = list[i];
            j = i;
            while ((j > 0) && (list[j - 1] > nTemp ))
            {
                list[j] = list[j - 1];
                j --;
            }
            list[j] = nTemp;
        }
    }
}

 //测试类
package lib.algorithm.chapter9.n01;

public class MainClass {
    public static void main(String args[]) {
        int[] iArray = new int[] { 32, 26, 87, 72, 26, 17 };

        InsertSort Sorter = new InsertSort();

        Sorter.Sort( iArray );

        for (int i = 0; i < iArray.length; i ++){
         System.out.printf("%d   ", iArray[i]);
        }
    }
}
```

程序运行结果如下：

```
17  26  26  32  72  87
```

直接插入排序的基本操作是比较操作，数据规模是数组的长度 n。原则上讲，本算法需要对最坏情况、最好情况、平均情况时间复杂度都进行分析。

1．最好情况时间复杂度分析

如果被排序数组本身是升序有序的，那么在每一轮排序过程中，内循环只需进行一次循环。因此

$$T_{\text{best}}(n)=\sum_{i=0}^{n-1}1=n-1$$

2．最坏情况时间复杂度分析

如果被排序数组本身是降序有序的，那么在每一轮排序过程中，内循环需要进行 i 次循环。因此

$$T_{\text{worst}}=\sum_{i=1}^{n-1}\sum_{j=0}^{i-1}1=\sum_{i=1}^{n-1}i=\frac{(n-1)n}{2}$$

3．平均情况时间复杂度分析

直接插入排序的核心是内循环的顺序查找过程与数据移动过程。即在长度为 i 的子数组 $a[0:i-1]$中顺序查找 $a[i]$的合适位置。根据前面的分析，长度为 i 的顺序表的平均查找长度为

$$T_{\text{avg}}(n)=\sum_{i=1}^{n-1}\frac{i+1}{2}=\frac{(n-1)(n+2)}{2}$$

根据算法时间复杂度函数关系，可以很容易写出其渐进形式（用“O”表示）：

$$T_{\text{best}}(n)=O(n),\quad T_{\text{worst}}(n)=O(n^2),\quad T_{\text{avg}}(n)=O(n^2)$$

直接插入排序是一种稳定的排序方法。

9.2.2 希尔排序

希尔排序的基本思想是：把待排序的数据元素分成若干个小组，对同一小组内的数据元素用直接插入法排序；小组的个数逐次缩小；当完成所有数据元素都在一个组内的排序后排序过程结束。希尔排序又称缩小增量排序。

如图 9-2 所示，待排序列有 12 个记录，其关键字分别是 27、38、65、97、76、13、27、49、55、4，其中第 2 个 27 后面带有*用来与第 1 个 27 进行区分。用希尔排序法对记录按关键字递增的顺序进行排序，设步长取值依次为 5、2、1。

第 1 趟排序时，步长 $d_1=5$，整个记录被分成 6 个子序列，分别为{27,13}、{38,27}、{65,49}、{97,55}、{76,4}，各个序列中的第 1 个记录都自成一个有序区，我们依次将各子序列的第 2 个记录 13、27、49、55、4 分别插入子序列的有序区，使记录的各个子序列均是有序的，其结果如图 9.2 所示的第 1 趟排序结果。

第 2 趟排序时，步长 $d_2=2$，整个记录分成两个子序列：{13,49,4,38,97}、{27,55,27,65,76}。

最后一趟排序时，步长 $d_3=1$，即对第 2 趟排序结果的记录序列进行直接插入排序，其结果即有序记录。

希尔排序算法的 Java 语言实现如算法 9.2 所示。

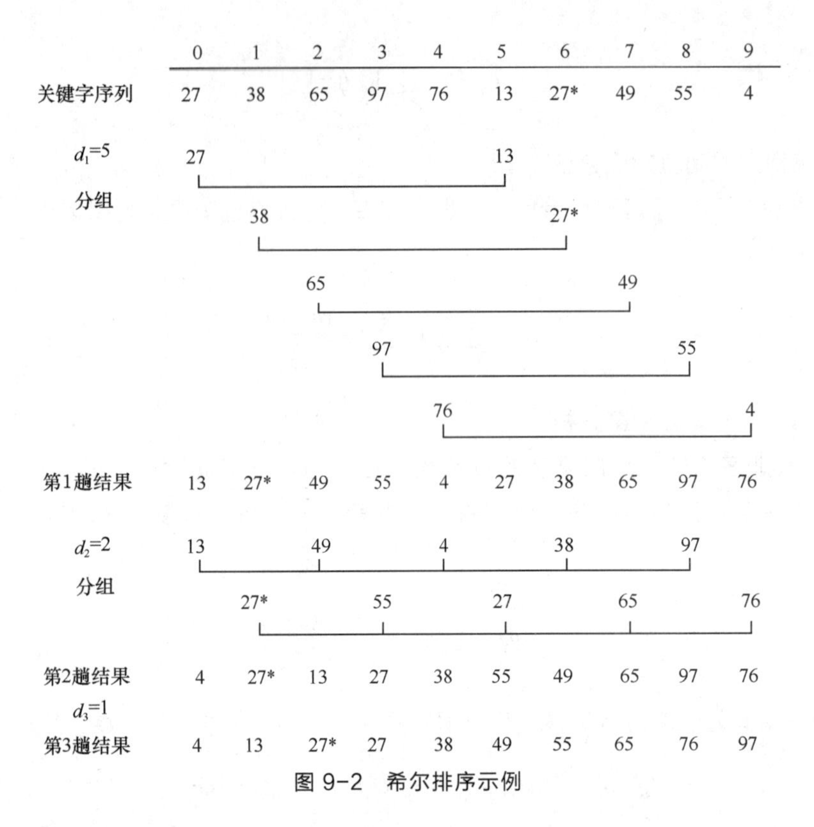

图 9-2 希尔排序示例

【算法 9.2 希尔排序算法的 Java 语言实现】

```
package lib.algorithm.chapter9.n02;

public class ShellSort {
    public void Sort(int[] list)
    {
        // step:步长
        for (int step = list.length / 2; step > 0; step /= 2) {
            // 对一个步长区间进行比较 [step,list.length)
            for (int i = step; i < list.length; i ++) {
                int value = list[i];
                int j;

                // 对步长区间中具体的元素进行比较
                for (j = i - step; j >= 0 && list[j] > value; j -= step) {
                    // j 为左区间的取值，j+step 为右区间与左区间的对应值
                    list[j + step] = list[j];
                }
                // 此时 step 为一个负数，[j + step]为左区间上的初始交换值
                list[j + step] = value;
            }
        }
    }
}
```

```
package lib.algorithm.chapter9.n02;

public class MainClass {
    public static void main(String args[]) {
        int[] iArray = new int[] { 27, 38, 65, 97, 76, 13, 27, 49, 55, 4 };

        ShellSort Sorter = new ShellSort();

        Sorter.Sort( iArray );

        for (int i = 0; i < iArray.length; i ++)
            System.out.printf("%d   ", iArray[i]);

    }
}
```

程序运行结果如下：

```
4  13  27  27  38  49  55  65  76  97
```

希尔排序的时间复杂度的分析比较复杂，它的平均时间复杂度约为 $O(n^{1.3})$。

从图 9-2 的例子中可以看出，希尔排序是一种不稳定的排序方法。

9.3 交换排序

交换排序的基本思想是通过两两比较待排序记录的关键字，若发现两个记录的次序相反即进行交换，直到找到没有反序的记录为止，从而达到排序的目的。本节将介绍两种交换排序：冒泡排序和快速排序。

9.3.1 冒泡排序

冒泡排序（bubble sort）是一种交换排序。交换排序是根据序列中两个记录关键字的比较结果，来交换关键字在序列中的位置。冒泡排序的特点是将关键字较大的记录向序列尾部移动，关键字较小的记录向序列前部移动。

微课 9-2 冒泡排序

冒泡排序的基本思想是：设数组 a 中存放了 n 个数据元素，循环进行 $n-1$ 趟如下的排序过程：第 1 趟时，依次比较相邻两个数据元素 $a[i]$和 $a[i+1]$（$i = 0,1,2,\cdots,n-2$），若为逆序，即 $a[i]>a[i+1]$，则交换两个数据元素，否则不交换。这样数值最大的数据元素将被放置在 $a[n-1]$中。第 2 趟时，循环次数减 1，即数据元素个数为 $n-1$，操作方法和第 1 趟类似，这样 n 个数据元素集合中数值较大的数据元素将被放置在 $a[n-2]$中。当第 $n-1$ 趟结束时，n 个数据元素集合中较小的数据元素将被放置在 $a[1]$中，$a[0]$中放置了最小的数据元素。这就像水底的气泡一样逐渐向上冒。

例如有一组关键字{38, 5, 19, 26, 49, 97, 1, 66}，这里 $n = 8$，对它们进行冒泡排序。排序过程如图 9-3 所示。

初始关键字序列:	38	5	19	26	49	97	1	66
第一次排序结果:	5	19	26	38	49	1	66	{97}
第二次排序结果:	5	19	26	38	1	49	{66	97}
第三次排序结果:	5	19	26	1	38	{49	66	97}
第四次排序结果:	5	19	1	26	{38	49	66	97}
第五次排序结果:	5	1	19	{26	38	49	66	97}
第六次排序结果:	1	5	{19	26	38	49	66	97}
第七次排序结果:	1	{5	19	26	38	49	66	97}
最后结果序列:	1	5	19	26	38	49	66	97

图 9-3　冒泡排序示例

冒泡排序算法的 Java 语言实现如算法 9.3 所示。

【算法 9.3　冒泡排序算法的 Java 语言实现】

```
// 冒泡排序算法
package lib.algorithm.chapter9.n03;

public class BubbleSort {
    public void Sort(int[] list )
    {
        int nFlag = 0;
        int nTemp = 0;
        for (int i = 0; i < list.length - 1; i ++)
        // 对表 r[1,...,n]中的 n 个记录进行冒泡排序
        {
            nFlag = 0;                          // 设交换标志，flag=0 表示未交换
            for (int j = 1; j < list.length; j ++)
                if (list[j] < list[j - 1])
                {
                    nFlag = 1;                  // 已交换
                    nTemp = list[j - 1];
                    list[j - 1] = list[j];
                    list[j] = nTemp;
                }
            if (nFlag == 0)    break;               // 未交换，排序结束
        }
    }
}

// 测试类
package lib.algorithm.chapter9.n03;

public class MainClass
```

```
{
public static void main(String args[]) {
        int[] iArray = new int[] { 38, 5, 19, 26, 49, 97, 1, 66 };

        BubbleSort Sorter = new BubbleSort();

        Sorter.Sort( iArray );

        for (int i = 0; i < iArray.length; i ++)
          System.out.printf("%d   ", iArray[i]);
    }
}
```

程序运行结果如下：

```
1   5   19   26   38   49   66   97
```

算法中 flag 为标志变量，当某一趟排序中发生过记录交换时 flag 的值为 1，未发生记录交换时 flag 的值为 0。所以外循环结束条件是：flag=0，已有序，或 i 的值为 $n-1$，已进行了 $n-1$ 趟处理。

从冒泡排序的算法可以看出,若待排序的元素为正序，则只需进行一趟排序，比较次数为 $n-1$ 次，移动元素次数为 0；若待排序的元素为逆序，则需进行 $n-1$ 趟排序。比较次数为

$$T(n)=\sum_{i=1}^{n-1}\sum_{j=1}^{i}1=\sum_{i=1}^{n-1}i=\frac{n(n-1)}{2}$$

因此，冒泡排序的时间复杂度为 $O(n^2)$。

9.3.2 快速排序

快速排序（quick sort）又称为分区交换排序，是目前已知的实测平均速度最快的一种排序方法，它是对冒泡排序方法的一种改进。

快速排序的基本思想是：通过一趟划分将要排序序列分割成独立的 3 个部分，即左部、基准值、右部。其中左部的所有数据都比基准值小，右边的所有数据都比基准值大。然后按此方法分别对左部和右部进行划分。整个排序过程可以递归进行。

快速排序是 C.R.A.Hoare 于 1962 年提出的一种划分交换排序。它采用了一种分治的策略，通常称为分治（Divide and Conquer）法。设数组 a 中存放了 n 个数据元素，low 为数组的低端下标，high 为数组的高端下标，从数组 a 中任取一个元素（通常取 a[low]）作为标准元素，以该标准元素调整数组 a 中其他各个元素的位置，使排在标准元素前面的元素均小于标准元素，排在标准元素后面的均大于或等于标准元素。这样一次排序过程结束后，一方面将标准元素放在未来排好序的数组中正确的位置上，另一方面将数组中的元素以标准元素为中心分成两个子数组，位于标准元素左边子数组中的元素均小于标准元素，位于标准元素右边子数组中的元素均大于或等于标准元素。对这两个子数组中的元素分别再进行方法类同的递归快速排序。算法的递归出口条件是 low≥high。快速排序算法的 Java 语

言实现如算法 9.4 所示。

【算法 9.4　快速排序算法的 Java 语言实现】

```
// 快速排序算法
package lib.algorithm.chapter9.n04;

public class QuickSort {
    public void Sort(int[] sqList, int low, int high)
    {
        int i = low;
        int j = high;
        int tmp = sqList[low];
        while (low < high)
        {
            while ((low < high) && (sqList[high] >= tmp))
                high --;


            sqList[low] = sqList[high];
            sqList[high] = tmp;
            low ++;

            while ((low < high) && (sqList[low] <= tmp))
                low ++;


            if (low < high)
            {
                sqList[high] = sqList[low];
                sqList[low] = tmp;
                high --;
            }
        }


        if (i < low - 1)
            Sort(sqList, i, low - 1);


        if (low < j)
            Sort(sqList, low, j);

    }
}

// 测试类
package lib.algorithm.chapter9.n04;
public class MainClass
{
public static void main(String args[]) {
        int[] iArray = new int[] { 60, 55, 48, 37, 10, 90, 84, 36};
        QuickSort Sorter = new QuickSort();
```

```
        Sorter.Sort( iArray, 0, iArray.length - 1 );
        for (int i = 0; i < iArray.length; i ++)
          System.out.printf("%d   ", iArray[i]);
    }
}
```

程序运行结果如下：

```
10   36   37   48   55   60   84   90
```

注意：对整个序列 $R[0]$到 $R[n-1]$排序，只需调用 Sort(R,0,n−1)即可。图 9-4 所示为快速排序示例。

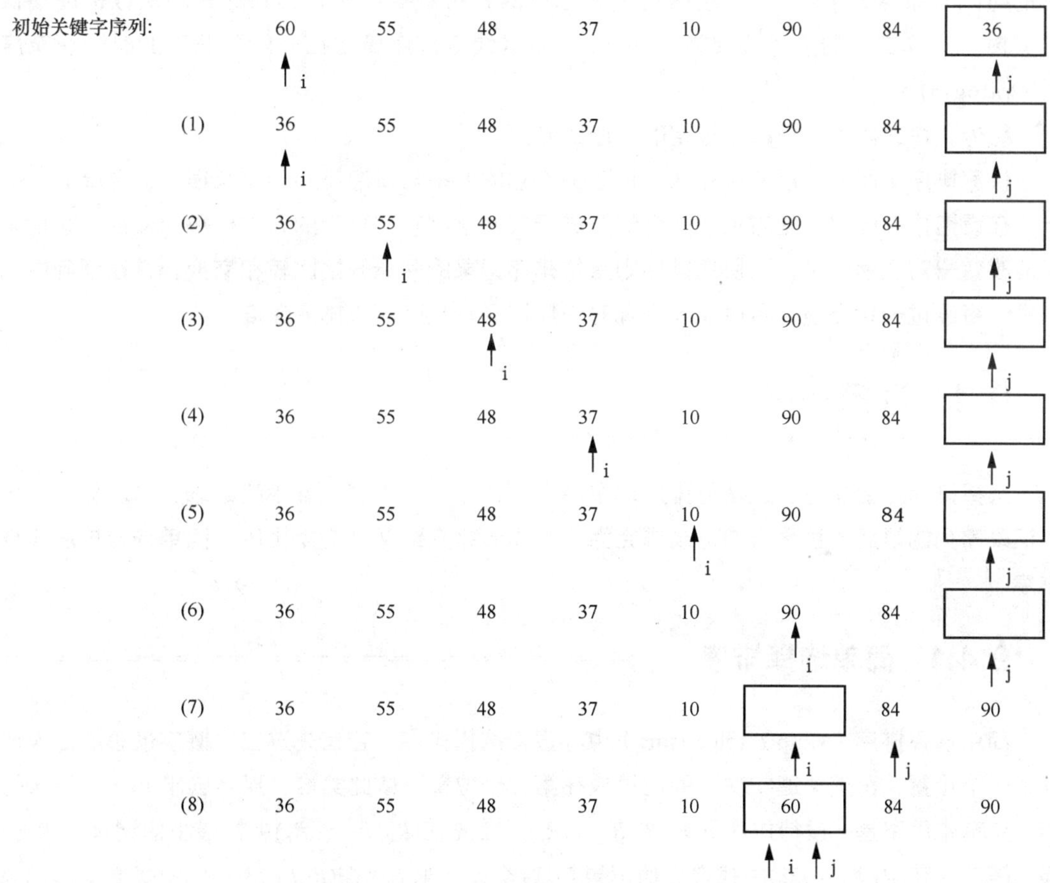

初始关键字序列:	60 (i)	55	48	37	10	90	84	[36] (j)
(1)	36 (i)	55	48	37	10	90	84	[ ] (j)
(2)	36	55 (i)	48	37	10	90	84	[ ] (j)
(3)	36	55	48 (i)	37	10	90	84	[ ] (j)
(4)	36	55	48	37 (i)	10	90	84	[ ] (j)
(5)	36	55	48	37	10 (i)	90	84	[ ] (j)
(6)	36	55	48	37	10	90 (i)	84	[ ] (j)
(7)	36	55	48	37	10	[ ] (i)	84 (j)	90
(8)	36	55	48	37	10	[60] (i j)	84	90

（a）各次快速排序过程

初始关键字序列： [60 53 48 37 10 90 84 36]

一趟排序之后： {36 55 48 37 10 } 60 {84 90 }

二趟排序之后： {10} 36 {48 37 55 } 60 84 {90}

三趟排序之后： {10} 36 {37} 48 {55} 60 84 90

最后的排序结果： 10 36 37 48 55 60 84 90

（b）各趟排序之后的状态及最后排序结果

图 9-4 快速排序示例

快速排序算法的时间复杂度和每次划分的记录关系很大。如果每次选取的记录都能均分成两个相等的子序列，这样的快速排序过程可以视为一棵完全二叉树结构（即每个结点都把当前待排序列分成两个大小相当的子序列结点，n 个记录待排序列的根结点的分解次数就构成了一棵完全二叉树），这时分解次数等于完全二叉树的深度 $\log_2 n$。每次快速排序过程无论把待排序列怎样划分，全部的比较次数都接近于 $n-1$ 次，所以，最好情况下快速排序的时间复杂度为 $O(n\log_2 n)$。快速排序算法的最坏情况是记录已全部有序，此时 n 个记录待排序列的根结点的分解次数构成一棵单右支二叉树。所以在最坏情况下快速排序算法的时间复杂度为 $O(n^2)$。一般情况下，记录的分布是随机的，序列的分解次数构成一棵二叉树，这样二叉树的深度接近于 $\log_2 n$，所以快速排序算法在一般情况下的时间复杂度为 $O(n\log_2 n)$。

另外，快速排序是一种不稳定的排序的方法。

快速排序实质上是冒泡排序的一种改进，它的效率与冒泡排序相比有很大的提高。

在冒泡排序过程中是对相邻两个记录进行关键字比较和互换的，这样每次交换记录后，只能改变一对逆序记录，而快速排序则从待排序记录的两端开始比较和交换，并逐渐向中间靠拢，每经过一次交换，有可能改变几对逆序记录，从而加快排序速度。

9.4 选择排序

选择排序主要是每一趟从待排序记录序列中选取一个关键字最小的记录，依次放在已排序记录序列的最后，直至全部记录排完为止。本节将介绍两种交换排序：简单选择排序和堆排序。

9.4.1 简单选择排序

简单选择排序（simple select sort）也称直接选择排序，它首先选出关键字最小的记录放在第一个位置，再选关键字次小的记录放在第二个位置，依此类推，直至选出 $n-1$ 个记录为止。其基本思路是：设待排序列为$(R_1,R_2,\cdots,R_n)$，首先在$(R_1, R_2,\cdots,R_n)$中找最小值记录与 R_1 交换，第二次在$(R_2,R_3,\cdots,R_n)$中找最小值记录与 R_2 交换；第 i 次在$(R_i,R_{i+1},\cdots,R_n)$中找最小值记录与 R_i 交换，最后一次（$n-1$ 次）在(R_{n-1},R_n)中找最小值记录与 R_{n-1} 交换，经过 $n-1$ 次选择和交换之后，R 成为一个由小到大排序的有序序列，排序完成。

简单选择排序算法的 Java 语言实现如算法 9.5 所示。

【算法 9.5 简单选择排序算法的 Java 语言实现】

```
package lib.algorithm.chapter9.n05;
//简单选择排序
public class SelectSort {
   public void Sort(int[] list)
   {
```

```
        for(int i = 0; i < list.length - 1; i ++) {
            // 进行第 i 趟排序
            int k = i;
            for(int j = k + 1; j < list.length; j ++){
                // 选最小的记录
                if(list[j] < list[k]){
                    //记下目前找到的最小值所在的位置
                    k = j;
                }
            }
            //在内层循环结束，也就是找到本轮循环的最小的数以后，再进行交换
            if(i != k){
                //交换 a[i]和 a[k]
                int temp = list[i];
                list[i] = list[k];
                list[k] = temp;
            }
        }
    }
}
package lib.algorithm.chapter9.n05;

//测试类
public class MainClass {
    public static void main(String args[]) {
        int[] iArray = new int[] { 64, 36, 53, 75, 28, 18 };
        SelectSort Sorter = new SelectSort();
        Sorter.Sort( iArray );
        for (int i = 0; i < iArray.length; i ++)
            System.out.printf("%d   ", iArray[i]);
    }
}
```

程序运行结果如下：

```
18   28   36   53   64   75
```

在简单选择排序中，不论初始记录序列状态如何，共需进行 $n-1$ 次选择和交换，每次选择需要进行 $n-i$ 次比较($1 \leqslant i \leqslant n-1$)，那么总的比较次数为：

$$T(n) = \sum_{i=1}^{n-1}(n-1) = \frac{n(n-1)}{2}$$

由此可见，简单选择排序的时间复杂度为 $O(n^2)$。由于简单选择排序交换次数较少，当记录占用的字节数较多时，通常比直接插入排序的执行速度要快一些。在简单选择排序中存在着不相邻记录之间的互换，因此，简单选择排序是一种不稳定的排序方法。

9.4.2 堆排序

堆排序（heap sort）的基本思想是：循环执行如下过程直到待排序记录序列为空。

① 若序列$\{R_1,R_2,\cdots,R_n\}$是最大堆，则 R_1 为最大值。

② 输出堆顶元素 R_1，将 R_1 和 R_n 交换。

③ 将剩余序列$\{R_1,R_2,\cdots,R_{n-1}\}$调整为最大堆，当作新的序列，重复第①步，直到序列为空。

图 9-5 所示为一个堆排序的排序过程，步骤如下。

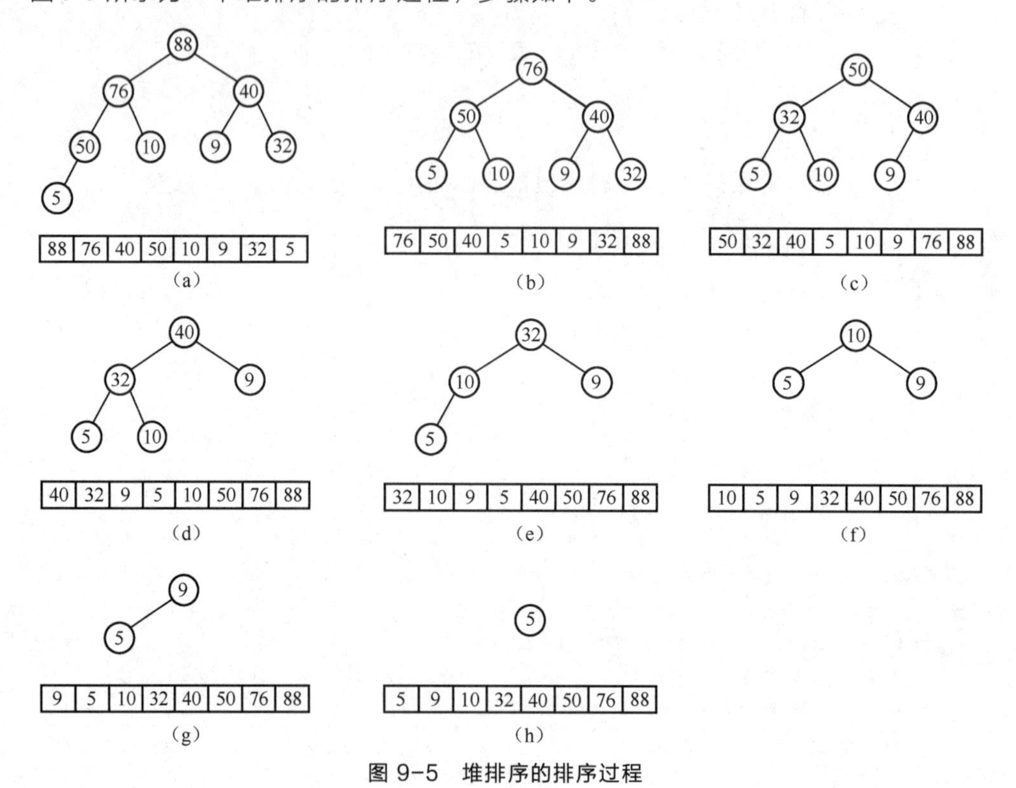

图 9-5　堆排序的排序过程

① 将序列构建成一个最大堆{88,76,40,50,10,9,32,5}，那么堆顶元素 88 是最大值，如图 9-5（a）所示。

② 将序列的堆顶也就是第 1 个元素 88 和堆的最后一个元素 5 进行交换，并将剩余元素调整为一个最大堆{76,50,40,5,10,9,32}，如图 9-5（b）所示。

③ 将序列的堆顶也就是第 1 个元素 76 和堆的最后一个元素 32 进行交换，并将剩余元素调整为一个最大堆{50,32,40,5,10,9}，如图 9-5（c）所示。

④ 将序列的堆顶也就是第 1 个元素 50 和堆的最后一个元素 9 进行交换，并将剩余元素调整为一个最大堆{40,32,9,5,10}，如图 9-5（d）所示。

⑤ 将序列的堆顶也就是第 1 个元素 40 和堆的最后一个元素 10 进行交换，并将剩余元素调整为一个最大堆{32,10,9,5}，如图 9-5（e）所示。

⑥ 将序列的堆顶也就是第 1 个元素 32 和堆的最后一个元素 5 进行交换，并将剩余元素调整为一个最大堆{10,5,9}，如图 9-5（f）所示。

⑦ 将序列的堆顶也就是第 1 个元素 10 和堆的最后一个元素 9 进行交换，并将剩余元素调整为一个最大堆{9,5}，如图 9-5（g）所示。

⑧ 将序列的堆顶也就是第 1 个元素 9 和堆的最后一个元素 5 进行交换，此时序列中只剩最后一个元素 5，如图 9-5（h）所示。排序完成。

我们回忆一下，一棵有 n 个结点的完全二叉树可以用一个长度为 n 的向量（一维数组）来表示；反过来，一个有 n 个记录的顺序表示的序列，在概念上可以看成一棵有 n 个结点（即记录）的顺序二叉树。例如，序列$(R_1,R_2,\cdots,R_9)$可以看成图 9-6 所示的顺序二叉树。

当把序列$(R_1,R_2,\cdots,R_n)$看成顺序二叉树时，由顺序二叉树的性质可知：记录 $R_i(1<i\leqslant n)$的双亲是记录 $R_{[i/2]}$；R_i 的左孩子是记录 $R_{2i}(2i\leqslant n)$，但若 $2i>n$，则 R_i 的左孩子不存在；R_i 的右孩子是记录 $R_{2i+1}(2i+1\leqslant n)$，但若 $2i+1>n$，则 R_i 的右孩子不存在。

什么是最大堆呢？最大堆是一个具有这样性质的顺序二叉树：每个分支结点（记录）的关键字大于等于它的孩子结点的关键字。例如，图 9-7 所示的顺序二叉树就是一个最大堆。

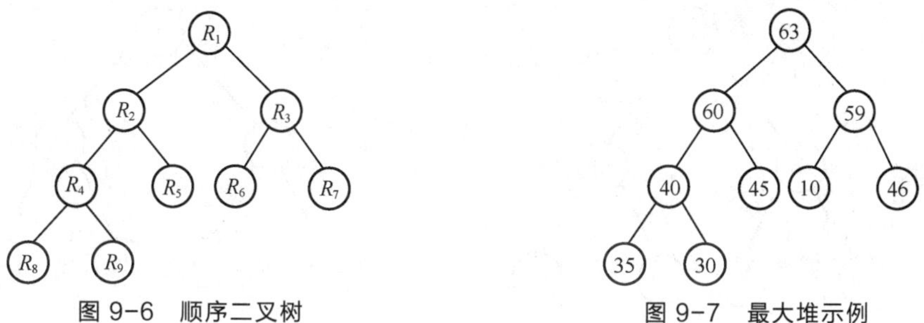

图 9-6　顺序二叉树　　图 9-7　最大堆示例

显然，在一个最大堆中，根结点具有最大值（指关键字，下同），而且最大堆中任何一个结点的非空左、右子树都是堆，它的根结点到任一叶子结点的每条路径上的结点都是递减有序的。

堆排序的基本思想是：首先把待排序的序列$(R_1,R_2,\cdots,R_n)$在概念上看成一棵顺序二叉树，并将它转换成一个最大堆；这时，根结点具有最大值，删除根结点，然后将剩下的结点重新调整为一个最大堆；反复进行下去，直到最大堆只剩下一个结点为止。

堆排序的关键步骤是把一棵顺序二叉树调整为一个最大堆。初始状态时，结点是随机排列的，需要经过多次调整才能把它转换成一个最大堆，这个堆称为初始堆。建成最大堆之后，交换根结点和最大堆的最后一个结点的位置，相当于删除根结点。同时，剩下的结点（除原最大堆中的根结点）又构成一棵顺序二叉树。这时，根结点的左、右子树显然仍都是最大堆，它们的根结点具有最大值（除上面删去的原最大堆中的根结点）。把这样一棵左、右子树均是最大堆的顺序二叉树调整为新的最大堆，是很容易实现的。

例如，对于图 9-7 所示的最大堆，交换根结点 63 和最后的结点 30 之后，便得到图 9-8（a）所示的顺序二叉树（除 63 之外）。现在，新的根结点是 30，其左、右子树仍然都是堆。下面讨论如何把这棵二叉树调整为一个新最大堆。

由于最大堆的根结点应该是具有最大值的结点，且已知左、右子树是最大堆，因此，新最大堆的根结点应该是这棵二叉树的根结点、根结点的左孩子、根结点的右孩子（若存在的话）中最大的那个结点。于是，先找出根结点的左、右孩子，比较它们的大小。将其中较大的孩子与根结点比较大小。如果这个孩子大于根结点，则将这个孩子上移到根结点的位置，而根结点下沉到这个孩子的位置，即交换它们的位置。在图 9-8（a）中，根结点 30 的左、右孩子分别是 60、59，由于 60>59，并且 60>30，于是应交换根结点 30 和左孩子 60 的位置。

这时，新的根结点 60 的右子树没有改变，仍然是一个最大堆。但是，由于结点 30 下沉到左子树的根上，使得左子树有可能不再是最大堆了。按照上面所用的办法，把这棵子树调整为一个最大堆，显然，结点 30 的左、右子树原来都是最大堆，30 的左、右子树分别是 40、45。由于 40<45，并且 45>30，于是应交换结点 30 和右孩子 45 的位置。

现在，由于结点 45 的左子树没有改变，仍是最大堆，而结点 45 的右子树只有结点 30，它是一个最大堆，因此，调整过程结束，得到图 9-8（b）所示的新最大堆。

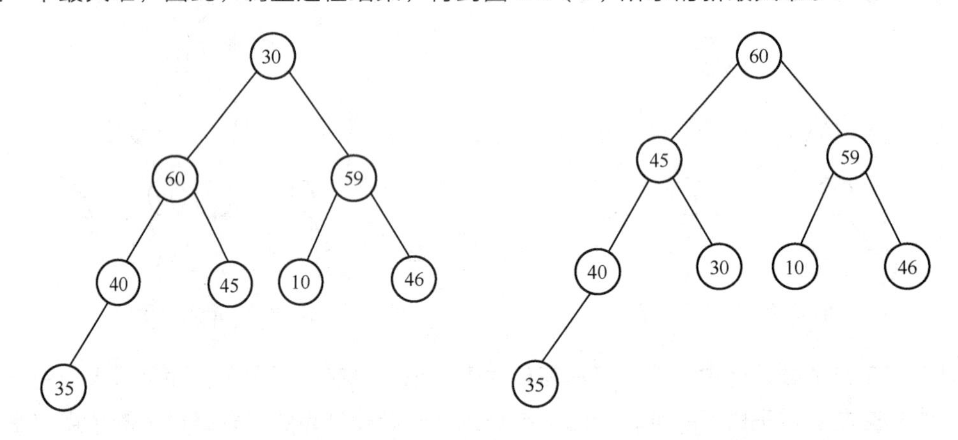

（a）根的左、右子树都是最大堆　　（b）调整后的新最大堆

图 9-8　最大堆调整过程

把左、右子树都是最大堆的顺序二叉树调整为一个最大堆，其算法如算法 9.6 所示。

【算法 9.6　堆调整算法的 Java 语言实现】

```
package lib.algorithm.chapter9.n06;

//堆排序算法
public class HeapSort {

    public void Adjust(int[] list, int root, int length) {
        // 将 temp 作为父结点
        int temp = list[root];
        // 左孩子
        int lChild = 2 * root + 1;

        while (lChild < length) {
            // 右孩子
            int rChild = lChild + 1;
            // 如果有右孩子结点，并且右孩子结点的值大于左孩子结点，则选取右孩子结点
            if (rChild < length && list[lChild] < list[rChild])
```

```
            lChild ++;

        // 如果父结点的值已经大于孩子结点的值，则直接结束
        if (temp >= list[lChild])
            break;

        // 把孩子结点的值赋给父结点
        list[root] = list[lChild];

        // 选取孩子结点的左孩子结点，继续向下筛选
        root = lChild;
        lChild = 2 * lChild + 1;
    }
    list[root] = temp;
  }
}
```

在上面的算法中，为了减少移动次数，先将根结点存入中间变量。while 循环语句每迭代一次，首先比较两个孩子（若存在的话）的大小，接着比较根结点和它的较大孩子的大小。若根结点小于这个孩子，则这个孩子上移到它的根结点所在的位置，否则这个孩子不上移。注意，在算法中，孩子结点上移时，根结点并未立即下沉，即不立即进行交换，而是当下面层次上的结点不再需要上移时，才将原先存放在中间结点中的根结点直接下沉到最后被上移的结点的位置上。

有了上面的算法就容易把$(R_1, R_2,\cdots, R_n)$转换成初始最大堆了。我们以自底向上的方式，从最后一个分支结点 R_i 开始，依次将以 $R_i,R_{i-1},\cdots,R_1$ 为根结点的顺序二叉树调整为最大堆，即反复调用 Adjust 方法，便可得到有 n 个结点的初始堆。

得到初始最大堆以后，交换根结点和最后结点的位置。再调用 Adjust 方法，将前 $n-1$ 个结点调整为新最大堆。交换新最大堆的根结点和最后结点（第 $n-1$ 个结点）的位置，再将前 $n-2$ 个结点调整为新最大堆。继续进行下去，直至剩下一个结点，便得到 n 个结点（记录）的递增序列。

堆排序算法的 Java 语言实现如算法 9.7 所示。

【算法 9.7　堆排序算法的 Java 语言实现】

```
package lib.algorithm.chapter9.n06;
//堆排序算法
public class HeapSort {
    public void Sort(int[] list) {
        // 创建堆
        for (int i = (list.length - 1) / 2; i >= 0; i --) {
            // 从第一个非叶子结点从下至上，从右至左调整结构
            Adjust(list, i, list.length);
        }

        // 调整堆结构+交换堆顶元素与末尾元素
        for (int i = list.length - 1; i > 0; i --) {
            // 将堆顶元素与末尾元素进行交换
```

```
            int temp = list[i];
            list[i] = list[0];
            list[0] = temp;

            // 重新对堆进行调整
            Adjust(list, 0, i);
        }
    }

    public void Adjust(int[] list, int root, int length) {
        // 将 temp 作为父结点
        int temp = list[root];
        // 左孩子
        int lChild = 2 * root + 1;

        while (lChild < length) {
            // 右孩子
            int rChild = lChild + 1;
            // 如果有右孩子结点，并且右孩子结点的值大于左孩子结点，则选取右孩子结点
            if (rChild < length && list[lChild] < list[rChild])
                lChild ++;

            // 如果父结点的值已经大于孩子结点的值，则直接结束
            if (temp >= list[lChild])
                break;

            // 把孩子结点的值赋给父结点
            list[root] = list[lChild];

            // 选取孩子结点的左孩子结点，继续向下筛选
            root = lChild;
            lChild = 2 * lChild + 1;
        }
        list[root] = temp;
    }
}

// 测试类
package lib.algorithm.chapter9.n06;

public class MainClass {
    public static void main(String args[]) {
        int[] iArray = new int[] { 88, 76, 40, 50, 10, 9, 32, 5 };
        HeapSort Sorter = new HeapSort();
        Sorter.Sort(iArray);
        for (int i = 0; i < iArray.length; i ++)
            System.out.printf("%d   ", iArray[i]);
    }
}
```

程序运行结果如下：

```
5   9   10   32   40   50   76   88
```

现在我们来分析堆排序所需的比较次数。从堆排序的全过程可以看出，它所需的比较次数为建立初始最大堆所需比较次数和重建新最大堆所需比较次数之和，即 Sort 方法中两个 for 语句多次调用 Adjust 方法的比较次数的总和。

先看建立初始最大堆所需的比较次数，即 Sort 方法中执行第 1 个 for 语句时调用 Adjust 方法的比较次数。假设 n 个结点的堆的深度为 k，即堆共有 k 层结点，由顺序二叉树的性质可知，$2k-1 \leqslant n<2k$。执行第 1 个 for 语句，对每个分支结点 $R_i(1 \leqslant i \leqslant \lfloor n/2 \rfloor)$ 调用一次 Adjust 方法，在最坏情况下，第 j（$1 \leqslant j \leqslant k-1$）层的结点都下沉 $k-j$ 层到达最底层，根结点下沉一层，相应的孩子结点上移一层需要 2 次比较，这样，第 j 层的一个结点下沉到最底层最多需进行 $2(k-j)$次比较。由于第 j 层的结点数为 $2(j-1)$，因此建立初始最大堆所需的比较次数不超过下面的值，时间复杂度为 $O(n)$：

$$\sum_{j=k-1}^{1} 2(k-j)2^{j-1} = \sum_{j=k-1}^{1}(k-j)2^{j}$$

令 $p=k-j$，则有

$$\sum_{j=k-1}^{1}(k-j)2^{j} = \sum_{p=1}^{k-1} p2^{k-p} = 2^{k}\sum_{p=1}^{k-1} p/2^{p} <4n$$

其中，$2^{k} \leqslant 2n, \sum_{p=1}^{k-1} p/2^{p} <2$。

现在分析重建新最大堆所需的比较次数，即算法中的 Sort 方法中执行第 2 个 for 语句时，$n-1$ 次调用 Adjust 方法总共进行的比较次数。每次重建一个最大堆，仅将新的根结点从第 1 层下沉到一个适当的层上，在最坏的情况下，这个根结点下沉到最底层。每次重建的新最大堆比前一次的堆少一个结点。设新最大堆的结点数为 n，则它的深度 $k=\lfloor \log_2 n \rfloor+1$。这样，重建一个有 i 个结点的新最大堆所需的比较次数最多为 $2(k-1)=2\lfloor \log_2 n \rfloor$。因此，$n-1$ 次调用 Adjust 方法时总共进行的比较次数不超过

$$2(\lfloor \log_2(n-1) \rfloor+\lfloor \log_2(n-2) \rfloor+\ldots+\lfloor \log_2 1 \rfloor)<2n\lfloor \log_2 n \rfloor$$

综上所述，堆排序在最坏情况下，所需的比较次数不超过 $O(n\log_2 n)$，显然，所需的移动次数也不超过 $O(n\log_2 n)$。因此，堆排序的时间复杂度为 $O(n\log_2 n)$。堆排序中只需一个记录大小的空间作为辅助空间。堆排序是不稳定的。

9.5 归并排序

归并排序主要是二路归并排序。二路归并排序的基本思想是：设数组 a 中存放了 n 个数据元素，初始时把它们看成 n 个长度为 1 的有序子数组，然后从第一个子数组开始，把相邻的子数组两两合并，得到 $n/2$（若 $n/2$ 为小数则上取整）个长度为 2 的新的有序子数组（当 n 为奇数时最后一个新的有序子数组的长度为 1）；对这些新的有序子数组再两两归并；如此重复，直到

微课 9-3 归并排序

得到一个长度为 n 的有序数组为止。多于二路的归并排序的方法和二路归并排序类似。

二路归并排序算法的 Java 语言实现如算法 9.8 所示，算法中记录的比较代表记录关键字的比较，顺序表中只存放了记录的关键字。

【算法 9.8　二路归并排序算法的 Java 语言实现】

```
// 二路归并排序算法
package lib.algorithm.chapter9.n07;

public class MergeSort {
    // 二路归并排序算法的实现如下
    public void Sort(int[] sqList) {
        int k = 1; // 归并增量
        while (k < sqList.length) {
            Merge(sqList, k);
            k *= 2;
        }
    }

    // 归并
    public void Merge(int[] sqList, int len) {
        int m = 0; // 临时顺序表的起始位置
        int l1 = 0; // 第 1 个有序表的起始位置
        int h1 = 0; // 第 1 个有序表的结束位置
        int l2 = 0; // 第 2 个有序表的起始位置
        int h2 = 0; // 第 2 个有序表的结束位置
        int i = 0;
        int j = 0;

        // 临时表，用于临时将两个有序表合并为一个有序表
        int[] tmp = new int[sqList.length];

        // 归并处理
        while (l1 + len < sqList.length) {
            l2 = l1 + len; // 第 2 个有序表的起始位置
            h1 = l2 - 1; // 第 1 个有序表的结束位置

            // 第 2 个有序表的结束位置
            h2 = (l2 + len - 1 < sqList.length) ? l2 + len - 1 : sqList.length - 1;
            j = l2;
            i = l1;

            // 两个有序表中的记录没有排序完
            while ((i <= h1) && (j <= h2)) {
                if (sqList[i] <= sqList[j]) { // 第 1 个有序表记录的关键字小于第 2 个
有序表记录的关键字
                    tmp[m ++] = sqList[i ++];
                } else { // 第 2 个有序表记录的关键字小于第 1 个有序表记录的关键字
                    tmp[m ++] = sqList[j ++];
```

```
            }
        }

        // 第 1 个有序表中还有记录没有排序完
        while (i <= h1)
            tmp[m ++] = sqList[i ++];


        // 第 2 个有序表中还有记录没有排序完
        while (j <= h2)
            tmp[m ++] = sqList[j ++];


        l1 = h2 + 1;
    }
    i = l1;

    // 原顺序表中还有记录没有排序完
    while (i < sqList.length)
        tmp[m ++] = sqList[i ++];


    // 临时顺序表中的记录复制到原顺序表，使原顺序表中的记录有序
    for (i = 0; i < sqList.length; i ++)
        sqList[i] = tmp[i];

  }
}

// 测试类
package lib.algorithm.chapter9.n07;

public class MainClass
{
  public static void main(String args[]) {
    int[] iArray = new int[] { 49, 38, 65, 97, 76, 13, 27 };

    MergeSort Sorter = new MergeSort();
    Sorter.Sort(iArray);

    for (int i = 0; i < iArray.length; i ++)
        System.out.printf("%d   ", iArray[i]);

  }
}
```

程序运行结果如下：

```
13   27   38   49   65   76   97
```

对于有 n 个记录的顺序表，将这 n 个记录看作叶子结点，若将两两归并生成的子表看作它们的父结点，则归并过程对应于由叶子结点向根结点生成一棵二叉树的过程。所以，归并趟数约等于二叉树的深度减 1，即 $\log_2 n$，每趟归并排序记录关键字比较的次数约为 $n/2$，记

录移动的次数为 $2n$（临时顺序表的记录复制到原顺序表中记录的移动次数为 n）。因此，二路归并排序的时间复杂度为 $O(n\log_2 n)$。而二路归并排序使用了 n 个临时内存单元存放记录，所以，二路归并排序的空间复杂度为 $O(n)$。

二路归并排序过程如图 9-9 所示，归并排序是高效算法中唯一“稳定”的排序方法。

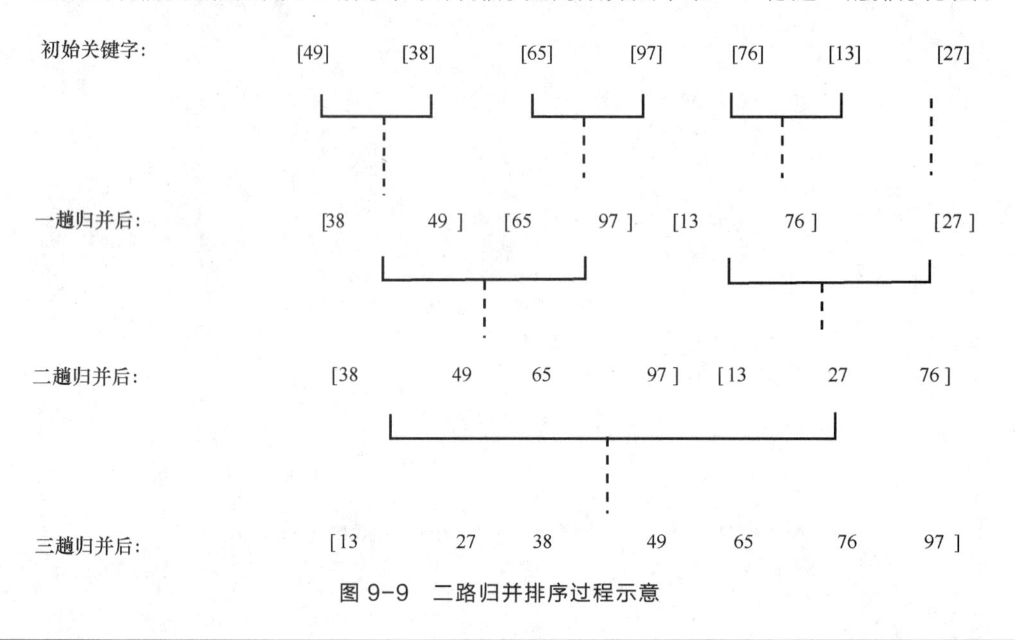

图 9-9 二路归并排序过程示意

9.6 基数排序

基数排序是采用“分配”与“收集”的办法，用对多关键字进行排序的思想实现对单关键字进行排序的方法。

基数排序算法的基本思想是：设待排序的数据元素是 m 位 d 进制整数（不足 m 位的在高位补 0），设置 d 个桶，令其编号分别为 $0,1,2,\cdots,d-1$。首先按最低位（即个位）的数值依次把各数据元素放到相应的桶中，然后按照桶号从小到大和进入桶中数据元素的先后次序收集分配在各桶中的数据元素，这样就形成了数据元素集合的新的排列，称这样的一次排序过程为一次基数排序；再对一次基数排序得到的数据元素序列按次低位（即十位）的数值依次把各数据元素放到相应的桶中，然后按照桶号从小到大和进入桶中数据元素的先后次序收集分配在各桶中的数据元素；这样的过程重复进行，当完成了第 m 次基数排序后，就得到了排好序的数据元素序列。一个具体的基数排序示例如图 9-10 所示。

基数排序所需的计算时间不仅与序列的大小 n 有关，还与关键字的位数、关键字的基有关。设关键字的基为 d（十进制数的基为 10，二进制数的基为 2），为建立 d 个桶所需的时间为 $O(d)$。把 n 个记录分放到各个队列中并重新收集起来所需的时间为 $O(n)$，因此一遍排序所需的时间为 $O(n+d)$。若每个关键字有 m 位，则总共要进行 m 遍排序，所以基数排序的时间复杂度为 $O(m(n+d))$，由于 d 为固定值整数，因此时间复杂度可以简化为 $O(mn)$。在基数排序的过程中，需要分配 d 个桶，每个桶中最多可能存 n 个数据元素，需要的空间为 $O(dn)$，由于 d 为固定值整数，因此空间复杂度可以简化为 $O(n)$。

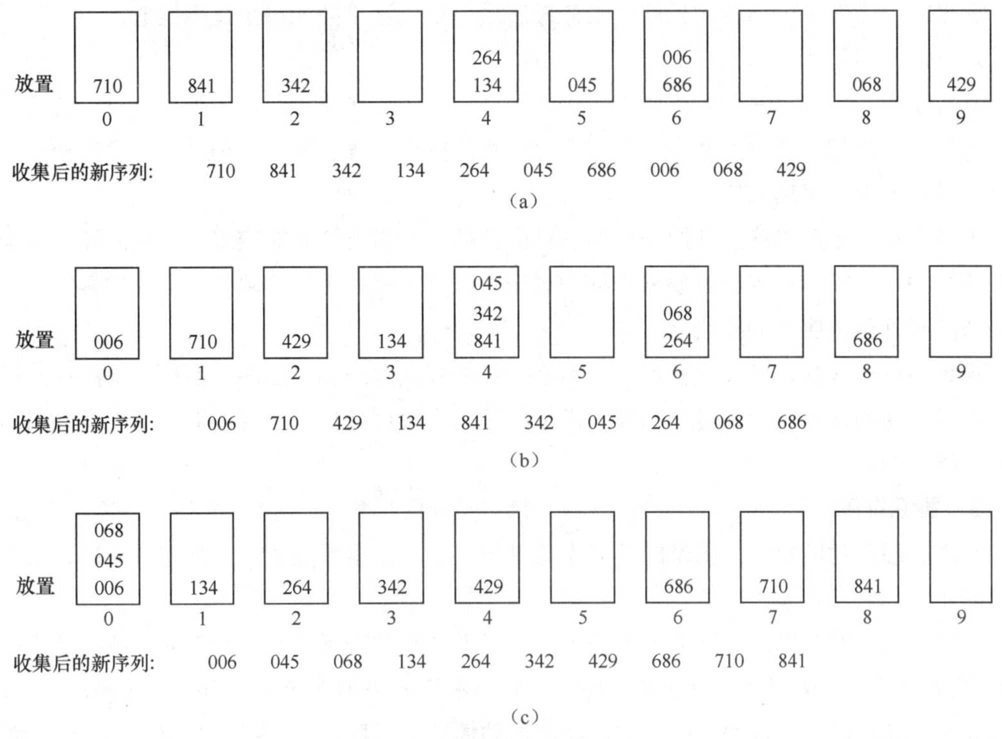

图 9-10 基数排序示例

在上述各种内部排序方法中，就所需要的计算时间来看，快速排序、归并排序、堆排序是很好的方法。但是，归并排序需要大小为 n 的辅助空间，快速排序需要一个栈。希尔排序、快速排序、堆排序、简单选择排序是不稳定的排序方法，其他排序方法都是稳定的。评价一个排序算法性能好坏的主要标准是它所需的计算时间和存储空间。影响计算时间的两个重要因素是比较关键字的次数和记录的移动次数。在实际应用中，究竟应该选用何种排序方法，取决于具体的应用和计算机硬件条件。

9.7 各种排序方法的比较

1. 直接插入排序

基本思想：顺序地把待排序的数据元素按其值的大小插入到已排序数据元素子集合的适当位置。该算法简洁，但是只有当待排元素 n 比较少的时候效率才高。

性能分析：直接插入排序只需要一个保存当前待插入元素值的临时变量，因此所需的辅助存储空间为 $O(1)$。直接插入排序所需时间主要与所需关键字的比较次数及移动的次数有关。最坏的情况为原始序列逆序，这种情况下总的比较次数为 $n(n-1)/2$，记录的移动次数也为 $n(n-1)/2$；最好的情况为原始序列正序，这种情况比较次数为 $n-1$，记录移动次数为 0。由此可以推断出插入排序算法的平均时间为 $O(n^2)$，最坏的情况也为 $O(n^2)$。

稳定性：插入排序本就是在一个有序的序列里插入一个新的元素，当遇到两个或多个一样的元素时，自然是一律放到相同元素的最后面，所以直接插入排序是稳定的。

2. 希尔排序

基本思想：希尔排序也属于插入排序类，又称减小增量排序。将序列按某一个变化的增量分为若干子序列，再对这些子序列进行直接插入排序，等到整个序列基本有序的时候，再对整体进行一次直接插入排序。

性能分析：希尔排序只需要一个保存当前待插入元素值的临时变量，因此所需的辅助存储空间为 $O(1)$。希尔排序的性能分析较为复杂，研究人员在大量实验的基础上推导出希尔排序方法的时间复杂度为 $O(n^{1.3})$。

稳定性：一次插入排序是稳定的，不会改变相同元素的相对顺序，但在不同的插入排序过程中，相同的元素可能在各自的插入排序中移动，最后其稳定性就会被打乱，所以希尔排序是不稳定的。

3. 冒泡排序

基本思想：对所有相邻记录的关键字值进行比较，如果是逆顺序，则将其交换，最终达到有序化。

性能分析：冒泡排序只需要一个用于交换元素的临时变量，因此所需的辅助存储空间为 $O(1)$；最坏情况为原始序列逆序，这种情况下需要进行 $n(n-1)/2$ 次比较，$n-1$ 次排序，$n(n-1)/2$ 次记录的移动；最好情况为原始序列正序，这种情况下需要进行 $n-1$ 次比较，0 次排序，0 次移动。由此可以推断出插入排序方法的平均时间为 $O(n^2)$，最坏的情况也为 $O(n^2)$。

稳定性：冒泡排序交换的是两个相邻元素，如果两个元素相等，则不会交换两个元素的位置，所以冒泡排序是稳定的。

4. 快速排序

基本思想：快速排序使用分治的思想，通过一趟排序将待排序列分割成两部分，其中一部分记录的关键字均比另一部分记录的关键字小。之后分别对这两部分记录继续进行排序，以达到整个序列有序的目的。

性能分析：快速排序的平均时间复杂度为 $O(n\log_2 n)$，在平均时间性能上来说属于最佳的排序方法。最坏情况为原始序列为逆序，这种情况下的时间复杂度为 $O(n^2)$。所需的辅助存储空间为 $O(\log_2 n)$。

稳定性：快速排序划分的过程中涉及不相邻元素的互换，因此快速排序是不稳定的。

5. 简单选择排序

基本思想：从头至尾顺序扫描序列，找出最小的元素，和第一个元素进行交换，接着从剩下的元素中继续这种选择和交换，直至最终数组有序。

性能分析：由于简单选择排序交换次数较少，当记录占用的字节数较多时，通常比直接插入排序的执行速度要快一些。简单选择排序的平均时间复杂度为 $O(n^2)$，最坏情况的平均时间复杂度同样为 $O(n^2)$。所需的辅助存储空间为 $O(1)$，即一个记录大小供交换的空间。

稳定性：在简单选择排序中存在着不相邻记录之间的互换，因此，简单选择排序是一种不稳定的排序方法。

6．堆排序

基本思想：堆排序将待排序序列构造成一个最大堆，此时，整个序列的最大值就是堆顶的根结点。将其与末尾元素进行交换，此时末尾就为最大值。然后将剩余 $n-1$ 个元素重新构造成一个堆，这样会得到 n 个元素的次小值。如此反复执行，便能得到一个有序序列了。

性能分析：堆排序是基于完全二叉树的，对于深度为 k 的堆，至多有 $2^{(k-1)}$个记录，从最后一个分支结点 $2^{(k-1)}$的记录开始筛选并建立一个最大堆，此时与关键字的比较次数至多为 $2^{(k-1)}$次；在建立堆的时候，由第 i 层记录至多 $2^{(i-1)}$次，以它们为根的记录深度为 $k-i-1$，那么调用 $n/2$ 次筛选算法的时候，与关键字比较的次数至多为 $4n$ 次；再者，n 记录的完全二叉树深度为 $\log_2(n+1)$，那么建立新堆调用 $n-1$ 次筛选方法，总共的比较次数不超过 $2n(\log_2 n)$。堆排序的时间复杂度也就是 $O(n\log_2 n)$，最坏情况下的时间复杂度也为 $O(n\log_2 n)$。所需的空间复杂度 $O(1)$，即一个记录大小供交换的空间。

稳定性：建立最大堆和调整最大堆的过程中涉及不相邻元素的互换，因此堆排序是不稳定的。

7．归并排序

基本思想：归并排序采用了分而治之的思想，它将序列中的元素按照一定的方法进行拆分，拆分后的子序列各自完成排序，然后再将这些子序列归并到一起，完成整个序列的排序。

性能分析：归并排序的时间复杂度为 $O(n\log_2 n)$，最坏情况下，时间复杂度同样为 $\mathrm{O}(n\log_2 n)$。而归并排序使用了 n 个临时内存单元存放记录，所以，二路归并排序算法的空间复杂度为 $O(n)$。

稳定性：归并排序把序列分为若干含有 1 个或 2 个元素的序列，1 个元素的序列默认为有序，2 个元素的可以直接排序，同样是不会去交换两个相等元素的值的，这样将第一次归并的序列看成新的子序列，重复归并直到有序，因此，归并排序是稳定的。

8．基数排序

基本思想：基数排序与前几种排序均不同，它是将关键字分解成若干个原子关键字，通过对原子关键字的排序来实现对关键字的排序，例如 3 位数的排序可以分为个位数的排序、十位数的排序、百位数的排序（采用链式存储结构来实现）。

性能分析：基数排序的时间复杂度为 $O(mn)$，其中，n 是序列长度，m 是待排序数的最大位数。基数排序的过程中，需要的空间复杂度为 $O(n)$。

稳定性：基数排序从低位开始分配、收集，一直到最高位排序完成，在分配和收集的时候是不可能调整两个相同元素的位置的，因此基数排序是稳定的。

9．综合分析

就平均时间而言，快速排序最为优秀，但在最坏情况下不是最好的。

在 n 值较大的时候，使用堆排序和归并排序较为有效，这其中以归并排序时间最少，但是需要更多的存储空间。

n 值较大且关键字较小时，基数排序较合适，空间也只需要创建几个桶即可；而且基数排序是稳定的，快速排序、堆排序、希尔排序都不稳定。

从数据存储结构来看，若排序中记录未大量移动，可采用顺序存储结构；若记录大量移动，则可采用静态链表实现（表插入排序、链式基数排序）。

各种排序方法的性能及稳定性比较如表 9-2 所示。

表 9-2　排序方法比较表

排序方法	最好时间	平均时间	最坏时间	辅助空间	稳定性
直接插入排序	$O(n)$	$O(n^2)$	$O(n^2)$	$O(1)$	稳定
希尔排序	—	$O(n^{1.3})$	—	$O(1)$	不稳定
冒泡排序	$O(n)$	$O(n^2)$	$O(n^2)$	$O(1)$	稳定
快速排序	$O(n\log_2 n)$	$O(n\log_2 n)$	$O(n^2)$	$O(\log_2 n)$	不稳定
简单选择排序	$O(n^2)$	$O(n^2)$	$O(n^2)$	$O(1)$	不稳定
堆排序	$O(n\log_2 n)$	$O(n\log_2 n)$	$O(n\log_2 n)$	$O(1)$	不稳定
归并排序	$O(n\log_2 n)$	$O(n\log_2 n)$	$O(n\log_2 n)$	$O(n)$	稳定
基数排序	$O(mn)$	$O(mn)$	$O(mn)$	$O(n)$	稳定

本章小结

本章介绍了数据结构中排序的概念、常用的排序算法的实现、排序过程中的“稳定”与“不稳定”的含义、各种排序算法的时间复杂度的分析等相关知识。重点要求学生掌握常用的排序方法，理解排序方法的过程，通过程序实现具体的排序。

上机实训

1．冒泡排序是把大的元素向上移（气泡的上浮），把小的元素向下移（气泡的下沉），请给出上浮和下沉过程交替的冒泡排序算法。

2．设有一个数组中存放了一个无序的关键序列 $k_1,k_2,\cdots,k_n$。现要求将 k_n 放在将元素排序后的正确位置上，试编写实现该功能的算法，要求比较关键字的次数不超过 n。

习　　题

一、选择题

1．下面给出的 4 种排序方法中，排序过程中的比较次数与排序方法无关的是(　　　)。

A．选择排序　　B．直接插入排序　　C．快速排序　　D．堆排序

2．下列排序方法中（　　）不能保证每趟排序至少能将一个元素放到其最终的位置上。

A．快速排序　　B．希尔排序　　C．堆排序　　D．冒泡排序

3. 排序方法的稳定性是指（　　）。

A. 该排序方法不允许有相同的关键字记录 B. 该排序方法允许有相同的关键字记录

C. 平均时间为 $O(n\log_2 n)$的排序方法　　D. 以上都不对

4. 就平均性能而言，目前最好的内排序方法是（　　）排序。

A. 冒泡　　B. 希尔　　C. 交换　　D. 快速

5. 从未排序序列中依次取出一个元素与已排序序列中的元素依次进行比较，然后将其放在已排序序列的合适位置，该排序方法称为（　　）排序。

A. 直接插入　　B. 选择　　C. 希尔　　D. 二路归并

6. 直接插入排序在最好情况下的时间复杂度为（　　）

A. $O(\log_2 n)$　　B. $O(n)$　　C. $O(n\log_2 n)$　　D. $O(n^2)$

二、填空题

1. 在所有排序方法中，________排序采用的是二分法的思想。

2. 在简单选择排序中，记录比较次数的时间复杂度为________，记录移动次数的时间复杂度为_______。

3. 在时间复杂度为 $O(n\log_2 n)$的所有排序方法中，________排序是稳定的。

三、简答题

1. 请简述冒泡排序的算法思想。

2. 请简述快速排序的算法思想，并分析快速排序是否是稳定的。

第10章 综合项目实训

10

学习目标

本课程是一门实践性比较强的课程，通过综合项目实训培养动手能力，实现理论与实际应用结合的目标，通过一个或多个实训项目全面考察我们对数据结构相关知识的掌握程度，同时进一步加强对理论知识的理解，培养实际动手能力，为以后走向工作岗位打下坚实基础。在本章中，首先会给定一系列实训项目及相关设计要求，然后以一个实训项目为例，展示完整的实训设计报告以供参考。

10.1 实训项目及相关设计要求

10.1.1 商品管理系统

设计一个商品管理系统，要求以单链表结构的有序表形式表示某商场家电部的库存模型，当有提货或进货时，需要对该链表及时进行维护，每个工作日结束以后，将该链表中的数据以文件形式进行保存，每日开始营业之前，须将以文件形式保存的数据恢复成单链表结构的有序表。

【基本要求】

链表结构的数据域包括家电名称、品牌、单价和数量，以单价的升序体现链表的有序性。程序功能包括：初始化、创建表、插入数据、删除数据、更新数据、查询数据、链表数据与文件之间的转换等。

10.1.2 停车场管理系统

设停车场是一个可停放 n 辆汽车的狭长通道，且只有一个大门可供汽车进出。汽车在停车场内按车辆到达时间的先后顺序，依次由北向南排列（大门在最南端，最先到达的第一辆车停放在停车场的最北端），若停车场内已停满 n 辆汽车，则后来的汽车只能在大门外的便道上等候，一旦有车开走，则排在便道上的第一辆车即可开入；当停车场内某辆车要离开时，在它之后开入的车辆必须先退出停车场为它让路，待该辆车开出大门外，其他车辆再按原次序进入停车场，每辆停放在停车场的车在离开停车场时必须按它停留的时间长短交纳费用。试为停车场编写按上述要求进行管理的模拟程序。

【基本要求】

以栈模拟停车场，以队列模拟停车场外的便道，按照从终端读入的输入数据序列进行模拟管理。每一组输入数据包括 3 个数据项：汽车“到达”或“离去”信息、汽车牌照号码及到达或离去的时刻。对每一组输入数据进行操作后的输出数据为：若是汽车到达，则输出汽车在停车场内或便道上的停车位置；若是汽车离去，则输出汽车在停车场内停留的时间和应交纳的费用（在便道上停留的时间不收费）。栈以顺序表实现，队列以链表实现。

10.1.3 算术表达式计算器

给定一个算术表达式，通过程序求出最后的结果。

【基本要求】

① 从键盘输入要求解的算术表达式。

② 采用栈进行算术表达式的求解过程。

③ 能够判断算术表达式正确与否。

④ 对于错误的表达式给出提示。

⑤ 对于正确的表达式给出最后的结果。

10.1.4 通讯录管理系统

编写一个通讯录管理系统的程序，其中每个记录应包含姓名、街道、城市、邮编、国家等信息。

【基本要求】本系统应至少具有以下几方面的功能。

① 输入信息。

② 显示信息。

③ 查找信息，至少实现以姓名为关键字的查询方法。

④ 删除信息。

⑤ 存盘，将所有信息以文本文件的形式保存在磁盘中。

⑥ 加载，将以文本文件保存在磁盘上的信息加载到程序中。

10.1.5 导师负责制管理系统

在高校的教学改革中，有很多学校实行了本科生导师负责制。一个班级的学生被分给几个导师，每个导师带 n 个学生，如果导师还带研究生，则其所带的研究生也可以直接负责本科生指导工作。

本科生导师负责制问题中的数据元素具有如下形式。

① 导师带研究生：(导师,(研究生 1,(本科生 1,…)),…)。

② 导师不带研究生：(导师,(本科生 1,…,本科生 m))。

导师的属性包括姓名、职称；研究生的属性包括姓名、班级；本科生的属性包括姓名、班级。

【基本要求】要求本项目使用广义表实现，且至少实现以下几个方面的功能。

① 插入：将某位本科生或研究生插入到广义表的相应位置。

② 删除：将某位本科生或研究生从广义表中删除。

③ 查询：查询导师、本科生或研究生的情况。

④ 统计：统计某导师带了多少研究生和本科生。

⑤ 输出：输出导师所带的学生情况。

10.1.6 文件压缩与解压缩

利用哈夫曼编码，实现文件的压缩和解压缩。

对于给定的一组字符，可以根据其权值进行哈夫曼编码，能够输出对应的哈夫曼树和哈夫曼编码，并能够实现哈夫曼解码。

【基本要求】

① 能够分析文件，统计文件中出现的字符，统计字符出现的概率，再对文件进行编码，实现文件的压缩和解压缩。

② 能够对文件的压缩比例进行统计。

10.1.7 校园导游咨询系统

设计一个校园导游咨询系统，为来访人员提供服务。

【基本要求】

① 设计学校的平面图，所含景点不少于10个。以图中顶点表示学校各景点，存放景点名称、代号、简介等信息；以边表示路径，存放路径长度等相关信息。

② 为来访客人提供图中任意景点的问路查询，即查询任意两个景点之间的一条最短路径。

③ 为来访客人提供图中任意景点相关信息的查询。

提示：一般情况下，校园的道路是双向通行的，可设计校园平面图为一个无向图，顶点和边均含有相关信息。

10.1.8 学生宿舍管理系统

设计一个简单的学生宿舍管理系统，要求根据菜单实现相应功能。

【基本要求】

① 建立数据记录，数据记录按关键字（姓名、学号、房号）进行排序。

② 查询菜单（可以使用折半查找实现以下操作）。

a. 按姓名查询。

b. 按学号查询。

c. 按房号查询等。

③ 可以输出任一查询结果。

④ 每个学生的信息至少包含：姓名、学号、性别、房号、楼号等。

提示：排序方法任选。基本功能为增加学生宿舍记录、删除/修改学生宿舍记录、查询学生宿舍记录。

10.2 综合项目实训与课程设计报告模板

下面以“学生宿舍管理系统”为例，展示完整的综合项目实训与课程设计报告以供读者参考。

××××大学

综合项目实训与课程设计报告

课程名称：数据结构

设计题目：学生宿舍管理系统

指导老师：

姓　　名：

学　　号：

专业班级：

同组成员：

20　　年　　月　　日

1 概述

1.1 设计目的

数据结构是一门实践性较强的专业基础课程，为了学好这门课程，必须在掌握理论知识的同时，加强实践操作。

综合项目实训与课程设计的目的是：

① 培养学生用学到的书本知识解决实际问题的能力；

② 培养实际工作所需要的动手能力；

③ 培养学生以科学理论进行工程实践的能力，规范地开发大型、复杂、高质量的应用软件和系统软件；

④ 通过实践，让学生可以在程序设计方法、上机操作等基本技能和科学作风方面受到比较系统和严格的训练。

1.2 设计任务与要求

1.2.1 设计任务

设计一个简单的学生宿舍管理系统，要求根据菜单实现相应功能。

① 建立数据记录，数据记录按关键字（姓名、学号、房号）进行排序。

② 查询菜单（使用折半查找实现以下操作）：

a. 按姓名查询；

b. 按学号查询；

c. 按房号查询等。

③ 输出任一查询结果。

1.2.2 设计要求

① 系统设计要能够完成题目所要求的功能。

② 编程简练、清晰明了，且尽可能地使系统的功能更加完善全面。

③ 相关核心代码要有注释说明。

1.2.3 创建要求

在完成基本要求的基础之上，可对算法性能进行改进，对操作界面或流程进行优化等。

1.2.4 其他要求

① 严格按照规定内容与格式完成报告的撰写。

② 报告应包含目录、正文、总结等。

1.3 进度计划

第 1 天：构思及收集资料，理解并掌握系统构建所需的各项技术；进行系统的需求分析、系统的功能模块划分，确定系统的体系结构、开发所采用的技术等，并对相关技术进行详细的了解与学习。

第 2 ~ 4 天：系统的详细设计和实现，确定各功能模块的实现方法及算法，编程实现系统各项功能及测试。

第 5 天：撰写报告。

2 需求分析

设计一个简单的学生宿舍管理系统，要求根据菜单实现相应功能。

① 建立数据记录，数据记录按关键字（姓名、学号、房号）进行排序。

② 查询菜单（使用折半查找实现以下操作）。

a．按姓名查询。

b．按学号查询。

c．按房号查询等。

③ 输出任一查询结果。

④ 每个学生的信息至少包含：姓名、学号、性别、房号、楼号等。

基本功能为增加学生宿舍记录、删除/修改学生宿舍记录、查询学生宿舍记录。

此外，为了实现更加友好的交互式体验，各项操作结束后均应返回主菜单，以方便程序可以继续运行。

3 概要设计

3.1 主界面设计

为了实现学生宿舍管理系统各功能的管理，首先设计一个包含多个菜单选项的主菜单以连接系统的各个子功能，方便用户能更加友好地使用本系统。本系统的主菜单如图 10-1 所示。

```
**********************  欢迎使用学生宿舍管理系统  ********************

                        功能菜单列表
        1. 增加学生记录                    2. 显示所有学生记录
        3. 查询学生记录                    4. 修改学生记录
        5. 删除学生记录                    6. 退出

******************************************************************
请选择功能菜单对应的序号（1~6）：
```

图 10-1 学生宿舍管理系统主菜单

3.2 系统功能设计

根据上述要求，本系统主要设置 6 个子功能，具体如图 10-2 所示。

6 个子功能的设计描述如下。

① 增加学生记录：通过该功能可以实现数据的录入与建立，在增加学生记录的同时，对所有学生记录按关键字（姓名、学号、房号）进行升序排序。

② 显示所有学生记录：将所有的记录按关键字（学号）的升序规则输出到控制台中。

③ 查询学生记录：通过此功能可以查询指定的学生记录，查询时可以选择按姓名查询、

按学号查询或按房号查询。

④ 修改学生记录：通过此功能可以修改指定学生的记录。首先，输入需要修改学生记录的学号；然后，通过学号查询到学生的记录并显示出来；最后，提示用户输入修改后的信息。

⑤ 删除学生记录：通过此功能可以删除指定学生的记录，在这里主要通过学生的学号来选择删除，先将要删除的学生记录显示出来，并确认是否要执行删除操作。

⑥ 退出：退出学生宿舍管理系统。

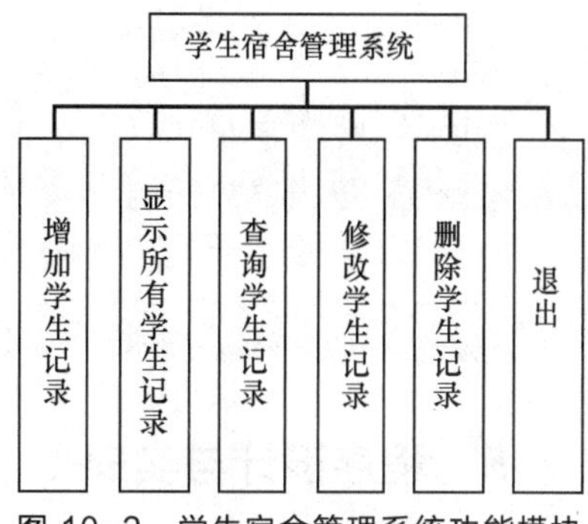

图 10-2　学生宿舍管理系统功能模块

4　详细设计

4.1　数据结构

本系统主要采用顺序表存储抽象学生宿舍信息。其中学生记录信息包含 5 个字段：姓名、学号、性别、房号、楼号，这些字段的数据类型均是字符串。关于抽象学生信息和学生宿舍记录的定义如下。

```
class Student{                              //学生信息
    public String stucode;                  //学号
    public String name;                     //姓名
    public String sex;                      //性别
    public String roomnum;                  //房号
    public String buildingnum;              //楼号
    public Student(String stucode, String name, String sex,
                        String roomnum, String buildingnum) {
        this.stucode = stucode;
        this.name = name;
        this.sex = sex;
        this.roomnum = roomnum;
        this.buildingnum = buildingnum;
    }
}

public class StudentDormitory {             //学生宿舍记录
    protected final int MAXSIZE=100;        //每行最大记录数
    public Student[] students;              //学生宿舍记录—顺序表
    public int length;                      //当前学生记录数
    public StudentDormitory(){
        this.students = new Student[MAXSIZE];
        this.length = 0;
    }
}
```

4.2　操作定义

根据系统功能设计，在抽象的学生宿舍记录 StudentDormitory 类中添加以下成员方法。

```
public void sort()          //对学生记录进行排序
public void display()       //显示所有学生记录
public void addStu()        //增加学生记录
public void searchStu()     //查询学生记录
public void modifyStu()     //修改学生记录
public void deleteStu()     //删除学生记录
public void menu()          //主菜单功能
```

5 程序设计与实现

5.1 对学生记录进行排序

每增加一个学生记录，程序将调用排序函数对学生记录按学号的升序规则进行排序。

```
public void sort() {    //对学生记录进行排序
    Student tmp;
    boolean isExchange; //交换标志
    for (int i = 1; i < this.length; i ++){
        isExchange = false;  //isExchange = false 表示未交换
        for (int j = 0; j < this.length - i; j ++) {
            if(this.students[j].stucode.compareTo(this.students[i].
stucode) > 0) {
                // 如果前者大于后者，交换
                tmp = this.students[j];
                this.students[j] = this.students[j + 1];
                this.students[j + 1] = tmp;
                isExchange = true; // 发生交换
            }
        }
        if (isExchange == false) break; // 未交换，排序结束
    }
}
```

5.2 显示所有学生记录

在查询后通过以下函数输出所有查询到的结果。

```
public void display() {   //显示所有学生记录
    System.out.println("\n***************学生记录信息***************\n");
    System.out.println("姓名\t\t 学号\t\t 性别\t\t 房号\t\t 楼号");
    for (int i = 0; i < this.length; i ++) {
        System.out.println(students[i].name + "\t" + students[i].stucode + "\t" +
students[i].sex + "\t" + students[i].roomnum + "\t" + students[i].buildingnum);
    }
}
```

5.3 增加学生记录

通过以下函数可以增加一个学生记录，增加后调用排序算法对学生记录进行排序。

```
public void addStu() {  //增加学生记录
    Scanner scan = new Scanner(System.in);
    System.out.println("请按提示输入对应学生信息.\n 请输入学生姓名：");
    String name = scan.nextLine();
```

```
    System.out.println("请输入学生学号: ");
    String stucode = scan.nextLine();
    System.out.println("请输入学生性别: ");
    String sex = scan.nextLine();
    System.out.println("请输入学生房号: ");
    String roomnum = scan.nextLine();
    System.out.println("请输入学生楼号: ");
    String buildingnum = scan.nextLine();
    Student stu = new Student(stucode,name,sex,roomnum,buildingnum);
    this.students[length] = stu;
    length ++;
    this.sort(); //新增学生记录后对所有学生记录进行排序
}
```

5.4 查询学生记录

在此功能中，有3种查询方式可对学生记录进行查询。

```
public void searchStu() {  //查询学生记录
    Scanner scan = new Scanner(System.in);
    System.out.println("查询学生记录 -> 请选择查询条件: ");
    System.out.println("1. 按姓名查询");
    System.out.println("2. 按学号查询");
    System.out.println("3. 按房号查询");
    System.out.println("4. 返回上级菜单");
    System.out.println("请选择(1~4): ");
    int choice = scan.nextInt();   scan.nextLine();
    Student[] stus = new Student[MAXSIZE];
    int len = 0;
    switch (choice) {
    case 1:
    System.out.println("请输入要查询的姓名: ");
    String name = scan.nextLine();
    for (int i = 0; i < this.length; i ++) {
        if (name.compareTo(this.students[i].name) == 0) {
            stus[len] = this.students[i];
            len ++;
        }
    }
    break;
    case 2:
    System.out.println("请输入要查询的学号: ");
    String stucode = scan.nextLine();
    for (int i = 0; i < this.length; i ++) {
        if(stucode.compareTo(this.students[i].stucode) == 0){
            stus[len] = this.students[i];
            len ++;
            break;
        }
    }
    break;
    case 3:
```

```
        System.out.println("请输入要查询的房号：");
        String roomnum = scan.nextLine();
        for(int i = 0; i < this.length; i ++) {
            if(roomnum.compareTo(this.students[i].roomnum) == 0) {
                stus[len] = this.students[i];
                len ++;
            }
        }
        break;
        case 4:  break;
        default:
            System.out.println("输入不正确！");  break;
        }
        display(stus, len);
}
```

5.5 修改学生记录

首先通过学号查找需要修改的学生记录，然后提示用户输入修改后的信息。

```
public void modifyStu() {  //修改学生记录
    Scanner scan = new Scanner(System.in);
    System.out.println("请输入要修改记录的学生学号：");
    String stucode = scan.nextLine();
    Student[] stus = new Student[1];
    int i = 0;
    for (; i < this.length; i ++) {
        if(stucode.compareTo(this.students[i].stucode) == 0) {
            stus[0] = this.students[i];
            break;
        }
    }
    display(stus, 1);
    System.out.println("下面请输入学生修改后的信息！\n 请输入学生姓名：");
    this.students[i].name = scan.nextLine();
    System.out.println("请输入学生性别：");
    this.students[i].sex = scan.nextLine();
    System.out.println("请输入学生房号：");
    this.students[i].roomnum = scan.nextLine();
    System.out.println("请输入学生楼号：");
    this.students[i].buildingnum = scan.nextLine();
    System.out.println("学生记录修改成功！");
}
```

5.6 删除学生记录

首先通过学号查询需要删除的学生记录，然后删除查找到的学生记录。

```
public void deleteStu() {  //删除学生记录
    Scanner scan = new Scanner(System.in);
    System.out.println("请输入要删除记录的学生学号：");
    String stucode = scan.nextLine();
    Student[] stus = new Student[1];
    int i = 0;
    for ( ; i < this.length; i ++) {
```

```
        if (stucode.compareTo(this.students[i].stucode) == 0){
            stus[0] = this.students[i];
        }
    }
    display(stus, 1);
    for ( ; i < this.length; i ++){
        this.students[i] = this.students[i+1];
    }
    this.length --;
    System.out.println("学生记录删除成功! ");
}
```

5.7 主菜单功能

```
public void menu() {  //主菜单功能
    Scanner scan = new Scanner(System.in);
    int choice;
    do {
        System.out.println("\n*******欢迎使用学生宿舍管理系统***********\n");
        System.out.println("                    功能菜单列表");
        System.out.println("    1.增加学生记录        2.显示所有学生记录");
        System.out.println("    3.查询学生记录        4.修改学生记录");
        System.out.println("    5.删除学生记录        6.退出");
        System.out.println("\n*****************************************");
        System.out.print("请选择功能菜单对应的序号（1~6）: ");
        choice = scan.nextInt();scan.nextLine();
        switch (choice){
        case 1: this.addStu(); break;
        case 2: this.display(); break;
        case 3: this.searchStu(); break;
        case 4: this.modifyStu(); break;
        case 5: this.deleteStu(); break;
        case 6: break;
        default: System.out.print("输入不正确，请重新输入! "); break;
        }
    } while (choice!=6);
}
```

6 测试与分析

系统启动后首先显示如图 10-1 所示的主界面，各子功能测试运行结果如下。

6.1 增加学生记录

在主菜单中选择功能 1 后按 Enter 键，并按提示输入要增加的学生记录信息，运行结果如图 10-3 所示。

不足之处：学号作为学生信息的唯一标识，在增加时未对学号进行控制检测。

6.2 显示所有学生记录

在主菜单中选择功能 2 后按 Enter 键，即可显示所有学生记录信息，运行结果如图 10-4 所示。

不足之处：显示格式对齐不准。

6.3 查询学生记录

在主菜单中选择功能 3 后按 Enter 键，进入查询子菜单后根据提示选择查询的方式和对应条件，运行结果如图 10-5～图 10-7 所示。

```
********************欢迎使用学生宿舍管理系统********************
                        功能菜单列表
        1. 增加学生记录                    2. 显示所有学生记录
        3. 查询学生记录                    4. 修改学生记录
        5. 删除学生记录                    6. 退出
****************************************************************
请选择功能菜单对应的序号（1~6）：1
请按提示输入对应学生信息.
请输入学生姓名：
张三
请输入学生学号：
202002
请输入学生性别：
男
请输入学生房号：
203
请输入学生楼号：
12
```

图 10-3　增加学生记录

```
********************欢迎使用学生宿舍管理系统********************
                        功能菜单列表
        1. 增加学生记录                    2. 显示所有学生记录
        3. 查询学生记录                    4. 修改学生记录
        5. 删除学生记录                    6. 退出
****************************************************************
请选择功能菜单对应的序号（1~6）：                 2
****************        学生记录信息        *****************
姓名        学号        性别        房号        楼号
李四        202001      女          201         15
张三        202003      男          203         12
王五        202003      男          203         12
```

图 10-4　显示所有学生记录

```
************************欢迎使用学生宿舍管理系统************************
                          功能菜单列表
        1. 增加学生记录                        2. 显示所有学生记录
        3. 查询学生记录                        4. 修改学生记录
        5. 删除学生记录                        6. 退出
**********************************************************************
请选择功能菜单对应的序号（1~6）：                  3
查询学生记录－＞请选择查询条件：
1. 按姓名查询
2. 按学号查询
3. 按房号查询
4. 返回上级菜单
请选择(1~4):
1
请输入要查询的房号：
张三
******************        学生记录信息        ********************
姓名        学号        性别        房号        楼号
张三        202003      男          203         12
```

图 10-5　按姓名查询学生记录

```
*************** 欢迎使用学生宿舍管理系统 ********************

                    功能菜单列表
        1. 增加学生记录              2. 显示所有学生记录
        3. 查询学生记录              4. 修改学生记录
        5. 删除学生记录              6. 退出

*****************************************************
请选择功能菜单对应的序号（1~6）：  3
查询学生记录－>请选择查询条件：
1.按姓名查询
2.按学号查询
3.按房号查询
4.返回上级菜单
请选择(1~4):
2
请输入要查询的房号:
202003
****************** 学生记录信息 *******************

姓名      学号       性别      房号      楼号
王五     202003      男        203        12
```

图 10-6　按学号查询学生记录

```
************ 欢迎使用学生宿舍管理系统 ************
                功能菜单列表
     1. 增加学生记录          2. 显示所有学生记录
     3. 查询学生记录          4. 修改学生记录
     5. 删除学生记录          6. 退出
**************************************************
请选择功能菜单对应的序号（1～6）：3

查询学生记录－>请选择查询条件：
1. 按姓名查询
2. 按学号查询
3. 按房号查询
4. 返回上级菜单
请选择（1～4）：
3
请输入要查询的房号:
203
************* 学生记录信息 *************

姓名    学号    性别    房号    楼号
张三  202002    男      203      12
王五  202003    男      203      12
```

图 10-7　按房号查询学生记录

不足之处：查询条件比较简单，未使用模糊匹配功能，且未在子菜单中增加可反复选择查询的功能。

6.4　修改学生记录

在主菜单中选择功能 4 后按 Enter 键，并按提示输入要修改记录的学生号，然后根据提示输入修改后的信息即可，运行结果如图 10-8 所示。

不足之处：修改学生记录的查询条件单一，可以设置更加复杂的查询条件。

6.5　删除学生记录

在主菜单中选择功能 5 后按 Enter 键，并按提示输入要删除记录的学生学号，运行结果如图 10-9 所示。

```
************** 欢迎使用学生宿舍管理系统 **************
                    功能菜单列表
      1. 增加学生记录              2. 显示所有学生记录
      3. 查询学生记录              4. 修改学生记录
      5. 删除学生记录              6. 退出
*********************************************************
请选择功能菜单对应的序号（1～6）：4
请输入要修改记录的学生序号：
202001
**************** 学生记录信息*************

姓名    学号     性别    房号    楼号
李四    202001   女      201     15
下面请输入学生修改后的信息！
请输入学生姓名：
李四
请输入学生性别：
女
请输入学生房号：
205
请输入学生楼号：
15
学生记录修改成功！
```

图 10-8　修改学生记录

```
*************欢迎使用学生宿舍管理系统*************

                    功能菜单列表
      1. 增加学生记录              2. 显示所有学生记录
      3. 查询学生记录              4. 修改学生记录
      5. 删除学生记录              6. 退出

*****************************************************
请选择功能菜单对应的序号（1~6）：5
请输入要删除记录的学生号：
202001

**********        学生记录信息**********

姓名    学号     性别    房号    楼号
李四    202001   女      205     15
学生记录删除成功！
```

图 10-9　删除学生记录

不足之处：删除学生记录的查询条件单一，可以设置更加复杂的查询条件。

7　总结

这里主要可以结合以下 3 个方面进行总结：进行本次综合项目实训与课程设计的目的和意义、在本次设计过程中遇到了哪些问题及如何解决这些问题、感受与体会等。

本章小结

本章主要列举了一系列实训项目及相关设计要求，然后以一个实训项目为例展示了一份完整的实训设计报告以供参考。